U0152561

# 作 者 简 介

**王宏兴** 广西民族大学副教授, 东南大学博士后, 2011 年博士毕业于华东师范大学数学系. 目前主要从事矩阵广义逆理论等方面的教学和科研工作. 在 *Linear Algebra and its Applications, Linear and Multilinear Algebra* 和《计算数学》等国内外刊物上发表 10 余篇学术论文.

**覃永辉** 桂林电子科技大学, 2016 年博士毕业于上海大学数学系. 目前主要从事数值分析等方面的研究工作. 在 *Applied Numerical Mathematics, Numerical Methods for Partial Differential Equations* 和《数学学报》等国内外刊物上发表 10 余篇学术论文.

**刘晓冀** 广西民族大学教授, 华东师范大学博士后, 2003 年博士毕业于西安电子科技大学. 目前主要从事矩阵代数、算子代数等方面的教学和科研工作. 在 *Mathematics of Computation, Journal of Computational and Applied Mathematics, Linear Algebra and its Applications*, 《数学学报》《计算数学》和《数学年刊》等国内外刊物上发表 80 余篇学术论文.

# Banach 代数上元素线性组合的广义 Drazin 逆

王宏兴　覃永辉　刘晓冀　著

科学出版社

北京

# 内 容 简 介

本书主要讨论了 Banach 代数上元素线性组合的广义 Drazin 逆、算子分块矩阵的广义 Drazin 逆和广义 Drazin 逆的扰动问题等.

本书可以作为数理类研究生和从事矩阵广义逆研究的科技工作者的参考资料.

**图书在版编目(CIP)数据**

Banach 代数上元素线性组合的广义 Drazin 逆/王宏兴, 覃永辉, 刘晓冀著. —北京: 科学出版社, 2018.8
ISBN 978-7-03-058062-7

Ⅰ. ①B⋯ Ⅱ. ①王⋯ ②覃⋯ ③刘⋯ Ⅲ. ①巴拿赫代数–Drazin 逆–研究 Ⅳ. ①O177.5

中国版本图书馆 CIP 数据核字(2018) 第 132717 号

责任编辑: 胡庆家　张茂发 / 责任校对: 邹慧卿
责任印制: 张　伟 / 封面设计: 蓝正设计

*科学出版社* 出版
北京东黄城根北街 16 号
邮政编码: 100717
http://www.sciencep.com

**北京虎彩文化传播有限公司** 印刷
科学出版社发行　各地新华书店经销
\*
2018 年 8 月第 一 版　开本: 720 × 1000　B5
2018 年 8 月第一次印刷　印张: 12
字数: 250 000
**定价: 88.00 元**
(如有印装质量问题, 我社负责调换)

# 序

1958 年, 美国数学家 M. P. Drazin 提出了结合半群和环上的 Drazin 逆. 为了将方程的 Drazin 逆推广到一般的矩阵上, Cline 和 Greville 在 1980 年提出了一般矩阵的加权 Drazin 逆.

南京大学曾远荣 (Y. Y. Tseng) 先生研究了 Hilbert 空间上线性算子广义逆, 引入了 Hilbert 空间上线性算子广义逆的概念, 为无限维 Hilbert 空间上线性算子广义逆的研究做出了重大贡献, 后来人们称这种广义逆为 Tseng 广义逆. 关于 Banach 空间算子广义逆问题的研究则较晚, 乔三正研究 Banach 空间中线性算子的 Drazin 逆; M. Z. Nashed 对算子的值域与零空间的闭包拓扑可补的情形进行了研究; 马吉溥、王玉文、黄强联等都深入研究了 Banach 空间算子广义逆问题, 取得了丰硕的成果.

分块矩阵的 Drazin 逆的表示在微分方程、自动化、数值分析、经济学、控制论等诸多方面都有着深刻的应用背景. 1983 年, Campbell 将求二阶奇异微分方程组显式的问题归结为分块矩阵 Drazin 逆的表示问题. 分块矩阵的 Drazin 逆的表示可以用来处理和的 Drazin 逆的表示问题. 1958 年, Drazin 证明了: 当 $ab = ba = 0$ 时, $(a + b)^D = a^D + b^D$. 这导致了和的 Drazin 逆的表示的研究. 事实上, 这一问题可以转化成一个矩阵的形式. Drazin 的上述结果实际上可以用矩阵的形式表述成

$$\begin{pmatrix} a & 0 \\ 0 & b \end{pmatrix}^D = \begin{pmatrix} a^D & 0 \\ 0 & b^D \end{pmatrix}.$$

为了推广 Drazin 的结果, 1977 年, Hartwig 和 Shoaf 与 Meyer 和 Rose 分别给出了三角矩阵 Drazin 逆的表达式. 这一结果非常重要, 成为分块矩阵 Drazin 逆的表示问题的研究基础和动力.

Banach 空间上有界线性算子矩阵的 Drazin 逆及广义 Drazin 逆的表示问题也开始被学者们所关注. 这可用来解决 Markov 链、抽象的 Cauchy 问题、无穷维线性微分方程、迭代过程中的许多问题.

本书主要讨论了 Banach 代数上元素线性组合的广义 Drzain 逆、算子分块矩阵的广义 Drazin 逆和广义 Drazin 逆的扰动问题等.

由于关于广义 Drazin 逆问题研究的文献非常丰富, 本书不可能包括所有的参考文献, 而主要包括较新的和较精练的内容, 而且列出的参考文献也不太全面. 因此对于做了很多这方面的工作但未列入参考文献的作者, 在这里表示歉意.

本书的编写和出版得到国家自然科学基金 (11361009, 11401243)、广西八桂学者项目、广西创新团队项目、中国博士后基金 (2015M581690)、广西自然科学基金 (2018GXNSFAA138181)、广西民族大学研究生教育创新计划项目以及广西民族大学的大力支持.

由于编者水平的限制, 书中不妥之处在所难免, 希望读者能及时指出, 便于以后纠正.

王宏兴　覃永辉　刘晓冀

2018 年 4 月于广西民族大学

# 目　　录

# 符　号　表

- $\mathcal{A}$:　有单位元 1 的 Banach 代数
- $\mathcal{A}^{-1}$:　$\mathcal{A}$ 上所有可逆元素的集合
- $\mathcal{A}^D$:　$\mathcal{A}$ 上所有 Drazin 可逆元素的集合
- $\mathcal{A}^{\mathrm{d}}$:　$\mathcal{A}$ 上所有广义 Drazin 可逆元素的集合
- $\mathcal{A}_g$:　$\mathcal{A}$ 上所有群可逆元素的集合
- $\mathcal{A}^{\mathrm{nil}}$:　$\mathcal{A}$ 上所有幂零元素的集合
- $\mathcal{A}^{\mathrm{qnil}}$:　$\mathcal{A}$ 上所有拟幂零元素的集合
- $\mathcal{A}^{\bullet}$:　$\mathcal{A}$ 上所有幂等元素的集合
- $\mathbb{N}$:　自然数的全体
- $\mathbb{R}$:　实数的全体
- $\mathbb{C}$:　复数的全体
- $\mathbb{R}^{m\times n}$:　$m\times n$ 实元素矩阵的全体
- $\mathbb{C}^{m\times n}$:　$m\times n$ 复元素矩阵的全体
- $\bar{A}$:　矩阵 $A$ 的共轭
- $A^{\mathrm{T}}$:　矩阵 $A$ 的转置
- $A^*$:　矩阵 $A$ 的共轭转置 (即 $\bar{A}^{\mathrm{T}}$)
- $A^{-1}$:　矩阵 $A$ 的逆
- $A^{\dagger}$:　矩阵 $A$ 的 Moore-Penrose 逆
- $A^{\sharp}$:　矩阵 $A$ 的群逆
- $A^D$:　矩阵 $A$ 的 Drazin 逆
- $\mathbb{C}_{n,\sharp}$:　$n$ 阶群可逆矩阵的全体
- $I_n$:　$n\times n$ 单位矩阵. 当不会引起混淆时, 也记为 $I$
- $0_{m\times n}$:　$m\times n$ 零矩阵. 当不会引起混淆时, 也记为 $0$. $0_m$ 为 $m$ 阶零向量
- $R(A)$:　由矩阵 $A$ 的所有列向量所张成的子空间
- $N(A)$:　矩阵 $A$ 的零空间
- $P_A$:　到 $R(A)$ 上的正交投影算子
- $r(A)$:　矩阵 $A$ 的秩
- $\mathrm{ind}(A)$:　矩阵 $A$ 的指标, 即满足 $\mathrm{rank}(A^{k+1})=\mathrm{rank}(A^k)$ 的最小非负整数
- $\lambda(A)$:　矩阵 $A$ 的特征值全体
- $\in$:　元素属于
- $\subseteq$:　集合含于

# 第 1 章   引   言

## 1.1   发展和进程

1958 年, Drazin [102] 在结合环和半群上引进 Drazin 逆. 如果 Drazin 逆存在, 则必唯一. 而后 Greville [107] 和 Cline [63] 研究矩阵 Drazin 逆的性质. 1991 年, Harte [114] 对于有 1 结合环 $R$ 给出拟幂零元素的定义. 作为 Drazin 逆概念的推广, Harte 给出广义 Drazin 逆的定义. 1996 年, Koliha [123] 重新定义环上的广义 Drazin 逆. Koliha 证明了在有 1 的 Banach 代数上, 上述两种广义 Drazin 逆的定义是等价的, 并进一步研究 Banach 空间上的有界线性算子的广义 Drazin 逆. 广义 Drazin 逆及其推广已经得到广泛的研究, 在 Markov 链、微分方程、迭代过程、统计学等应用数学领域都有着广泛的应用.

### 1.1.1   算子和的广义 Drazin 逆

1958 年, Drazin [102] 在环上证明了当 $ab = ba = 0$ 时, $(a+b)^D = a^D + b^D$. Djordjević 和 Wei [99] 将这一结论推广到 Banach 空间的有界线性算子上, 得到在 $PQ = 0$ 情况下 $P + Q$ 的广义 Drazin 逆的表达式. Castro-Gonzálcz [55] 利用矩阵的核心 —— 幂零分解, 在 $P^D Q = 0$, $P Q^D = 0$, $Q^\pi P Q P^\pi = 0$ 条件下给出两个矩阵 $P + Q$ 的 Drazin 逆的表达式. Cvetković-Ilić [54] 利用 Peiree 分解, 将这一结果推广到有 1 的 Banach 代数上. 2006 年, Cvetković-Ilić, Djordjević和魏益民 [76] 利用同样的方法, 在 $ab^\pi = a, b^\pi ba = b^\pi b, b^\pi a^\pi ba = b^\pi a^\pi ab$ 的条件下, 给出 $a + b$ 的广义 Drazin 逆的表达式. Castro-González, Dopazo 和 Matínez-Serrano [49] 在 $P^2 Q = P Q^2 = 0$, $PQ$ 为 Drazin 可逆的条件下给出 Banach 空间上的有界线性算子 $P + Q$ 的 Drazin 逆的表达式. 2010 年, Castro-González 和 Matrínez-Serrano [58] 将上述结论推广到了一般的 Banach 代数上, 得到了在 $a^D b = 0$, $a^2 ba^\pi = ab^2 a^\pi = 0$ 条件下 $a + b$ 的广义 Drazin 逆的表达式. 邓春源 [80] 在 $PQ = \lambda QP$ (其中 $\lambda$ 为非零复数) 的条件下证明 Banach 空间上的两个有界线性算子 $P - Q$ 是 Drazin 可逆的当且仅当 $W = PP^D (P - Q) QQ^D$ 是 Drazin 可逆的, 并给出 $P - Q$ 的 Drazin 逆的表达式. 另外, 在 $PQP = PQ$ 这种情况下讨论 $P + Q$ 的 Drazin 逆. Castro-González [54] 将 [80] 的结果推广到 Banach 代数上, 给出在若干特定条件下 $a + b$ 的广义 Drazin 逆的表达式. 在 [89] 中, 邓春源和魏益民首先对于 Banach 空间上两个交换的有界线性算子 $P, Q$, 证明了 $P + Q$ 是广义 Drazin 可逆的当且仅当 $I + P^D Q$ 是广义

Drazin 可逆的, 并给出了 $P+Q$ 的广义 Drazin 逆的表达式. 然后, 对于一般的有界线性算子 $P, Q$, 分别在下列两个条件下给出了 $P+Q$ 的广义 Drazin 逆的表达式:

(1) $\|QP^D\| < 1$, $P^\pi QPP^D = 0$, $P\pi PQ = P^\pi QP$ 且 $P^\pi Q$ 为广义 Drazin 可逆;

(2) $F^2 = F$, $FP = PF$, $(I-F)QF = 0$, $(PQ-QP)F = 0$, $(I-F)(PQ-QP) = 0$, 并且 $(P+Q)F$ 和 $(1-F)(P+Q)$ 是广义 Drazin 可逆的.

另外邓春源 [81] 对于 Hilbert 空间上两个幂等算子 $P$ 和 $Q$, 在条件 $PQP = 0$; $PQP = P$; $PQP = PQ$; $PQ = QP$ 之一被满足的情况下, 分别给出了 $P+Q, P-Q$ 的 Drazin 逆的表达式. Zhang 等 [202] 在 [81] 的基础上研究了 Banach 代数中两个幂等元 $P, Q$ 的线性组合的 Drazin 逆的表示. Patrício 和 Hartwig [160] 研究了环上元素在满足一定条件下的 Drazin 逆的表示. 张道畅 [211] 在一定的条件下, 利用广义 Schur 补的 Drazin 逆给出修正矩阵的 Drazin 逆的表示并讨论四个矩阵之和的 Drazin 逆的表示, 以及带有幂等元的修正矩阵的 Drazin 逆的表示等.

### 1.1.2 分块算子矩阵广义 Drazin 逆的表示

设 $B(X,Y)$ 为从 $X$ 到 $Y$ 的所有的有界线性算子的集合, 其中 $X, Y$ 表示复 Banach 空间. 记 $B(X,X)$ 为 $B(X)$, 以及算子矩阵 $M = \begin{pmatrix} A & B \\ C & D \end{pmatrix}$, 其中 $A \in B(X)$, $B \in B(Y, X)$, $C \in B(X, Y)$, $D \in B(Y)$. 众所周知, 在有限维 Banach 空间上, 算子矩阵的广义 Drazin 逆的表示问题与分块矩阵的 Drazin 逆的表示问题是等价的. 记 $N = \begin{pmatrix} E & G \\ F & 0 \end{pmatrix}$, 其中 $E$ 是方阵, $F, G$ 是合适阶数的矩阵.

邓春源和魏益民在 [89] 中给出算子矩阵 $N$ 在满足下面条件下的广义 Drazin 逆的表达式:

(1) $EGF = 0$ 或 $GEF = 0$;

(2) $GFE^\pi = 0$, $(1 - E^\pi)GF = 0$;

(3) $EE^\pi G = 0$, $GF(I - E^\pi) = 0$.

进一步, 邓春源在 [84] 中给出了算子矩阵 $N$ 在满足下面条件下的广义 Drazin 逆的表达式:

(1) $GFE^\pi = 0$, $FE^d G$ 可逆;

(2) $E$ 和 $F^2 E^d + E^d EGFE^d$ 是广义 Drazin 可逆的, $FE^d G = 0$, $GFE^\pi = 0$;

(3) $(I - E^\pi)GFE^\pi = 0$, $EE^\pi G = 0$, $FE^\pi G = 0$, $FE^d G$ 可逆;

(4) $(I - E^\pi)GFE^\pi = 0$, $FEE^\pi = 0$, $FE^\pi G = 0$, $FE^d G$ 可逆,

并在 $F, G$ 广义 Drazin 可逆时, 给出满足下面条件的算子矩阵 $N$ 的广义 Drazin 逆的表达式:

(1) $(I - G^\pi)EF^\pi E = 0$, $(I - G^\pi)EF^\pi G = 0$, $GFF^\pi = 0$, $G^\pi EF^\pi$ 是广义 Drazin 可逆的, 且 $R(G^\pi) = R(F^\pi)$;

(2) $EG^\pi E(I - F^\pi) = 0$, $FG^\pi E(I - F^\pi) = 0$, $GFF^\pi = 0$, $G^\pi EF^\pi$ 是广义 Drazin 可逆的, 且 $R(G^\pi) = R(F^\pi)$.

在 [98] 中, Djordjević 和 Stanimirović 给出三角算子矩阵 $M_1 = \begin{pmatrix} A & B \\ 0 & D \end{pmatrix}$ 和

$M_2 = \begin{pmatrix} A & 0 \\ C & D \end{pmatrix}$ 的广义 Drazin 逆的表达式, 并在 $BC = BD = DC = 0$ 的条件

下给出 $M$ 的广义 Drazin 逆的表达式. 随后, 众多学者研究了在不同条件下 $M$ 的广义 Drazin 逆的表示问题. Deng, Cvetković-Ilić 和 Wei [86] 在下面的条件下给出了关于广义 Drazin 逆的表示:

(1) $BC = 0$, $BD = 0$;

(2) $BC = 0$, $DC = 0$;

(3) $BC = 0$, $CB = 0$, $DC = CA$;

(4) $CB = 0$, $CA^2 A^d = 0$, $AA^\pi B = 0$;

(5) $BC = 0$, $CB = 0$, $CA^2 A^d = D^2 D^d C$, $AA^\pi B = BDD^\pi$;

(6) $BC = 0$, $CB = 0$, $CA^2 A^d = D^\pi DC$, $AA^\pi B = BD^2 D^d$;

(7) $BC = 0$, $D^2 D^d C = 0$, $BDD^\pi = 0$;

(8) $A^\pi BC = 0$, $CA^\pi B = 0$, $AA^\pi B = A^\pi BD$, $D - CA^d B$ 是非奇异的;

(9) $A^\pi BC = 0$, $CA^\pi B = 0$, $AA^\pi B = A^\pi BD$, $D - CA^d B = 0$.

Castro-González, Dopazo 以及 Matrínez-Serrano 等在 [49] 中, 基于如下条件给出了算子矩阵 $M$ 的广义 Drazin 逆的表达式:

(1) $BCA = 0$, $BD = 0$, $DC = 0$;

(2) $BCA = 0$, $BD = 0$, $D$ 是幂零的;

(3) $BCA = 0$, $BD = 0$, $BC$ 是幂零的.

Cvetković 和 Milovanović 在 [79] 中, 基于如下条件给出了算子矩阵 $M$ 的广义 Drazin 逆的表达式:

(1) $ABC = 0$, $DC = 0$, $BD = 0$;

(2) $ABC = 0$, $DC = 0$, $D$ 是幂零的;

(3) $ABC = 0$, $DC = 0$, $BC$ 是幂零的.

郭丽 [204] 在下面的条件下给出 Banach 空间上算子矩阵 $M$ 的广义 Drazin 逆的表达式:

(1) $BD^d = 0$, $BD^i C = 0$, $i = 0, 1, 2, \cdots$;

(2) $ABC = 0$, $BD^d = 0$, $BD^i C = 0$, $i = 0, 1, 2, \cdots$.

Mosić [155] 在下面的条件下给出 Banach 空间上算子矩阵 $M$ 的广义 Drazin 逆的表达式:

(1) $BD = 0, A(BC)^\pi = 0, C(BC)^\pi = 0, (BC)^\pi B = 0$;

(2) $BD = 0, (BC)^\pi A = 0, C(BC)^\pi = 0, (BC)^\pi B = 0$;

(3) $DC = 0, A(BC)^\pi = 0, C(BC)^\pi = 0, (BC)^\pi B = 0$;

(4) $DC = 0, (BC)^\pi A = 0, C(BC)^\pi = 0, (BC)^\pi B = 0$.

## 1.2  记号和引理

设 $\mathcal{A}$ 为一个有单位元 1 的 Banach 代数, 则 $a \in \mathcal{A}$ 的 Drazin 逆为元素 $x \in \mathcal{A}$ (记为 $a^D$), 对某些非负整数 $k$, 满足

$$xax = x, \quad ax = xa, \quad a^{k+1}x = a^k. \tag{1.2.1}$$

最小的 $k$ 是 $a$ 的指标, 记为 $\mathrm{ind}(a)$. 当 $\mathrm{ind}(a) = 1$ 时, Drazin 逆被称作群逆且记为 $a^g$ 或 $a^\#$.

条件 (1.2.1) 等价于

$$xax = x, \quad ax = xa, \quad a - a^2x \in \mathcal{A}^{\mathrm{nil}}. \tag{1.2.2}$$

Koliha 引进了 Banach 代数上广义 Drazin 逆的概念. 若 (1.2.2) 中的第三个条件 $a - a^2x \in \mathcal{A}^{\mathrm{nil}}$ 修正为 $a - a^2x \in \mathcal{A}^{\mathrm{qnil}}$, 但其他条件不变. 因此, 元素 $x \in \mathcal{A}$ 为 $a$ 的广义 Drazin 逆 (写成 $a^{\mathrm{d}}$), 它满足

$$xax = x, \quad ax = xa, \quad a - a^2x \in \mathcal{A}^{\mathrm{qnil}}. \tag{1.2.3}$$

集合 $\mathcal{A}^{\mathrm{d}}$ 由所有存在 $a^{\mathrm{d}}$ 的元素 $a \in \mathcal{A}$ 组成. 若 $a - a^2b \in \mathcal{A}^{\mathrm{nil}}$, 则元素 $a$ 的 Drazin 逆指标 $\mathrm{ind}(a)$ 是 $a - a^2b$ 的幂零指标, 否则 $\mathrm{ind}(a) = \infty$. 众所周知, 对元素 $a \in \mathcal{A}$, $a^{\mathrm{d}}$ 存在当且仅当 $0 \notin \mathrm{acc}(\sigma(a))$ 且 $a^{\mathrm{d}}$ 唯一.

**引理 1.2.1** [76,引理2.1]   令 $\mathcal{A}$ 是一个 Banach 代数, $a, b \in \mathcal{A}^{\mathrm{qnil}}$. 若 $ab = ba$ 或 $ab = 0$, 则 $a + b \in \mathcal{A}^{\mathrm{qnil}}$.

**引理 1.2.2**   令 $\mathcal{A}$ 是一个 Banach 代数和, 令 $a \in \mathcal{A}^{\mathrm{d}}$, $a = \begin{pmatrix} a_1 & 0 \\ 0 & a_2 \end{pmatrix}_p$, 其中 $p = aa^{\mathrm{d}}$. 对于某些 $b \in \mathcal{A}$, 若 $x \in p\mathcal{A}$ 和 $a_1x = b$, 则 $x = a^{\mathrm{d}}b$ (特别地, 若 $a_1x = 0$, 则 $x = 0$). 对于某些 $c \in \mathcal{A}$, 若 $y \in \mathcal{A}p$ 和 $ya_1 = c$, 则 $y = ca^{\mathrm{d}}$ (特别地, 若 $ya_1 = 0$, 则 $y = 0$).

**证明**   从 $a \in \mathcal{A}^{\mathrm{d}}$ 我们得到 $a_1 \in \mathcal{A}^{\mathrm{d}}$, $a_1^{\mathrm{d}} = a^{\mathrm{d}}$ 和 $aa^{\mathrm{d}} = a_1a_1^{\mathrm{d}}$. 存在 $u \in \mathcal{A}$ 使得 $x = pu$. 由于 $b = a_1x$, 我们得到 $a^{\mathrm{d}}b = a^{\mathrm{d}}a_1x = aa^{\mathrm{d}}x = px = ppu = pu = x$. $y$ 的证明是相似的.

**引理 1.2.3**[76]　令 $\mathcal{A}$ 是一个 Banach 代数, $a \in \mathcal{A}^{\mathrm{qnil}}, b \in \mathcal{A}^{\mathrm{d}}$. 若 $ab = ba$, $a = ab^{\pi}$, 则 $a + b \in \mathcal{A}^{\mathrm{d}}$ 和 $(a+b)^{\mathrm{d}} = b^{\mathrm{d}}$.

**引理 1.2.4**[92]　设 $a, b \in \mathcal{A}^{\mathrm{d}}$ 满足 $ab = ba$. 则 $a+b \in \mathcal{A}^{\mathrm{d}}$ 当且仅当 $1 + a^{\mathrm{d}}b \in \mathcal{A}^{\mathrm{d}}$. 此情况, 有

$$(a+b)^{\mathrm{d}} = a^{\mathrm{d}}(1 + a^{\mathrm{d}}b)bb^{\mathrm{d}} + b^{\pi}\sum_{n=0}^{\infty}(-b)^n(a^{\mathrm{d}})^{n+1} + \sum_{n=0}^{\infty}(b^{\mathrm{d}})^{n+1}(-a)^n a^{\pi}.$$

**引理 1.2.5**[53]　设 $a, b \in \mathcal{A}$ 广义 Drazin 可逆且 $ab = 0$, 则 $a+b$ 广义 Drazin 逆和

$$(a+b)^{\mathrm{d}} = b^{\pi}\sum_{n=0}^{\infty}b^n(a^{\mathrm{d}})^{n+1} + \sum_{n=0}^{\infty}(b^{\mathrm{d}})^{n+1}a^n a^{\pi}.$$

**引理 1.2.6**[53]　设 $b \in \mathcal{A}$ 是 Drazin 可逆的, $a \in \mathcal{A}^{\mathrm{qnil}}$, 以及 $ab^{\pi} = a, b^{\pi}ab = 0$. 则

$$(a+b)^{\mathrm{d}} = b^{\mathrm{d}} + \sum_{n=0}^{\infty}(b^{\mathrm{d}})^{n+2}a(a+b)^n. \tag{1.2.4}$$

**引理 1.2.7**[53]　如果 $a, b \in \mathcal{A}$ 广义 Drazin 可逆, $b$ 是拟幂零的且 $ab = 0$, 则 $a + b$ 是广义 Drazin 逆的且

$$(a+b)^{\mathrm{d}} = \sum_{n=0}^{\infty}b^n(a^{\mathrm{d}})^{n+1}.$$

设 $a \in \mathcal{A}$ 和 $p \in \mathcal{A}$ 幂等($p = p^2$). 则

$$a = pap + pa(1-p) + (1-p)ap + (1-p)a(1-p)$$

记

$$a_{11} = pap, \quad a_{12} = pa(1-p), \quad a_{21} = (1-p)ap, \quad a_{22} = (1-p)a(1-p).$$

设

$$a = \begin{pmatrix} pap & pa(1-p) \\ (1-p)ap & (1-p)a(1-p) \end{pmatrix}_p = \begin{pmatrix} a_{11} & a_{12} \\ a_{21} & a_{22} \end{pmatrix}_p. \tag{1.2.5}$$

设 $a^{\pi}$ 是 $a$ 相对应 $\{0\}$ 的谱幂等元. 令 $a \in \mathcal{A}^{\mathrm{d}}$ 表示成如下矩阵形式:

$$a = \begin{pmatrix} a_{11} & 0 \\ 0 & a_{22} \end{pmatrix}_p,$$

对应 $p = aa^d = 1 - a^\pi$, 其中 $a_{11}$ 在代数 $p\mathcal{A}p$ 上可逆和 $a_{22}$ 在代数 $(1-p)\mathcal{A}(1-p)$ 上是拟幂零元的. 利用这个表示, $a$ 的 Drazin 逆可表示为

$$a^d = \left( \begin{array}{cc} (a_{11})^{-1}_{p\mathcal{A}p} & 0 \\ 0 & 0 \end{array} \right)_p,$$

其中 $(a_{11})^{-1}_{p\mathcal{A}p}$ 是 $a_{11}$ 在子代数 $p\mathcal{A}p$ 中的逆元.

**引理 1.2.8**[78]　设 $x, y \in \mathcal{A}$ 和

$$x = \left( \begin{array}{cc} a & c \\ 0 & b \end{array} \right)_p, \quad y = \left( \begin{array}{cc} b & 0 \\ c & a \end{array} \right)_{(1-p)}.$$

(1) 若 $a \in (p\mathcal{A}p)^d$ 和 $b \in ((1-p)\mathcal{A}(1-p))^d$, 则 $x$ 和 $y$ 是 Drazin 可逆的且

$$x^d = \left( \begin{array}{cc} a^d & u \\ 0 & b^d \end{array} \right)_p, \quad y^d = \left( \begin{array}{cc} b^d & 0 \\ u & a^d \end{array} \right)_{(1-p)}, \tag{1.2.6}$$

其中 $u = \sum\limits_{n=0}^{\infty} (a^d)^{n+2} c b^n b^\pi + \sum\limits_{n=0}^{\infty} a^\pi a^n c (b^d)^{n+2} - a^d c b^d$.

(2) 若 $x \in \mathcal{A}^d$ 和 $a \in (p\mathcal{A}p)^d$, 则 $b \in ((1-p)\mathcal{A}(1-p))^d$ 和 $x^d, y^d$ 为 (1.2.6).

**引理 1.2.9**[78]　令 $\mathcal{A}$ 是一个 Banach 代数, $x, y \in \mathcal{A}$, $p \in \mathcal{A}$ 是一个幂等. 假设 $x$ 和 $y$ 被表示为

$$x = \left( \begin{array}{cc} a & 0 \\ c & b \end{array} \right)_p, \quad y = \left( \begin{array}{cc} b & c \\ 0 & a \end{array} \right)_p.$$

(i) 如果 $a \in (p\mathcal{A}p)^d$, $b \in (\overline{p}\mathcal{A}\overline{p})^d$, 则 $x$ 和 $y$ 是广义 Drazin 逆的, 而

$$x^d = \left( \begin{array}{cc} a^d & 0 \\ u & b^d \end{array} \right)_p, \quad y^d = \left( \begin{array}{cc} b^d & u \\ 0 & a^d \end{array} \right)_p, \tag{1.2.7}$$

其中

$$u = \sum_{n=0}^{\infty} (b^d)^{n+2} c a^n a^\pi + \sum_{n=0}^{\infty} b^\pi b^n c (a^d)^{n+2} - b^d c a^d. \tag{1.2.8}$$

(ii) 若 $x \in \mathcal{A}^d$ 和 $a \in (p\mathcal{A}p)^d$, 则 $b \in (\overline{p}\mathcal{A}\overline{p})^d$, 而 $x^d, y^d$ 通过 (1.2.7) 和 (1.2.8) 给出.

根据 [53], 我们得到: $\mathscr{P} = \{p_1, p_2, \cdots, p_n\}$ 是代数 $\mathcal{A}$ 中幂等的一个整体系统. 若对于所有 $i$ 满足 $p_i^2 = p_i$, $p_i p_j = 0$, 若 $i \neq j$, 以及 $p_1 + \cdots + p_n = 1$. 给定代数 $\mathcal{A}$ 中幂等的一个整体系统 $\mathscr{P}$, 我们考虑包含所有元素属于代数 $\mathcal{A}$ 的矩阵 $A = [a_{ij}]_{i,j=1}^n$

的集合 $\mathcal{M}_n(\mathcal{A}, \mathscr{P})$, 其中对于所有 $i, j \in \{1, \cdots, n\}$ 满足 $a_{ij} \in p_i \mathcal{A} p_j$. 设 $p_i \mathcal{A} p_i$ 是 $\mathcal{A}$ 的子代数且单位为 $p_i$. [53, Lemma 2.1] 中证明了 $\phi : \mathcal{A} \to \mathcal{M}_n(\mathcal{A}, \mathscr{P})$, 且

$$\phi(x) = \begin{pmatrix} p_1 x p_1 & p_1 x p_2 & \cdots & p_1 x p_n \\ p_2 x p_1 & p_2 x p_2 & \cdots & p_2 x p_n \\ \vdots & \vdots & & \vdots \\ p_n x p_1 & p_n x p_2 & \cdots & p_n x p_n \end{pmatrix}_{\mathscr{P}}$$

等距且代数同构. 因此, 我们确定 $x = \phi(x)$, 其中 $x \in \mathcal{A}$. 另外一个有用 (虽然平凡) 的等式为

$$x = \sum_{i,j=1}^{n} p_i x p_j, \quad \forall \, x \in \mathcal{A}.$$

令 $X$ 和 $Y$ 是一个复 Banach 代数空间. 定义 $\mathcal{B}(X, Y)$ 为所有从 $X$ 到 $Y$ 有界线性算子的集合和 $\mathcal{B}(X, X)$ 到 $\mathcal{B}(X)$ 的缩写. 一个算子 $A \in \mathcal{B}(X)$ 被称为广义 Drazin 逆, 当存在一个算子 $A^{\mathrm{d}} \in \mathcal{B}(X)$ 使得

$$A^D A A^D = A^D, \quad A^D A = A A^D, \quad A - A^2 A^D \text{是拟幂零的}. \tag{1.2.9}$$

一个算子 $A \in \mathcal{B}(X)$ 被称为拟幂零的, 当谱 $\sigma(A) = \{0\}$.

设分块 $2 \times 2$ 算子矩阵

$$M = \begin{pmatrix} A & B \\ C & D \end{pmatrix}, \tag{1.2.10}$$

其中 $A \in \mathcal{B}(X)$ 和 $D \in \mathcal{B}(Y)$ 是广义 Drazin 可逆的.

**引理 1.2.10** [127] 令 $BC$ 和 $CB$ 的广义 Drazin 逆存在. 则

$$A^{\mathrm{d}} = \begin{pmatrix} 0 & B \\ C & 0 \end{pmatrix}^{\mathrm{d}} = \begin{pmatrix} 0 & (BC)^{\mathrm{d}} B \\ C(BC)^{\mathrm{d}} & 0 \end{pmatrix}.$$

**引理 1.2.11** [56, 127] 令 $A$ 和 $D$ 是广义 Drazin 逆的和 $M$ 是矩阵形式 (1.2.10). 若 $BC = 0$ 和 $BD = 0$, 则

$$M^{\mathrm{d}} = \begin{pmatrix} A^{\mathrm{d}} & (A^{\mathrm{d}})^2 B \\ \Sigma_0 & D^{\mathrm{d}} + \Sigma_1 B \end{pmatrix},$$

其中

$$\Sigma_k = \sum_{i=0}^{\infty} (D^{\mathrm{d}})^{i+k+2} C A^i A^\pi + D^\pi \sum_{i=0}^{\infty} D^i C (A^{\mathrm{d}})^{i+k+2} - \sum_{i=0}^{k} (D^{\mathrm{d}})^{i+1} C (A^{\mathrm{d}})^{k-i+1}, \quad k \geqslant 0. \tag{1.2.11}$$

**引理 1.2.12**[127]　　令 $A$ 和 $D$ 是广义 Drazin 逆的和 $M$ 是矩阵形式 (1.2.10). 若 $CA = 0$ 和 $CB = 0$, 则

$$M^{\mathrm{d}} = \begin{pmatrix} A^{\mathrm{d}} + X_2 C & X_1 \\ (D^{\mathrm{d}})^2 C & D^{\mathrm{d}} \end{pmatrix},$$

其中

$$X_k = \sum_{i=0}^{\infty} (A^{\mathrm{d}})^{i+k+1} B D^i D^{\pi} + A^{\pi} \sum_{i=0}^{\infty} A^i B (D^{\mathrm{d}})^{i+k+1} - \sum_{i=0}^{k-1} (A^{\mathrm{d}})^{i+1} B (D^{\mathrm{d}})^{k-i}, \quad k \geqslant 1.$$
(1.2.12)

**引理 1.2.13**[117]　　若 $M$ 是形式为 (1.2.10) 的矩阵, 使得 $A$ 是广义 Drazin 逆的, 对于任何非负正整数 $i$, $D$ 是拟幂零的和 $B D^i C = 0$, 则 $M$ 是广义 Drazin 逆和

$$M^{\mathrm{d}} = \begin{pmatrix} A^{\mathrm{d}} & \Phi \\ \Psi & \Psi A \Phi \end{pmatrix},$$

其中

$$\Phi = \sum_{i=0}^{\infty} (A^{\mathrm{d}})^{i+2} B D^i \quad \text{和} \quad \Psi = \sum_{i=0}^{\infty} D^i C (A^{\mathrm{d}})^{i+2}.$$

**引理 1.2.14**　　设 $P$ 是指标为 $t > 1$ 的幂零矩阵, $S = \sum_{i=0}^{t-1} a_i^{[1]} P^i$. 若 $a_i^{[1]} = 1$, 则

$$S^n = \sum_{i=0}^{t-1} a_i^{[n]} P^i, \quad n \geqslant 2,$$

其中 $a_i^{[n]} = \sum_{u=0}^{i} a_u^{[n-1]}, i = 0, \cdots, t-1$.

**证明**　　该结论可应用归纳法得到.

一个 $2 \times 2$ 分块矩阵 $M$ 记为

$$M = \begin{pmatrix} A & B \\ C & D \end{pmatrix},$$
(1.2.13)

其中 $A \in \mathbb{C}^{m \times m}$, $D \in \mathbb{C}^{p \times p}$, $B \in \mathbb{C}^{m \times p}$ 和 $C \in \mathbb{C}^{p \times m}$. 如果 $A$ 是非奇异的, 则 $M$ 中的 $A$ 经典的 Schur 补如下: [174]

$$S = D - C A^{-1} B.$$
(1.2.14)

在 [22], Benítez 和 Thome 考虑了

$$N = \begin{pmatrix} A^- + A^- B S^- C A^- & -A^- B S^- \\ -S^- C A^- & S^- \end{pmatrix} \tag{1.2.15}$$

的表示和在 (1.2.13) 中给出 $N$ 是矩阵 $M$ 的广义 Schur 补形式, $S = D - CA^-B$ 对于一些固定的广义逆 $A^- \in A\{1\}$, $S^- \in S\{1\}$, 其中 $M$ 中 $A$ 的广义 Schur 补是 $S$. 在 [22, 定理 2], Benítez 和 Thome 通过 Schur 补研究了 (1.2.13) 中 $M$ 群逆的表示, 其中 (1.2.14) 由

$$S = D - CA^\sharp B \tag{1.2.16}$$

代替, 在 [175, 定理 3.2] 中有类似的结果. 在一个有奇异广义 Schur 补的 (1.2.13) 中 $2\times2$ 分块复矩阵的 Drazin 逆已在 [116, 131, 189] 中考虑过, 其中

$$S = A - CA^D D. \tag{1.2.17}$$

在 [93] 中 Deng 和 Wei 研究了一个 $2\times2$ 分块算子矩阵的表示.

在 [97] 中, 作者给出了元素 $a \in \mathscr{A}$ 的分块矩阵形式的一些定义. 设 $a \in \mathscr{A}$ 和定义 $\mathscr{A}$ 中所有幂等元素 $s \in \mathscr{A}^\bullet$, 见 [97, Chapter VII]. 则我们记

$$a = sas + sa(1-s) + (1-s)as + (1-s)a(1-s)$$

和使用标记

$$a_{11} = sas, \quad a_{12} = sa(1-s), \quad a_{21} = (1-s)as, \quad a_{22} = (1-s)a(1-s). \tag{1.2.18}$$

对于任意元素 $a \in \mathscr{A}$ 的表示给出了以下矩阵形式:

$$a = \begin{pmatrix} sas & sa(1-s) \\ (1-s)as & (1-s)a(1-s) \end{pmatrix}_s = \begin{pmatrix} a_{11} & a_{12} \\ a_{21} & a_{22} \end{pmatrix}_s.$$

**引理 1.2.15**[156] 设 $a \in \mathcal{A}$. 则

(i) $\sigma(a)$ 为 $\mathbb{C}$ 的非空闭子集.

(ii)(谱投影定理) 如果 $f$ 为多项式, 则

$$\sigma(f(a)) = f(\sigma(a)).$$

(iii) $\lim\limits_{n \to \infty} a^n = 0$ 当且仅当 $\rho(a) < 1$.

# 第 2 章 Banach 代数上元素线性组合的
# 广义 Drazin 逆

分块矩阵的 Drazin 逆的表示可以用来处理和的 Drazin 逆的表示问题. 1958 年, Drazin 证明了, 当 $ab = ba = 0$ 时, $(a+b)^D = a^D + b^D$. 这推广了和的 Drazin 逆的表示的研究. 本章讨论在若干条件下 Banach 代数上元素线性组合的广义 Drazin 逆.

## 2.1 在 $ab = ba$ 条件下元素和的 Drazin 逆

首先, 给出下面证明所需要的引理.

**引理 2.1.1** 设 $a, x \in \mathcal{R}$. 如果 $ax = xa$ 且存在 $n \in \mathbb{N}$ 使得 $a^n = 0$, 则 $I - xa$ 是可逆的且 $(I - xa)^{-1} = \sum_{i=0}^{n-1} x^i a^i$.

**证明** 设 $y = \sum_{i=0}^{n-1} x^i a^i$. 显然有 $(I - xa)y = y(I - xa) = I$.

**引理 2.1.2** 设 $x, y$ 是 $\mathcal{R}$ 中两个可交换的幂零元素. 则 $x + y$ 是幂零元.

**证明** 显然有 $(x+y)^n = \sum_{k=0}^{n} \binom{n}{k} x^k y^{n-k}$ 对于任意 $n \in \mathbb{N}$, 因为 $xy = yx$.

下面的定义由 Drazin [102] 的定理 1 中证明.

**定理 2.1.1** 设 $a \in \mathcal{R}^D$ 和 $b \in \mathcal{R}$. 如果 $ab = ba$, 则 $a^D b = ba^D$.

在 [187, 定理 2.3] 中, 作者研究了 $(a-b)^D$ 的表示, 若 $w = aa^D(a+b)$ 替换为 $w = aa^D(a-b)bb^D$, 则得 $(a+b)^D$ 一个较为简单的表达式.

**定理 2.1.2** 设 $a, b \in \mathcal{R}$ 是 Drazin 可逆的. 如果 $ab = ba$, 则 $w = aa^D(a+b)$ 是 Drazin 可逆的当且仅当 $a+b$ Drazin 可逆, 且

$$(a+b)^D = w^D + a^\pi (I + b^D a a^\pi)^{-1} b^D = w^D + a^\pi \left( \sum_{i=0}^{\mathrm{ind}(a)-1} (-b^D a)^i \right) b^D. \quad (2.1.1)$$

**证明** 已知 $aa^\pi$ 是幂零的且它的幂零指数是 $a$. 设 $r = \mathrm{ind}(a)$. 因为 $ab = ba$, 由定理 2.1.1, $a^D b = ba^D$ 和 $ab^D = b^D a$. 由 $a^D b = ba^D$ 得 $a^\pi b = ba^\pi$. 再次由定理 2.1.1, $a^\pi$ 与 $b^D$ 交换. 因此, $b^D a^\pi a = a^\pi ab^D$. 由引理 2.1.1 得 $I + b^D a a^\pi$ 可逆且

$$(I + b^D a a^\pi)^{-1} = \sum_{i=0}^{r-1} (-b^D a a^\pi)^i = I + a^\pi \sum_{i=1}^{r-1} (-b^D a)^i.$$

在证明剩余的部分中, 我们将多次使用 $\{I, a, b, a^D, b^D\}$ 是一个交换族的事实.

假设 $w$ 是 Drazin 可逆的, 记

$$x = w^D + a^\pi (I + b^D a a^\pi)^{-1} b^D.$$

由 $ab = ba$ 和 $a^D b = b a^D$, 有 $w(a+b) = aa^D (a+b)(a+b) = (a+b)w$. 由定理 2.1.1, 得 $w^D(a+b) = (a+b)w^D$. 因为 $r = \mathrm{ind}(a)$, 得 $(aa^\pi)^r = 0$, 或相当于 $a^r a^\pi = 0$. 得

$$
\begin{aligned}
&(a+b)a^\pi (I + b^D a a^\pi)^{-1} b^D \\
&= (a+b)\left[ I + (-b^D a)a^\pi + (-b^D a)^2 a^\pi + \cdots + (-b^D a)^{r-1} a^\pi \right] b^D a^\pi \\
&= (a+b)\left[ I + (-b^D a) + (-b^D a)^2 + \cdots + (-b^D a)^{r-1} \right] b^D a^\pi \\
&= \left[ ab^D + a(-b^D a)b^D + a(-b^D a)^2 b^D + \cdots + a(-b^D a)^{r-1} b^D \right] a^\pi \\
&\quad + \left[ bb^D + b(-b^D a)b^D + b(-b^D a)^2 b^D + \cdots + b(-b^D a)^{r-1} b^D \right] a^\pi \\
&= \left[ ab^D - (ab^D)^2 + (ab^D)^3 + \cdots + (-1)^{r-2}(ab^D)^{r-1} + (-1)^{r-1}(ab^d)^r \right] a^\pi \\
&\quad + \left[ bb^D - ab^D + (ab^D)^2 + \cdots + (-1)^{r-1}(ab^D)^{r-1} \right] a^\pi \\
&= bb^D a^\pi,
\end{aligned}
$$

所以, 得

$$(a+b)x = (a+b)\left(w^D + a^\pi (I + b^D a a^\pi)^{-1} b^D\right) = (a+b)w^D + bb^D a^\pi. \qquad (2.1.2)$$

因为 $\{1, a, b, a^D, b^D, w, w^D\}$ 是交换族, 有 $x(a+b) = (a+b)x$.

下面, 将给出 $x(a+b)x = x$ 的证明. 由 (2.1.2) 可以写 $(a+b)x = x' + x''$, 其中 $x' = w^D(a+b)$ 和 $x'' = b^D b a^\pi$. 已知

$$w + a^\pi(a+b) = aa^D(a+b) + (1 - aa^D)(a+b) = a+b.$$

由 $wa^\pi = (a+b)aa^D a^\pi = 0$ 得 $w^D a^\pi = (w^D)^2 w a^\pi = 0$, 因此

$$
\begin{aligned}
xx' &= \left( w^D + a^\pi(1 + b^D a a^\pi)^{-1} b^D \right) w^D(a+b) \\
&= (w^D)^2(a+b) = w^D(a+b)w^D = w^D\left(w + a^\pi(a+b)\right)w^D = w^D
\end{aligned}
$$

和

$$
\begin{aligned}
xx'' &= \left( w^D + a^\pi(1 + b^D a a^\pi)^{-1} b^D \right) b^D b a^\pi \\
&= \left( a^\pi(1 + b^D a a^\pi)^{-1} b^D \right) b^D b a^\pi \\
&= (1 + b^D a a^\pi)^{-1} b^D a^\pi \\
&= x - w^D.
\end{aligned}
$$

得 $x(a+b)x = x(x'+x'') = x$.

下证 $(a+b)-(a+b)^2x$ 是幂零的. 由 $a+b = w+a^\pi(a+b)$, $a^\pi w = 0$ 和 $a^\pi w^D = 0$, 有

$$(a+b)^2 w^D = (w+a^\pi(a+b))^2 w^D$$
$$= \left(w^2 + 2wa^\pi(a+b) + a^\pi(a+b)^2\right)w^D = w^2 w^D = w - ww^\pi. \quad (2.1.3)$$

$$(a+b)b^D b a^\pi = (a+b)a^\pi(1-b^\pi) = aa^\pi + ba^\pi - aa^\pi b^\pi - a^\pi bb^\pi. \quad (2.1.4)$$

由 (2.1.2)~(2.1.4) 得

$$(a+b)-(a+b)^2x$$
$$= (a+b)-(a+b)\left(w^D(a+b)+bb^D a^\pi\right)$$
$$= (a+b)-(w-ww^\pi+aa^\pi+ba^\pi-aa^\pi b^\pi-a^\pi bb^\pi)$$
$$= (a+b)-\left[(a+b)aa^D+(a+b)a^\pi-aa^\pi b^\pi-a^\pi bb^\pi-ww^\pi\right]$$
$$= (a+b)-\left[(a+b)-aa^\pi b^\pi-a^\pi bb^\pi-ww^\pi\right]$$
$$= aa^\pi b^\pi + a^\pi bb^\pi + ww^\pi.$$

因为 $aa^\pi, bb^\pi$ 和 $ww^\pi$ 幂零, 所以由引理 2.1.2 得到 $(a+b)-(a+b)^2x$ 的幂零性. 因此, 证得 $a+b \in \mathcal{R}^D$ 和 $(a+b)^D = x$, 也就是表达式 (2.1.1).

反之, 假设 $a+b \in \mathcal{R}^D$ 和 $y = aa^D(a+b)^D$. 证明 $w = aa^D(a+b) \in \mathcal{R}^D$ 和 $w^D = y$. 由定理 2.1.1 可知 $\{a,b,a^D,b^D,(a+b)^D\}$ 是一个交换族. 已知 $(aa^D)^2 = aa^D$, 易证明 $wy = yw = aa^D(a+b)(a+b)^D$, $y^2w = y$ 和 $w^2y - w = aa^D\left[(a+b)^2(a+b)^D - (a+b)\right]$, 则得到 $w^2y - w$ 的幂零性.

**推论 2.1.1**　假设 $a,b \in \mathcal{R}$ 是 Drazin 可逆的. 如果 $ab = ba$ 和 $baa^\pi = 0$, 则 $w = aa^D(a+b)$ 是 Drazin 可逆的当且仅当 $a+b$ 是 Drazin 可逆的. 此时有

$$(a+b)^D = w^D + a^\pi b^D.$$

**证明**　由 $baa^\pi = 0$, 有 $b^D aa^\pi = (b^D)^2 baa^\pi = 0$. 于是有推论 2.1.1.

**定理 2.1.3**　设 $a,b \in \mathcal{R}$ 是 Drazin 可逆的. 如果 $a^\pi b = 0$ 和存在 $n \in \mathcal{N}$ 使得 $a^n b = ba^n$, 则 $w = aa^D(a+b)$ 是 Drazin 可逆的当且仅当 $a+b$ 是 Drazin 可逆的. 这样, 有

$$(a+b)^D = w^D.$$

**证明**　由 $a \in \mathcal{R}^D$, 易证明 $a^n \in \mathcal{R}^D$ 和 $(a^n)^D = (a^D)^n$. 此外, $(a^n)^\pi = 1 - a^n(a^n)^D = 1 - (aa^D)^n = 1 - aa^D = a^\pi$. 因为 $a^n b = ba^n$, 由定理 2.1.1 得

$(a^n)^D b = b(a^n)^D$, 则得到 $a^\pi b = ba^\pi$ 和 $aa^D b = baa^D$. 已知如下等式:

$$w + a^\pi(a + b) = aa^D(a + b) + (1 - aa^D)(a + b) = a + b. \tag{2.1.5}$$

因为 $aa^D$ 与 $a$ 和 $b$ 可交换, 得 $wa^\pi = a^\pi w = 0$.

设 $w$ 是 Drazin 可逆的. 下证 $w^D$ Drazin 可逆且逆是 $a + b$, 也就是说, 将证明 $w^D(a + b) = (a + b)w^D$, $(w^D)^2(a + b) = w^D$ 和 $(a + b)^2 - w^D$ 幂零.

因为 $aa^D b = baa^D$, 得

$$w(a + b) = aa^D(a + b)(a + b) = (a + b)aa^D(a + b) = (a + b)w.$$

由定理 2.1.1 得 $w^D(a + b) = (a + b)w^D$.

由 $wa^\pi = 0$ 得 $w^D a^\pi = (w^D)^2 wa^\pi = 0$. 由 $w^D a^\pi = 0$ 和 (2.1.5) 有

$$(w^D)^2(a + b) = (w^D)^2(w + a^\pi(a + b)) = (w^D)^2 w + (w^D)^2 a^\pi(a + b) = w^D.$$

因为 $a + b = w + a^\pi(a + b)$ 和 $a^\pi w = wa^\pi = 0$, 有

$$(a + b)^2 = (w + a^\pi(a + b))^2 = w^2 + a^\pi(a + b)^2.$$

于是由 $a^\pi w^D = a^\pi w(w^D)^2 = 0$ 得

$$\begin{aligned}
(a + b)^2 w^D &= (w^2 + a^\pi(a + b)^2)w^D = w^2 w^D = w - ww^\pi \\
&= aa^D(a + b) - ww^\pi = (1 - a^\pi)(a + b) - ww^\pi \\
&= a + b - a^\pi a - a^\pi b - ww^\pi.
\end{aligned}$$

由 $a^\pi b = 0$, 有 $a + b - (a + b)^2 w^D = a^\pi a + w^\pi w$.

由 $a^\pi w = wa^\pi$, 有 $a^\pi w^D = w^D a^\pi$, 则

$$a^\pi w^\pi = a^\pi(1 - ww^D) = (1 - ww^D)a^\pi = w^\pi a^\pi.$$

由 $wa^\pi = a^\pi w = 0$ 得 $(aa^\pi)(ww^\pi) = 0$ 和 $(ww^\pi)(aa^\pi) = 0$. 因对于任意 $k \in \mathbb{N}$ 有

$$(a + b - (a + b)^2 w^D)^k = (a^\pi a + w^\pi w)^k = (a^\pi a)^k + (w^\pi w)^k.$$

因 $aa^\pi$ 和 $ww^\pi$ 幂零, 得 $(a + b) - (a + b)^2 w^D$ 幂零. 只需证明 $a + b \in \mathcal{R}^D$ 和 $(a + b)^D = w^D$.

设 $a + b \in \mathcal{R}^D$. 将证明 $w = aa^D(a + b) \in \mathcal{R}^D$ 和 $a + b$ 的 Drazin 逆是 $w^D$, 即 $(a + b)^D w = w(a + b)^D$, $((a + b)^D)^2 w = (a + b)^D$ 和 $w^2(a + b)^D - w$ 幂零.

因为 $aa^D$ 与 $a$ 和 $b$ 可交换, 有 $(a + b)w = w(a + b)$. 由定理 2.1.1, 得 $(a + b)w^D = w^D(a + b)$.

因为 $a$ 是 Drazin 可逆的, 记 $a = a_1 + a_2$, 其中 $a_1 \in aa^D \mathcal{R} aa^D$ 和 $a_2 \in a^\pi \mathcal{R} a^\pi$ 幂零. 由 $a^\pi b = ba^\pi = 0$ 得 $b \in aa^D \mathcal{R} aa^D$. 因此 $a + b$ 可以被分解为

$$a + b = (a_1 + b) + a_2, \qquad a_1 + b \in aa^D \mathcal{R} aa^D, \quad a_2 \in a^\pi \mathcal{R} a^\pi. \tag{2.1.6}$$

由 $(a+b)aa^D = aa^D(a+b)$ 和定理 2.1.1 得 $(a+b)^D aa^D = aa^D(a+b)^D$ 和

$$(a+b)^D = aa^D(a+b)^D aa^D + aa^D(a+b)^D a^\pi + a^\pi(a+b)^D aa^D + a^\pi(a+b)^D a^\pi,$$

于是

$$(a+b)^D = u + v, \qquad u \in aa^D \mathcal{R} aa^D, \quad v \in a^\pi \mathcal{R} a^\pi. \tag{2.1.7}$$

由 Drazin 逆的定义和 (2.1.6), (2.1.7) 有 $a_1 + b, a_2 \in \mathcal{R}^D$ 和 $(a_1 + b)^D = u$, $a_2^D = v$. 于是 $a_2^D = 0$, 因为 $a_2$ 幂零. 因此, $(a+b)^D = (a_1 + b)^D \in aa^D \mathcal{R} aa^D$. 从而

$$\begin{aligned}
\left((a+b)^D\right)^2 w &= \left((a_1 + b)^D\right)^2 aa^D(a+b) \\
&= \left((a_1+b)^D\right)^2 (a+b) = \left((a+b)^D\right)^2 (a+b) = (a+b)^D.
\end{aligned}$$

下证 $w^2(a+b)^D - w$ 幂零. 已证明 $aa^D$ 与 $a+b$ 可交换. 因为 $aa^D$ 幂等,

$$\begin{aligned}
w^2(a+b)^D - w &= \left[aa^D(a+b)\right]^2 (a+b)^D - aa^D(a+b) \\
&= aa^D(a+b)^2(a+b)^D - aa^D(a+b) \\
&= aa^D \left[(a+b)^2(a+b)^D - (a+b)\right].
\end{aligned}$$

因为 $aa^D$ 与 $a+b$ 和 $(a+b)^D$ 可交换, 且 $(a+b)^2(a+b)^D - (a+b)$ 幂零, 则 $w^2(a+b)^D - w$ 幂零. 因此, $w \in \mathcal{R}^D$ 和 $w^D = (a+b)^D$.

## 2.2　在 $ab = ba$ 条件下元素和的广义 Drazin 逆

**定理 2.2.1**　设 $a, b \in \mathcal{A}^d$ 和 $ab = ba$. 则 $a + b \in \mathcal{A}^d$ 当且仅当 $1 + a^d b \in \mathcal{A}^d$. 此时有

$$(a+b)^d = a^d(1 + a^d b)^d bb^d + (1 - bb^d)\left[\sum_{n=0}^\infty (-b)^n (a^d)^n\right] a^d$$

$$+ b^d \left[\sum_{n=0}^\infty (b^d)^n (-a)^n\right] (1 - aa^d)$$

和

$$(a+b)(a+b)^d = (aa^d + ba^d)(1 + a^d b)^d bb^d + (1 - bb^d)aa^d$$

$$+ bb^d(1 - aa^d).$$

若 $\|b\|\|a^d\| < 1$ 和 $\|a\|\|b^d\| < 1$, 则

$$\|(a+b)^d - a^d\| \leqslant \|bb^d\|\|a^d\|\left[\|(1+a^db)^d\| + 1\right] + \|1-bb^d\|\left[\sum_{n=1}^{\infty}\|(-b)^n(a^d)^n\|\right]\|a^d\|$$

$$+ \|b^d\|\left[\sum_{n=0}^{\infty}\|(b^d)^n(-a)^n\|\right]\|1-aa^d\|$$

和

$$\|(a+b)(a+b)^d - aa^d\| \leqslant \left[\|aa^d + ba^d\|\|(1+a^db)^d\| + \|1-2aa^d\|\right]\|bb^d\|.$$

**证明**  因为 $a$ 是广义 Drazin 可逆的,

$$a = \begin{pmatrix} a_{11} & 0 \\ 0 & a_{22} \end{pmatrix}_p,$$

对应 $p = 1 - a^\pi$, 其中 $a_{11}$ 是代数 $p\mathcal{A}p$ 中的可逆元和 $a_{22}$ 是代数 $(1-p)\mathcal{A}(1-p)$ 的拟幂零元. 设 $b = \begin{pmatrix} b_{11} & b_{12} \\ b_{21} & b_{22} \end{pmatrix}_p$.

由 $ab = ba$, 得 $b_{12} = (a_{11})_{p\mathcal{A}p}^{-1}b_{12}a_{22}$, 对任意 $n \in \mathbb{N}$, 这意味着 $b_{12} = (a_{11})_{p\mathcal{A}p}^{-n}b_{12}a_{22}^n$. 因为 $a_{22}$ 是拟幂零元, 则得到 $b_{12} = 0$. 类似地, 由 $ab = ba$, 则 $b_{21} = a_{22}b_{21}(a_{11})_{p\mathcal{A}p}^{-1}$, 即 $b_{21} = 0$. 还有 $a_{11}b_{11} = b_{11}a_{11}$ 和 $a_{22}b_{22} = b_{22}a_{22}$.

因为, $b \in \mathcal{A}^d$ 和 $\sigma(b) = \sigma(b_1)_{p\mathcal{A}p} \cup \sigma(b_2)_{(1-p)\mathcal{A}(1-p)}$, 由 Koliha 的文章 [123] 中定理 4.2, 则 $b_1 \in p\mathcal{A}p$ 和 $b_2 \in (1-p)\mathcal{A}(1-p)$, 所以 $b_{11}, b_{22} \in \mathcal{A}^d$, 于是将 $b_{11}$ 和 $b_{22}$ 表示为

$$b_{11} = \begin{pmatrix} b_{11}' & 0 \\ 0 & b_{22}' \end{pmatrix}_{p_1}, \quad b_{22} = \begin{pmatrix} b_{11}'' & 0 \\ 0 & b_{22}'' \end{pmatrix}_{p_2},$$

其中 $p_1 = 1 - b_{11}^\pi$, $p_2 = 1 - b_{22}^\pi$, $b_{11}', b_{11}''$ 分别在代数 $p_1\mathcal{A}p_1$ 和 $p_2\mathcal{A}p_2$ 中是可逆的, 以及 $b_{22}', b_{22}''$ 是拟幂零的. 因为 $b_{11}$ 与 $a_{11}$ 可交换和 $b_{22}$ 与拟幂零元 $a_{22}$ 可交换, 于是有

$$a_{11} = \begin{pmatrix} a_{11}' & 0 \\ 0 & a_{22}' \end{pmatrix}_{p_1}, \quad a_{22} = \begin{pmatrix} a_{11}'' & 0 \\ 0 & a_{22}'' \end{pmatrix}_{p_2}.$$

因为 $p_1p = pp_1 = p_1$, 由于 $a_{11}$ 在子代数 $p\mathcal{A}p$ 中是可逆的, 则分别得到 $a_{11}'$ 和 $a_{22}'$ 在代数 $p_1\mathcal{A}p_1$ 和 $(p-p_1)\mathcal{A}(p-p_1)$ 中是可逆的. 还有 $a_{11}''$ 和 $a_{22}''$ 是拟幂零元, 以及 $a_{ii}'$ 与 $b_{ii}'$ 可交换, $a_{ii}''$ 与 $b_{ii}''$ 可交换, 其中 $i = 1, 2$.

因为 $a'_{22}$ 是可逆的且 $b'_{22}$ 是拟幂零的, 并且它们可交换, 则 $(a'_{22})^{-1}_{(1-p_1)\mathcal{A}(1-p_1)}b'_{22}$ 是拟幂零的, 所以 $(p-p_1)+(a'_{22})^{-1}_{(p-p_1)\mathcal{A}(p-p_1)}b'_{22}$ 在 $(p-p_1)\mathcal{A}(p-p_1)$ 中可逆, 且 $a'_{22}+b'_{22}\in\mathcal{A}^d$.

类似地, 可得 $a''_{11}+b''_{11}\in\mathcal{A}^d$. 从而

$$a+b=a'_{11}+b'_{11}+a'_{22}+b'_{22}+a''_{11}+b''_{11}+a''_{22}+b''_{22}.$$

注意到 $a'_{11}+b'_{11}\in p_1\mathcal{A}p_1$ 和 $b'_{22}+a''_{11}+b''_{11}+a''_{22}+b''_{22}\in(1-p_1)\mathcal{A}(1-p_1)$, 则

$$a+b\in\mathcal{A}^d\Leftrightarrow a'_{11}+b'_{11}\in\mathcal{A}^d,\quad a'_{22}+b'_{22}+a''_{11}+b''_{11}+a''_{22}+b''_{22}\in\mathcal{A}^d.$$

首先, 我们将考虑 $y=a'_{22}+b'_{22}+a''_{11}+b''_{11}+a''_{22}+b''_{22}$ 的广义 Drazin 可逆性. 由 $p_2yp_2=a''_{11}+b''_{11}$ 和 $(1-p_2)y(1-p_2)=a'_{22}+b'_{22}+a''_{22}+b''_{22}$, 我们断定

$$y\in\mathcal{A}^d\Leftrightarrow a''_{11}+b''_{11}\in\mathcal{A}^d,\quad a'_{22}+b'_{22}+a''_{22}+b''_{22}\in\mathcal{A}^d.$$

在此之前, 我们证明 $a''_{11}+b''_{11}\in\mathcal{A}^d$, 即 $y\in\mathcal{A}^d$ 当且仅当 $z=a'_{22}+b'_{22}+a''_{22}+b''_{22}\in\mathcal{A}^d$. 注意到 $z=pzp+(1-p)z(1-p)$, 其中 $pzp=a'_{22}+b'_{22}\in\mathcal{A}^d$ 和 $(1-p)z(1-p)=a''_{22}+b''_{22}\in\mathcal{A}^d$, 所以 $z\in\mathcal{A}^d$. 因此, $y\in\mathcal{A}^d$, 我们得 $a+b\in\mathcal{A}^d$ 当且仅当 $a'_{11}+b'_{11}\in\mathcal{A}^d$.

于是

$$(a'_{11}+b'_{11})^d=a'_{11}(p_1+(a'_{11})^{-1}_{p_1\mathcal{A}p_1}b'_{11})^d=p_1pa^d(1+a^db)^dbb^dpp_1.$$

利用第一个等式, 容易得到

$$(a+b)^d-a^d=a^d(1+a^db)^dbb^d+(1-bb^d)\left[\sum_{n=0}^{\infty}(-b)^n(a^d)^n\right]a^d$$

$$+b^d\left[\sum_{n=0}^{\infty}(b^d)^n(-a)^n\right](1-aa^d)-a^d$$

$$=a^d(1+a^db)^dbb^d-bb^da^d+(1-bb^d)\left[\sum_{n=1}^{\infty}(-b)^n(a^d)^n\right]a^d$$

$$+b^d\left[\sum_{n=0}^{\infty}(b^d)^n(-a)^n\right](1-aa^d).$$

从而

$$\|(a+b)^d-a^d\|\leqslant\|bb^d\|\|a^d\|\left[\|(1+a^db)^d\|+1\right]$$

$$+\|(1-bb^d)\|\left[\sum_{n=1}^{\infty}\|(-b)^n(a^d)^n\|\right]\|a^d\|$$

$$+\|b^d\|\left[\sum_{n=0}^{\infty}\|(b^d)^n(-a)^n\|\right]\|(1-aa^d)\|$$

和

$$\|(a+b)(a+b)^{\mathsf{d}} - aa^{\mathsf{d}}\| = \|(aa^{\mathsf{d}} + ba^{\mathsf{d}})(1 + a^{\mathsf{d}}b)^{\mathsf{d}}bb^{\mathsf{d}} - bb^{\mathsf{d}}aa^{\mathsf{d}} + bb^{\mathsf{d}}(1 - aa^{\mathsf{d}})\|$$
$$\leqslant \left[\|aa^{\mathsf{d}} + ba^{\mathsf{d}}\|\|(1 + a^{\mathsf{d}}b)^{\mathsf{d}}\| + \|1 - 2aa^{\mathsf{d}}\|\right]\|bb^{\mathsf{d}}\|.$$

**推论 2.2.1** 设 $a, b \in \mathcal{A}^{\mathsf{d}}$ 满足 $ab = ba$ 且 $1 + a^{\mathsf{d}}b \in \mathcal{A}^{\mathsf{d}}$.

(1) 若 $b$ 是拟幂零元, 则

$$(a+b)^{\mathsf{d}} = \sum_{n=0}^{\infty}(a^{\mathsf{d}})^{n+1}(-b)^n = (1 + a^{\mathsf{d}}b)^{-1}a^{\mathsf{d}}.$$

(2) 若 $b^k = 0$, 则 $(a+b)^{\mathsf{d}} = \sum_{n=0}^{k-1}(a^{\mathsf{d}})^{n+1}(-b)^n = (1 + a^{\mathsf{d}}b)^{-1}a^{\mathsf{d}}$.

(3) 若 $b^k = b$ $(k \geqslant 3)$, 则 $b^{\mathsf{d}} = b^{k-2}$ 且

$$(a+b)^{\mathsf{d}} = a^{\mathsf{d}}(1 + a^{\mathsf{d}}b)^{\mathsf{d}}b^{k-1} + (1 - b^{k-1})a^{\mathsf{d}}$$
$$+ b^{k-2}\left[\sum_{n=0}^{\infty}(b^{\mathsf{d}})^n(-a)^n\right](1 - aa^{\mathsf{d}})$$
$$= a^{\mathsf{d}}(1 + a^{\mathsf{d}}b)^{\mathsf{d}}b^{k-1} + (1 - b^{k-1})a^{\mathsf{d}}$$
$$+ b^{k-2}(1 + ab^{k-2})^{\mathsf{d}}(1 - aa^{\mathsf{d}}).$$

(4) 若 $b^2 = b$, 则 $b^{\mathsf{d}} = b$ 且

$$(a+b)^{\mathsf{d}} = a^{\mathsf{d}}(1 + a^{\mathsf{d}}b)^{\mathsf{d}}b + (1 - b)a^{\mathsf{d}} + b\left[\sum_{n=0}^{\infty}(-a)^n\right](1 - aa^{\mathsf{d}})$$
$$= a^{\mathsf{d}}(1 + a^{\mathsf{d}}b)^{\mathsf{d}}b + (1 - b)a^{\mathsf{d}} + b(1 + a)^{\mathsf{d}}(1 - aa^{\mathsf{d}}).$$

(5) 若 $a^2 = a$ 和 $b^2 = b$, 则 $1 + ab$ 是可逆的且 $a(1 + ab)^{-1}b = \frac{1}{2}ab$. 此时,

$$(a+b)^{\mathsf{d}} = a(1 + ab)^{-1}b + b(1 - a) + (1 - b)a$$
$$= a + b - \frac{3}{2}ab.$$

**定理 2.2.2** 设 $a, b \in \mathcal{A}^{\mathsf{d}}$ 满足 $\|a^{\mathsf{d}}b\| < 1$, $a^{\pi}ba^{\pi} = a^{\pi}b$, 以及 $a^{\pi}ab = a^{\pi}ba$. 若 $a^{\pi}b \in \mathcal{A}^{\mathsf{d}}$, 则 $a + b \in \mathcal{A}^{\mathsf{d}}$. 此时,

$$(a+b)^{\mathsf{d}} = (1 + a^{\mathsf{d}}b)^{-1}a^{\mathsf{d}} + (1 + a^{\mathsf{d}}b)^{-1}(1 - aa^{\mathsf{d}})\sum_{n=0}^{\infty}(b^{\mathsf{d}})^{n+1}(-a)^n$$
$$+ \left[\sum_{n=0}^{\infty}\left((1 + a^{\mathsf{d}}b)^{-1}a^{\mathsf{d}}\right)^{n+2}b(1 - aa^{\mathsf{d}})(a+b)^n\right](1 - aa^{\mathsf{d}})$$
$$\times \left[1 - (a+b)(1 - aa^{\mathsf{d}})\sum_{n=0}^{\infty}(b^{\mathsf{d}})^{n+1}(-a)^n\right]$$

且

$$\|(a+b)^d - a^d\| \leqslant \frac{\|a^d\|\|a^d b\|}{1 - \|a^d b\|} + \frac{\|1 - aa^d\|}{1 - \|a^d b\|} \sum_{n=0}^{\infty} \|b^d\|^{n+1}\| - a\|^n$$
$$+ \left[\sum_{n=0}^{\infty} \left(\frac{\|a^d\|\|a^d b\|}{1 - \|a^d b\|}\right)^{n+2} \|b\|\|a+b\|^n\right] \|1 - aa^d\|^2$$
$$+ \|1 - aa^d\|^3 \left[\sum_{n=0}^{\infty} \left(\frac{\|a^d\|\|a^d b\|}{1 - \|a^d b\|}\right)^{n+2} \|b\|\|a+b\|^{n+1}\right]$$
$$\times \left[\sum_{n=0}^{\infty} \|b^d\|^{n+1}\|a\|^n\right].$$

**证明**　因为 $a \in \mathcal{A}^d$ 和 $a^\pi b(I - a^\pi) = 0$, 对于 $p = 1 - a^\pi$ 得

$$a = \begin{pmatrix} a_1 & 0 \\ 0 & a_2 \end{pmatrix}_p, \quad b = \begin{pmatrix} b_1 & b_3 \\ 0 & b_2 \end{pmatrix}_p, \tag{2.2.1}$$

其中 $a_1$ 在代数 $p\mathcal{A}p$ 中是可逆的, $a_2$ 是代数 $(1-p)\mathcal{A}(1-p)$ 中的拟幂零元. 利用 $a^\pi ab = a^\pi ba$ 和 $a^\pi b \in \mathcal{A}^d$, 我们断定 $a_2 b_2 = b_2 a_2$ 且 $b_2 \in \mathcal{A}^d$. 由于 $\|a^d b\| < 1$, 则 $1 + a^d b$ 是可逆的. 由定理 2.2.1, 则

$$(a_2 + b_2)^d = \sum_{n=0}^{\infty} (b_2^d)^{n+1}(-a_2)^n.$$

利用引理 1.2.8, 则

$$(a+b)^d = \begin{pmatrix} (a_1+b_1)^{-1} & S \\ 0 & \sum_{n=0}^{\infty} (b_2^d)^{n+1}(-a_2)^n \end{pmatrix}_p,$$

其中

$$S = \left[\sum_{n=0}^{\infty} (a_1+b_1)^{-n-2} b_3(a_2+b_2)^n\right]\left[1 - p - (a_2+b_2)\sum_{n=0}^{\infty}(b_2^d)^{n+1}(-a_2)^n\right]$$
$$- (a_1+b_1)^{-1} b_3 \sum_{n=0}^{\infty}(b_2^d)^{n+1}(-a_2)^n.$$

我们知道

$$\begin{pmatrix} (a_1+b_1)^{-1} & 0 \\ 0 & 0 \end{pmatrix}_p = (1+a^d b)^{-1} a^d$$

且

$$\begin{pmatrix} 0 & 0 \\ 0 & \sum_{n=0}^{\infty}(b_2^{\mathrm{d}})^{n+1}(-a_2)^n \end{pmatrix}_p = a^{\pi}\sum_{n=0}^{\infty}(b^{\mathrm{d}})^{n+1}(-a)^n.$$

通过计算得到

$$\begin{pmatrix} 0 & S \\ 0 & 0 \end{pmatrix}_p = \left[ \sum_{n=0}^{\infty}\left((1+a^{\mathrm{d}}b)^{-1}a^{\mathrm{d}}\right)^{n+2}ba^{\pi}(a+b)^n \right]a^{\pi}$$

$$\times \left[ 1 - (a+b)a^{\pi}\sum_{n=0}^{\infty}(b^{\mathrm{d}})^{n+1}(-a)^n \right]$$

$$-(1+a^{\mathrm{d}}b)^{-1}a^{\mathrm{d}}ba^{\pi}\sum_{n=0}^{\infty}(b^{\mathrm{d}})^{n+1}(-a)^n.$$

因此

$$(a+b)^{\mathrm{d}} = (1+a^{\mathrm{d}}b)^{-1}a^{\mathrm{d}} + (1+a^{\mathrm{d}}b)^{-1}a^{\pi}\sum_{n=0}^{\infty}(b^{\mathrm{d}})^{n+1}(-a)^n$$

$$+ \left[ \sum_{n=0}^{\infty}\left((1+a^{\mathrm{d}}b)^{-1}a^{\mathrm{d}}\right)^{n+2}ba^{\pi}(a+b)^n \right]a^{\pi}$$

$$\times \left[ 1 - (a+b)a^{\pi}\sum_{n=0}^{\infty}(b^{\mathrm{d}})^{n+1}(-a)^n \right].$$

由于 $(a_1 + b_1)^{-1} \oplus 0 = (1 + a_1^{-1}b_1)^{-1}a_1^{-1} \oplus 0 = a_1(1 + b_1a_1^{-1})^{-1}$, 从而 $(1 + a^{\mathrm{d}}b)a^{\mathrm{d}} \oplus 0 = a^{\mathrm{d}}(1 + ba^{\mathrm{d}})^{\mathrm{d}}$, 利用 $\|ba^{\mathrm{d}}\| < 1$, 则

$$\|(a+b)^{\mathrm{d}} - a^{\mathrm{d}}\| = \left\| \sum_{n=1}^{\infty}(a^{\mathrm{d}}b)^n a^{\mathrm{d}} + \sum_{n=0}^{\infty}(a^{\mathrm{d}}b)^n(1-aa^{\mathrm{d}})\sum_{n=0}^{\infty}(b^{\mathrm{d}})^{n+1}(-a)^n \right.$$

$$+ \left[ \sum_{n=0}^{\infty}\left(\sum_{n=0}^{\infty}(a^{\mathrm{d}}b)^n a^{\mathrm{d}}\right)^{n+2}b(1-aa^{\mathrm{d}})(a+b)^n \right](1-aa^{\mathrm{d}})$$

$$\left. \times \left[ 1 - (a+b)(1-aa^{\mathrm{d}})\sum_{n=0}^{\infty}(b^{\mathrm{d}})^{n+1}(-a)^n \right] \right\|$$

$$\leqslant \frac{\|a^{\mathrm{d}}\|\|a^{\mathrm{d}}b\|}{1-\|a^{\mathrm{d}}b\|} + \frac{\|1-aa^{\mathrm{d}}\|}{1-\|a^{\mathrm{d}}b\|}\sum_{n=0}^{\infty}\|(b^{\mathrm{d}})\|^{n+1}\|(-a)\|^n$$

$$+ \left[ \sum_{n=0}^{\infty}\left(\frac{\|a^{\mathrm{d}}\|\|a^{\mathrm{d}}b\|}{1-\|a^{\mathrm{d}}b\|}\right)^{n+2}\|b\|\|a+b\|^n \right]\|(1-aa^{\mathrm{d}})\|^2$$

$$+ \|(1-aa^{\mathrm{d}})\|^3\left[ \sum_{n=0}^{\infty}\left(\frac{\|a^{\mathrm{d}}\|\|a^{\mathrm{d}}b\|}{1-\|a^{\mathrm{d}}b\|}\right)^{n+2}\|b\|\|a+b\|^{n+1} \right]$$

$$\times \left[ \sum_{n=0}^{\infty} \|(b^{\mathrm{d}})\|^{n+1} \|a\|^n \right].$$

**推论 2.2.2**　设 $a \in \mathcal{A}^{\mathrm{d}}$ 和 $b \in \mathcal{A}$ 满足 $\|ba^{\mathrm{d}}\| < 1$, $a^{\pi}b(1 - a^{\pi}) = 0$, 以及 $a^{\pi}ab = a^{\pi}ba$,

(1) 若 $baa^{\mathrm{d}} = 0$ 且 $b$ 是拟幂零的, 则 $a + b \in \mathcal{A}^{\mathrm{d}}$ 和

$$(a + b)^{\mathrm{d}} = \sum_{n=0}^{\infty} (a^{\mathrm{d}})^{n+2} b(a + b)^n + a^{\mathrm{d}}.$$

(2) 若 $a^{\pi}b = ba^{\pi}$ 和 $\sigma(a^{\pi}b) = 0$, 则 $a + b \in \mathcal{A}^{\mathrm{d}}$ 且

$$(a + b)^{\mathrm{d}} = (1 + a^{\mathrm{d}}b)^{-1} a^{\mathrm{d}} = a^{\mathrm{d}}(1 + ba^{\mathrm{d}})^{-1}.$$

下面的结论是定理 2.2.2 和 [92] 中定理 6 的推广.

**定理 2.2.3**　设 $a, b \in \mathcal{A}^{\mathrm{d}}$ 和 $q$ 是幂等元且满足 $aq = qa$, $(1 - q)bq = 0$, $(ab - ba)q = 0$, 以及 $(1 - q)(ab - ba) = 0$. 若 $(a + b)q$ 和 $(1 - q)(a + b)$ 都是广义 Drazin 可逆的, 则 $a + b \in \mathcal{A}^{\mathrm{d}}$ 和

$$(a + b)^{\mathrm{d}} = \sum_{n=0}^{\infty} S^{n+2} qb(1 - q)(a + b)^n (1 - q) \left[ 1 - (a + b)S \right]$$

$$+ \left[ 1 - (a + b)S \right] q \sum_{n=0}^{\infty} (a + b)^n qb(1 - q)S^{n+2}$$

$$+ (1 - Sqb)(1 - q)S + Sq,$$

其中

$$S = a^{\mathrm{d}}(1 + a^{\mathrm{d}}b)^{\mathrm{d}} bb^{\mathrm{d}} + (1 - bb^{\mathrm{d}}) \left[ \sum_{n=0}^{\infty} (-b)^n (a^{\mathrm{d}})^{n+1} \right]$$

$$+ \left[ \sum_{n=0}^{\infty} (b^{\mathrm{d}})^{n+1} (-a)^n \right] (1 - aa^{\mathrm{d}}). \tag{2.2.2}$$

**证明**　该证明和定理 2.2.2 的证明类似.

## 2.3　在 $aba^{\pi} = 0$ 条件下元素和的广义 Drazin 逆

[53, 定理 4.1] 在条件 $a^{\pi}b = b$ 和 $aba^{\pi} = 0$ 下可以得到 $(a + b)^{\mathrm{d}}$ 表示. 在定理 2.3.1 中, 我们仅使用了条件 $aba^{\pi} = 0$, 得到了 Banach 代数上两个元素和 Drazin 的表示.

**定理 2.3.1**  设 $a, b \in \mathcal{A}^{\mathrm{d}}$ 使得 $aba^\pi = 0$ 和 $aa^{\mathrm{d}}baa^{\mathrm{d}} \in \mathcal{A}^{\mathrm{d}}$. 则 $a + b \in \mathcal{A}^{\mathrm{d}}$ 当且仅当 $w = aa^{\mathrm{d}}(a + b) \in \mathcal{A}^{\mathrm{d}}$. 此时,

$$
\begin{aligned}
(a + b)^{\mathrm{d}} &= w^{\mathrm{d}} + \sum_{n=0}^{\infty} (b^{\mathrm{d}})^{n+1} a^n a^\pi - \sum_{n=0}^{\infty} (b^{\mathrm{d}})^{n+1} a^n a^\pi b w^{\mathrm{d}} \\
&\quad + \sum_{n=0}^{\infty} \left( \sum_{k=0}^{\infty} (b^{\mathrm{d}})^{n+k+2} a^k \right) a^\pi b w^n w^\pi + b^\pi \sum_{n=0}^{\infty} (a + b)^n a^\pi b (w^{\mathrm{d}})^{n+2} \\
&\quad - \sum_{n=0}^{\infty} \sum_{k=0}^{\infty} (b^{\mathrm{d}})^{k+1} a^{k+1} (a + b)^n a^\pi b (w^{\mathrm{d}})^{n+2}.
\end{aligned}
$$

**证明**  设 $p = aa^{\mathrm{d}}$, 于是有

$$
a = \begin{pmatrix} a_1 & 0 \\ 0 & a_2 \end{pmatrix}_p, \tag{2.3.1}
$$

其中在子代数 $p\mathcal{A}p$ 中 $a_1$ 是可逆的, $a_2$ 是拟幂零的. 则

$$
a^{\mathrm{d}} = \begin{pmatrix} a^{\mathrm{d}} & 0 \\ 0 & 0 \end{pmatrix}_p. \tag{2.3.2}
$$

记

$$
b = \begin{pmatrix} b_1 & b_2 \\ b_3 & b_4 \end{pmatrix}_p. \tag{2.3.3}
$$

由 $aba^\pi = 0$, 有

$$
0 = aba^\pi = \begin{pmatrix} a_1 & 0 \\ 0 & a_2 \end{pmatrix}_p \begin{pmatrix} b_1 & b_2 \\ b_3 & b_4 \end{pmatrix}_p \begin{pmatrix} 0 & 0 \\ 0 & a^\pi \end{pmatrix}_p = \begin{pmatrix} 0 & a_1 b_2 \\ 0 & a_2 b_4 \end{pmatrix}_p.
$$

因此, $a_1 b_2 = 0$ 和 $a_2 b_4 = 0$. 因为在 $p\mathcal{A}p$ 中 $a_1$ 是可逆的且 $b_2 \in p\mathcal{A}$, 得 $b_2 = 0$. 因此

$$
b = \begin{pmatrix} b_1 & 0 \\ b_3 & b_4 \end{pmatrix}_p, \qquad a + b = \begin{pmatrix} a_1 + b_1 & 0 \\ b_3 & a_2 + b_4 \end{pmatrix}_p.
$$

注意到 $w = aa^{\mathrm{d}}(a + b) = a_1 + b_1$.

因为 $b \in \mathcal{A}^{\mathrm{d}}$ 和 $b_1 = aa^{\mathrm{d}}baa^{\mathrm{d}}$, 得 $b_4 \in \mathcal{A}^{\mathrm{d}}$. $a_2$ 是拟幂零的, 得 $a_2 b_4 = 0$, 得到 $a_2 + b_4 \in \mathcal{A}^{\mathrm{d}}$ 和

$$
(a_2 + b_4)^{\mathrm{d}} = \sum_{n=0}^{\infty} (b_4^{\mathrm{d}})^{n+1} a_2^n.
$$

这样, $a + b$ 是广义 Drazin 可逆的当且仅当 $w = a_1 + b_1$ 是广义 Drazin 可逆的. 于是

$$(a+b)^{\mathrm{d}} = \begin{pmatrix} w^{\mathrm{d}} & 0 \\ u & (a_2+b_4)^{\mathrm{d}} \end{pmatrix}_p = w^{\mathrm{d}} + u + (a_2+b_4)^{\mathrm{d}}$$

和

$$u = \sum_{n=0}^{\infty} ((a_2+b_4)^{\mathrm{d}})^{n+2} b_3 w^n w^{\pi} + \sum_{n=0}^{\infty} (a_2+b_4)^{\pi} (a_2+b_4)^n b_3 (w^{\mathrm{d}})^{n+2} - (a_2+b_4)^{\mathrm{d}} b_3 w^{\mathrm{d}}.$$

我们有

$$(b^{\mathrm{d}})^{n+1} a^n a^{\pi} = \begin{pmatrix} 0 & 0 \\ 0 & (b_4^{\mathrm{d}})^{n+1} a_2^n \end{pmatrix}_p = (b_4^{\mathrm{d}})^{n+1} a_2^n$$

且

$$\sum_{n=0}^{\infty} (b^{\mathrm{d}})^{n+1} a^n a^{\pi} b w^{\mathrm{d}} = \sum_{n=0}^{\infty} (b_4^{\mathrm{d}})^{n+1} a_2^n b w^{\mathrm{d}} = (a_2+b_4)^{\mathrm{d}} b w^{\mathrm{d}}$$

$$= \begin{pmatrix} 0 & 0 \\ 0 & (a_2+b_4)^{\mathrm{d}} \end{pmatrix}_p \begin{pmatrix} b_1 & 0 \\ b_3 & b_4 \end{pmatrix}_p \begin{pmatrix} w^{\mathrm{d}} & 0 \\ 0 & 0 \end{pmatrix}_p$$

$$= (a_2+b_4)^{\mathrm{d}} b_3 w^{\mathrm{d}}.$$

类似地, 有

$$a^{\pi} b w^n w^{\pi} = b_3 w^n w^{\pi}. \tag{2.3.4}$$

现在, 我们将给出 $(a_2+b_4)^{\pi}$ 的表达式. 为证明此表达式, 使用 $a_2 b_4 = 0$. 注意到 $a_2, b_4 \in \bar{p} A \bar{p}$, 其中 $\bar{p} = 1 - p = 1 - aa^{\mathrm{d}} = a^{\pi}$.

$$(a_2+b_4)^{\pi} = a^{\pi} - (a_2+b_4)(a_2+b_4)^{\mathrm{d}} = a^{\pi} - (a_2+b_4) \left[ b_4^{\mathrm{d}} + (b_4^{\mathrm{d}})^2 a_2 + (b_4^{\mathrm{d}})^3 a_2^2 + \cdots \right]$$

$$= a^{\pi} - \left[ b_4 b_4^{\mathrm{d}} + b_4 (b_4^{\mathrm{d}})^2 a_2 + b_4 (b_4^{\mathrm{d}})^3 a_2^2 + \cdots \right] = b_4^{\pi} - \left[ b_4^{\mathrm{d}} a_2 + (b_4^{\mathrm{d}})^2 a_2^2 + \cdots \right],$$

因此

$$\sum_{n=0}^{\infty} (a_2+b_4)^{\pi} (a_2+b_4)^n b_3 (w^{\mathrm{d}})^{n+2}$$

$$= b_4^{\pi} \sum_{n=0}^{\infty} (a_2+b_4)^n b_3 (w^{\mathrm{d}})^{n+2} - \sum_{n=0}^{\infty} \sum_{k=0}^{\infty} (b_4^{\mathrm{d}})^{k+1} a_2^{k+1} (a_2+b_4)^n b_3 (w^{\mathrm{d}})^{n+2}.$$

得

$$(a_2+b_4)^n b_3 (w^{\mathrm{d}})^{n+2} = (a+b)^n a^{\pi} b (w^{\mathrm{d}})^{n+2}$$

和

$$(b_4^{\mathrm{d}})^{k+1} a_2^{k+1} (a_2 + b_4)^n b_3 (w^{\mathrm{d}})^{n+2} = (b^{\mathrm{d}})^{k+1} a^{k+1} (a+b)^n a^\pi b (w^{\mathrm{d}})^{n+2}.$$

最后, 注意到表达式 $\left( \sum\limits_{k=0}^\infty (b^{\mathrm{d}})^{k+1} a^k \right)^{n+2}$ 可以被简化. 事实上, 因为

$$\left( (a_2 + b_4)^{\mathrm{d}} \right)^{n+2} = \sum_{k=0}^\infty (b_4^{\mathrm{d}})^{n+k+2} a_2^k,$$

我们得到

$$\left( \sum_{k=0}^\infty (b^{\mathrm{d}})^{k+1} a^k \right)^{n+2} = \sum_{k=0}^\infty (b^{\mathrm{d}})^{n+k+2} a^k a^\pi.$$

如果 $\mathcal{A}$ 是一个 Banach 代数, 则我们可以在 $\mathcal{A}$ 中通过 $a \odot b = ba$ 定义另一种乘法运算. 显然 $(\mathcal{A}, \odot)$ 是一个 Banach 代数. 如果我们使用定理 2.1.1 到这个新的代数上, 则可以立刻得到如下结果.

**定理 2.3.2** 设 $a, b \in \mathcal{A}^{\mathrm{d}}$, $a^\pi ba = 0$ 和 $a^\pi b a^\pi \in \mathcal{A}^{\mathrm{d}}$. 则 $a + b$ 是广义 Drazin 可逆的当且仅当 $v = (a+b)aa^{\mathrm{d}}$. 此时有

$$(a+b)^{\mathrm{d}} = v^{\mathrm{d}} + \sum_{n=0}^\infty a^\pi a^n (b^{\mathrm{d}})^{n+1} - \sum_{n=0}^\infty v^{\mathrm{d}} b a^\pi a^n (b^{\mathrm{d}})^{n+1}$$

$$+ \sum_{n=0}^\infty v^\pi v^n b a^\pi \left( \sum_{k=0}^\infty a^k (b^{\mathrm{d}})^{n+k+2} \right) + \sum_{n=0}^\infty (v^{\mathrm{d}})^{n+2} b a^\pi (a+b)^n b^\pi$$

$$- \sum_{n=0}^\infty \sum_{k=0}^\infty (v^{\mathrm{d}})^{n+2} b a^\pi (a+b)^n a^{k+1} (b^{\mathrm{d}})^{k+1}.$$

注意到条件 $a^\pi b = 0$ 弱于 $a^\pi ba = 0$. 但是如果 $a, b \in \mathcal{A}$ 满足 $a^\pi b = 0$, 则 $(a+b)^{\mathrm{d}}$ 的表达式简单于之前定理的表达式.

**定理 2.3.3** 设 $a, b \in \mathcal{A}^{\mathrm{d}}$, 此时有 $a^\pi b = 0$. 如果 $w = aa^{\mathrm{d}}(a+b) \in \mathcal{A}^{\mathrm{d}}$, 则 $a + b \in \mathcal{A}^{\mathrm{d}}$,

$$(a+b)^{\mathrm{d}} = w^{\mathrm{d}} aa^{\mathrm{d}} + \sum_{n=0}^\infty (w^{\mathrm{d}})^{n+2} b a^n a^\pi.$$

如果 $v = (a+b)aa^{\mathrm{d}} \in \mathcal{A}^{\mathrm{d}}$, 则 $a + b \in \mathcal{A}^{\mathrm{d}}$ 和

$$(a+b)^{\mathrm{d}} = v^{\mathrm{d}} + \sum_{n=0}^\infty (v^{\mathrm{d}})^{n+2} b a^n a^\pi.$$

**证明** 考虑 $a, a^{\mathrm{d}}, b$ 的矩阵表达, 由

$$a^\pi b = \begin{pmatrix} 0 & 0 \\ 0 & \overline{p} \end{pmatrix}_p \begin{pmatrix} b_1 & b_2 \\ b_3 & b_4 \end{pmatrix}_p = \begin{pmatrix} 0 & 0 \\ b_3 & b_4 \end{pmatrix}_p = \begin{pmatrix} 0 & 0 \\ 0 & 0 \end{pmatrix}_p,$$

得到 $b_3 = b_4 = 0$. 因此有

$$a + b = \begin{pmatrix} a_1 + b_1 & b_2 \\ 0 & a_2 \end{pmatrix}_p$$

和

$$w = aa^{\mathrm{d}}(a + b) = \begin{pmatrix} p & 0 \\ 0 & 0 \end{pmatrix}_p \begin{pmatrix} a_1 + b_1 & b_2 \\ 0 & a_2 \end{pmatrix}_p = \begin{pmatrix} a_1 + b_1 & b_2 \\ 0 & 0 \end{pmatrix}_p. \quad (2.3.5)$$

假设 $w \in \mathcal{A}^{\mathrm{d}}$. 由定理 2.3.1, 得 $(a + b)^{\mathrm{d}}$ 存在且

$$(a + b)^{\mathrm{d}} = \begin{pmatrix} (a_1 + b_1)^{\mathrm{d}} & u \\ 0 & 0 \end{pmatrix}_p, \quad u = \sum_{n=0}^{\infty} ((a_1 + b_1)^{\mathrm{d}})^{n+2} b_2 a_2^n. \quad (2.3.6)$$

由 (2.3.5) 有 $w^{\mathrm{d}} aa^{\mathrm{d}} = (a_1 + b_1)^{\mathrm{d}}$ 和

$$\begin{aligned}
(w^{\mathrm{d}})^{n+2} b a^n a^{\pi} &= \begin{pmatrix} ((a_1 + b_1)^{\mathrm{d}})^{n+2} & * \\ 0 & 0 \end{pmatrix}_p \begin{pmatrix} b_1 & b_2 \\ 0 & 0 \end{pmatrix}_p \begin{pmatrix} a_1^n & 0 \\ 0 & a_2^n \end{pmatrix}_p \begin{pmatrix} 0 & 0 \\ 0 & 1 - p \end{pmatrix}_p \\
&= \begin{pmatrix} 0 & ((a_1 + b_1)^{\mathrm{d}})^{n+2} b_2 a_2^n \\ 0 & 0 \end{pmatrix}_p \\
&= ((a_1 + b_1)^{\mathrm{d}})^{n+2} b_2 a_2^n.
\end{aligned}$$

因此定理的前半部分得证. 为证明第二部分, 注意到

$$v = (a + b)aa^{\mathrm{d}} = \begin{pmatrix} a_1 + b_1 & b_2 \\ 0 & a_2 \end{pmatrix}_p \begin{pmatrix} p & 0 \\ 0 & 0 \end{pmatrix}_p = \begin{pmatrix} a_1 + b_1 & 0 \\ 0 & 0 \end{pmatrix}_p = a_1 + b_1$$

和 $(v^{\mathrm{d}})^{n+2} b a^n a^{\pi} = ((a_1 + b_1)^{\mathrm{d}})^{n+2} b_2 a_2^n$. 现在, 使用 (2.3.6) 的第二部分结论得证.

正如之前提到的, 通过考虑有乘积 $a \odot b = ba$ 的 Banach 代数 $\mathcal{A}$ 得到如下的结果.

**定理 2.3.4**  设 $a, b \in \mathcal{A}^{\mathrm{d}}$ 使得 $ba^{\pi} = 0$. 若 $v = (a + b)aa^{\mathrm{d}} \in \mathcal{A}^{\mathrm{d}}$, 则

$$a + b \in \mathcal{A}^{\mathrm{d}} \quad 和 \quad (a + b)^{\mathrm{d}} = aa^{\mathrm{d}} v^{\mathrm{d}} + \sum_{n=0}^{\infty} a^{\pi} a^n b (v^{\mathrm{d}})^{n+2}.$$

如果 $w = (a + b)aa^{\mathrm{d}} \in \mathcal{A}^{\mathrm{d}}$, 则

$$a + b \in \mathcal{A}^{\mathrm{d}} \quad 和 \quad (a + b)^{\mathrm{d}} = w^{\mathrm{d}} + \sum_{n=0}^{\infty} a^{\pi} a^n b (w^{\mathrm{d}})^{n+2}.$$

## 2.4 在 $aa^\pi = aa^\pi b^\pi$ 和 $aba^\pi = a^\pi ba$ 条件下元素和的广义 Drazin 逆

本节研究在 $aa^\pi = aa^\pi b^\pi$, $aba^\pi = a^\pi ba$ 条件下, 两个元素和的广义 Drazin 逆的表示.

**定理 2.4.1** 设 $a, b \in \mathcal{A}^d$. 若 $aa^\pi = aa^\pi b^\pi$ 和 $ab = a^\pi ba$, 则 $a + b \in \mathcal{A}^d$ 和

$$(a+b)^d = b^d a^\pi + b^\pi a^d + b^\pi \sum_{n=0}^{\infty} (a+b)^n b(a^d)^{n+2},$$

同时

$$\|(a+b)^d - a^d\| \leqslant \|b^d\| \left[\|b\|\|a^d\| + \|a^\pi\|\right] + \|b^\pi\| \left[\sum_{n=0}^{\infty} \|a+b\|^n \|b\| \|a^d\|^{n+2}\right].$$

**证明** 若 $a$ 是拟幂零的, 我们应用引理 1.2.3. 现在假定 $a$ 既不是可逆也不是拟幂零的, 设

$$a = \begin{pmatrix} a_1 & 0 \\ 0 & a_2 \end{pmatrix}_p, \quad a^d = \begin{pmatrix} a^d & 0 \\ 0 & 0 \end{pmatrix}_p, \quad b = \begin{pmatrix} b_1 & b_2 \\ b_3 & b_4 \end{pmatrix}_p, \quad (2.4.1)$$

其中 $a_1 \in (p\mathcal{A}p)^{-1}$, $a_2 \in (\overline{p}\mathcal{A}\overline{p})^{\mathrm{qnil}}$.

从 $ab = a^\pi ba$,

$$ab = \begin{pmatrix} a_1 b_1 & a_1 b_2 \\ a_2 b_3 & a_2 b_4 \end{pmatrix}_p, \quad a^\pi ba = \begin{pmatrix} 0 & 0 \\ b_3 a_1 & b_4 a_2 \end{pmatrix}_p.$$

得到 $a_2 b_4 = b_4 a_2$ 和 $a_1 b_1 = a_1 b_2 = 0$. 从引理 1.2.2, 得到 $b_1 = b_2 = 0$. 因此

$$b = \begin{pmatrix} 0 & 0 \\ b_3 & b_4 \end{pmatrix}_p.$$

由于 $b_4 \in (\overline{p}\mathcal{A}\overline{p})^d$, 所以

$$b^d = \begin{pmatrix} 0 & 0 \\ (b_4^d)^2 b_3 & b_4^d \end{pmatrix}_p, \quad b^\pi = \begin{pmatrix} p & 0 \\ -b_4^d b_3 & b_4^\pi \end{pmatrix}_p. \quad (2.4.2)$$

从 $aa^\pi = aa^\pi b^\pi$,

$$aa^\pi = \begin{pmatrix} 0 & 0 \\ 0 & a_2 \end{pmatrix}_p, \quad aa^\pi b^\pi = \begin{pmatrix} 0 & 0 \\ -a_2 b_4^d b_3 & a_2 b_4^\pi \end{pmatrix}_p,$$

得到 $a_2 b_4^\pi = a_2$, 即 $a_2 b_4^d = 0$.

从 $a_2 b_4^\pi = a_2$ 和 $a_2 b_4 = b_4 a_2$, 由引理 1.2.3, 得到 $a_2 + b_4 \in \mathcal{A}^d$ 和 $(a_2+b_4)^d = b_4^d$. 因此

$$(a_2+b_4)^\pi = \bar{p} - (a_2+b_4)(a_2+b_4)^d = \bar{p} - a_2 b_4^d - b_4 b_4^d = \bar{p} - b_4 b_4^d = b_4^\pi.$$

则

$$(a+b)^d = \begin{pmatrix} a_1^d & 0 \\ u & (a_2+b_4)^d \end{pmatrix}_p, \quad u = b_4^\pi \sum_{n=0}^\infty (a_2+b_4)^n b_3 (a_1^d)^{n+2} - b_4^d b_3 a_1^d.$$

注意到 $a_1^\pi = 0$, 同时有

$$b^\pi(a+b)^n b(a^d)^{n+2} = \begin{pmatrix} p & 0 \\ -b_4^d b_3 & b_4^\pi \end{pmatrix}_p \begin{pmatrix} a_1^n & 0 \\ * & a_2^n \end{pmatrix}_p \begin{pmatrix} 0 & 0 \\ b_3 & b_4 \end{pmatrix}_p \begin{pmatrix} (a^d)^{n+2} & 0 \\ 0 & 0 \end{pmatrix}_p$$

$$= \begin{pmatrix} 0 & 0 \\ b_4^\pi(a_2+b_4)^n b_3 (a^d)^{n+2} & 0 \end{pmatrix}_p = b_4^\pi(a_2+b_4)^n b_3 (a^d)^{n+2},$$

$$b^\pi a^d = \begin{pmatrix} p & 0 \\ -b_4^d b_3 & b_4^\pi \end{pmatrix}_p \begin{pmatrix} a_1^d & 0 \\ 0 & 0 \end{pmatrix}_p \begin{pmatrix} a_1^d & 0 \\ -b_4^d b_3 a_1^d & 0 \end{pmatrix}_p = a_1^d - b_4^d b_3 a_1^d$$

和

$$b^d a^\pi = \begin{pmatrix} 0 & 0 \\ (b_4^d)^2 b_3 & b_4^d \end{pmatrix}_p \begin{pmatrix} 0 & 0 \\ 0 & 1-p \end{pmatrix}_p = \begin{pmatrix} 0 & 0 \\ 0 & b_4^d \end{pmatrix}_p = b_4^d.$$

**定理 2.4.2** 设 $a,b \in \mathcal{A}^d$ 使得 $w = aa^d(a+b) \in \mathcal{A}^d$. 若 $aa^\pi = aa^\pi b^\pi$ 和 $aba^\pi = a^\pi ba$, 则 $a+b \in \mathcal{A}^d$ 和

$$(a+b)^d = w^d + a^\pi b^d.$$

**证明** 若 $a$ 是拟幂零的, 则可以应用引理 1.2.3. 因此, 假设 $a$ 既不是可逆的也不是拟幂零的, 则有 (2.4.1).

从 $aba^\pi = a^\pi ba$,

$$aba^\pi = \begin{pmatrix} 0 & a_1 b_2 \\ 0 & a_2 b_4 \end{pmatrix}_p, \quad a^\pi ba = \begin{pmatrix} 0 & 0 \\ b_3 a_1 & b_4 a_2 \end{pmatrix}_p.$$

得到 $a_2 b_4 = b_4 a_2$ 和 $b_3 a_1 = a_1 b_2 = 0$. 从引理 1.2.2, 得到 $b_2 = b_3 = 0$. 因此, 得到

$$a+b = \begin{pmatrix} a_1+b_1 & 0 \\ 0 & a_2+b_4 \end{pmatrix}_p$$

和

$$w = aa^{\mathrm{d}}(a+b) = \begin{pmatrix} p & 0 \\ 0 & 0 \end{pmatrix}_p \begin{pmatrix} a_1+b_1 & 0 \\ 0 & a_2+b_4 \end{pmatrix}_p = \begin{pmatrix} a_1+b_1 & 0 \\ 0 & 0 \end{pmatrix}_p = a_1 + b_1.$$

因此, $b_1, b_4 \in (\bar{p}\mathcal{A}\bar{p})^{\mathrm{d}}$ 和

$$b^{\mathrm{d}} = \begin{pmatrix} b_1^{\mathrm{d}} & 0 \\ 0 & b_4^{\mathrm{d}} \end{pmatrix}_p, \quad b^\pi = \begin{pmatrix} b_1^\pi & 0 \\ 0 & b_4^\pi \end{pmatrix}_p. \tag{2.4.3}$$

从 $aa^\pi = aa^\pi b^\pi$,

$$aa^\pi = \begin{pmatrix} 0 & 0 \\ 0 & a_2 \end{pmatrix}_p, \quad aa^\pi b^\pi = \begin{pmatrix} 0 & 0 \\ 0 & a_2 b_4^\pi \end{pmatrix}_p,$$

得到 $a_2 b_4^\pi = a_2$.

由 $a_2 b_4^\pi = a_2$ 和 $a_2 b_4 = b_4 a_2$, 得到 $a_2 + b_4 \in \mathcal{A}^{\mathrm{d}}$ 和 $(a_2 + b_4)^{\mathrm{d}} = b_4^{\mathrm{d}}$ 以及 $(a+b)^{\mathrm{d}}$ 存在且

$$(a+b)^{\mathrm{d}} = \begin{pmatrix} (a_1+b_1)^{\mathrm{d}} & 0 \\ 0 & (a_2+b_4)^{\mathrm{d}} \end{pmatrix}_p.$$

从给定 (2.4.3) 的 $b^{\mathrm{d}}$ 矩阵表达式可得到 $a^\pi b^{\mathrm{d}} = b_4^{\mathrm{d}}$.

**定理 2.4.3** 设 $a, b \in \mathcal{A}^{\mathrm{d}}$. 若存在 $k \in \mathbb{N}$, $k \geqslant 1$ 使得 $a^k b = ba^k$, $aa^\pi = ab^\pi$ 和 $ab = a^\pi ba$. 则 $a + b \in \mathcal{A}^{\mathrm{d}}$ 和

$$(a+b)^{\mathrm{d}} = a^{\mathrm{d}} + b^{\mathrm{d}}.$$

**证明** 从 $a^k b = ba^k$, 对于 $n \in \mathbb{N}$ 可得到 $a_1^{nk} b_2 = b_2 a_1^{nk}$, 利用引理 1.2.2 可得到 $b_2 = (a_1^{\mathrm{d}})^{nk} b_2 a_1^{nk}$. 因此, $\|b_2\|^{1/nk} \leqslant \|(a^{\mathrm{d}})^{nk}\|^{1/nk} \|b_2\|^{1/nk} \|a_1^{nk}\|^{1/nk}$, 考虑到 $m \to \infty$ 这隐含着 $b_2 = 0$, $\|a_2^m\|^{1/m} = 0$ (因为 $a_2$ 是拟幂零的). 类似地, 我们得到

$$b_3 = 0.$$

从 $ab = a^\pi ba$ 得到 $a_1 b_1 = 0$. 从引理 1.2.2 得到 $b_1 = 0$. 因此 $b$ 为

$$b = \begin{pmatrix} 0 & 0 \\ 0 & b_4 \end{pmatrix}_p.$$

从 $aa^\pi = ab^\pi$ 得到 $a_2 = a_2 b_4^\pi$. 从 $a_2 b_4^\pi = a_2$ 和 $a_2 b_4 = b_4 a_2$, 通过定理 1.2.3, 可得到 $a_2 + b_4 \in \mathcal{A}^{\mathrm{d}}$ 和 $(a_2 + b_4)^{\mathrm{d}} = b_4^{\mathrm{d}}$.

由以上的事实, 我们得到

$$(a+b)^{\mathrm{d}} = \begin{pmatrix} a_1^{\mathrm{d}} & 0 \\ 0 & (a_2+b_4)^{\mathrm{d}} \end{pmatrix}_p = a^{\mathrm{d}} + b^{\mathrm{d}}.$$

下面的定理是[99, 定理 2.2]的推广, 我们假设 $ab = a^\pi ba$ 代替 $ab = 0$.

**引理 2.4.1**    设 $b \in \mathcal{A}^{\mathrm{qnil}}$, $a \in \mathcal{A}^{\mathrm{d}}$ 和 $ab = a^{\pi}ba$, 则 $a + b \in \mathcal{A}^{\mathrm{d}}$,

$$(a+b)^{\mathrm{d}} = a^{\mathrm{d}} + \sum_{n=0}^{\infty} (a+b)^n b (a^{\mathrm{d}})^{n+2} \tag{2.4.4}$$

和

$$\|(a+b)^{\mathrm{d}} - a^{\mathrm{d}}\| \leqslant \sum_{n=0}^{\infty} \|a+b\|^n \|b\| \|a^{\mathrm{d}}\|^{n+2}.$$

**证明**    假设 $a \in \mathcal{A}^{\mathrm{qnil}}$. 因此, $a^{\pi} = I$ 和从 $ab = a^{\pi}ba$ 可得到 $ab = ba$. 利用引理 1.2.1, $a + b \in \mathcal{A}^{\mathrm{qnil}}$ 和 (2.4.4) 满足. 现在我们假定 $a$ 既不是可逆的也不是拟幂零的, $a, a^{\mathrm{d}}, b$ 矩阵形式如 (2.4.1).

从 $ab = a^{\pi}ba$ 和

$$ab = \begin{pmatrix} a_1 b_1 & a_1 b_2 \\ a_2 b_3 & a_2 b_4 \end{pmatrix}_p, \quad a^{\pi}ba = \begin{pmatrix} 0 & 0 \\ b_3 a_1 & b_4 a_2 \end{pmatrix}_p,$$

得到 $a_2 b_4 = b_4 a_2$, $a_1 b_1 = a_1 b_2 = 0$. 从引理 1.2.2 有 $b_1 = b_2 = 0$. 因此有

$$a + b = \begin{pmatrix} a_1 & 0 \\ b_3 & a_2 + b_4 \end{pmatrix}_p.$$

现在我们证明 $(a_2 + b_4)$ 的广义 Drazin 逆: 首先, 因为 $a_2, b_4 \in \mathcal{A}^{\mathrm{qnil}}$ 和 $a_2 b_4 = b_4 a_2$, 观察到 $\|b_4\| = \|\overline{p}b\overline{p}\| \leqslant \|b\|$, $b \in \mathcal{A}^{\mathrm{qnil}}$, 则 $b_4$ 是拟幂零的. 通过引理 1.2.1, 得到 $a_2 + b_4 \in \mathcal{A}^{\mathrm{qnil}}$.

从引理 1.2.8, 则

$$(a+b)^{\mathrm{d}} = \begin{pmatrix} a_1^{\mathrm{d}} & 0 \\ u & 0 \end{pmatrix}_p, \quad u = \sum_{n=0}^{\infty} (a_2+b_4)^n b_3 (a_1^{\mathrm{d}})^{n+2}. \tag{2.4.5}$$

通过利用 $a^{\mathrm{d}}, b, a+b$ 的矩阵分解, 容易得到 $(a+b)^n b (a^{\mathrm{d}})^{n+2} = (a_2+b_4)^n b_3 (a_1^{\mathrm{d}})^{n+2}$. 因此, 从 (2.4.5) 得到引理的结论.

**引理 2.4.2**    设 $b \in \mathcal{A}^{\mathrm{qnil}}$, $a \in \mathcal{A}^{\mathrm{d}}$ 和 $ba = aba^{\pi}$, 则 $a + b \in \mathcal{A}^{\mathrm{d}}$,

$$(a+b)^{\mathrm{d}} = a^{\mathrm{d}} + \sum_{n=0}^{\infty} (a^{\mathrm{d}})^{n+2} b (a+b)^n$$

和

$$\|(a+b)^{\mathrm{d}} - a^{\mathrm{d}}\| \leqslant \sum_{n=0}^{\infty} \|a^{\mathrm{d}}\|^{n+2} \|b\| \|a+b\|^n.$$

**推论 2.4.1** 设 $a \in \mathcal{A}^d$, $b \in \mathcal{A}^{qnil}$. 若 $a^\pi b = b$ 和 $ba = aba^\pi$. 则 $a + b \in \mathcal{A}^d$ 和

$$(a+b)^d = a^d. \tag{2.4.6}$$

**证明** 若 $a \in \mathcal{A}^{qnil}$, 则 $a^\pi = I$. 从 $ba = aba^\pi$ 得到 $ab = ba$. 利用引理 1.2.1, 得到 $a + b \in \mathcal{A}^{qnil}$. 所以, (2.4.6) 满足. 现在我们假设 $a$ 既不是可逆的也不是拟幂零的, $a, a^d, b$ 矩阵形式如 (2.4.1).

从 $a^\pi b = b$ 和

$$a^\pi b = \begin{pmatrix} 0 & 0 \\ 0 & a^\pi \end{pmatrix}_p \begin{pmatrix} b_1 & b_2 \\ b_3 & b_4 \end{pmatrix}_p = \begin{pmatrix} 0 & 0 \\ b_3 & b_4 \end{pmatrix}_p,$$

得到 $b_1 = b_2 = 0$. 从 $ba = aba^\pi$,

$$aba^\pi = \begin{pmatrix} 0 & 0 \\ 0 & a_2 b_4 \end{pmatrix}_p, \quad ba = \begin{pmatrix} 0 & 0 \\ b_3 a_1 & b_4 a_2 \end{pmatrix}_p,$$

得到 $a_2 b_4 = b_4 a_2$ 和 $b_3 a_1 = 0$. 从引理 1.2.2, 得到 $b_3 = 0$. 因此, $b$ 和 $a + b$ 可以被表达为

$$b = \begin{pmatrix} 0 & 0 \\ 0 & b_4 \end{pmatrix}_p, \quad a + b = \begin{pmatrix} a_1 & 0 \\ 0 & a_2 + b_4 \end{pmatrix}_p. \tag{2.4.7}$$

由引理 1.2.1, 有 $a_2, b_4 \in \mathcal{A}^{qnil}$ 和 $a_2 b_4 = b_4 a_2$, 则有 $a_2 + b_4 \in \mathcal{A}^{qnil}$. 从第二个等式 (2.4.7) 得到 $(a + b)^d = a_1^d + (a_2 + b_4)^d = a^d$.

以下定理 2.4.4 和定理 2.4.5 是引理 2.4.2 的推广.

**定理 2.4.4** 设 $a, b \in \mathcal{A}^d$. 若 $a = ab^\pi$ 和 $ba = aba^\pi$, 则 $a + b \in \mathcal{A}^d$ 且

$$(a+b)^d = b^d + \sum_{n=0}^{\infty} (b^d)^{n+2} a(a+b)^n a^\pi + b^\pi \left( a^d + \sum_{n=0}^{\infty} (a^d)^{n+2} b(a+b)^n \right)$$
$$- \sum_{n=0}^{\infty} \sum_{k=0}^{\infty} (b^d)^{n+2} a(a+b)^n (a^d)^{k+1} b(a+b)^k \tag{2.4.8}$$

和

$$\|(a+b)^d - b^d\| \leqslant \sum_{n=0}^{\infty} \|b^d\|^{n+2} \|a\| \|a+b\|^n \|a^\pi\| + \|b^\pi\| \left[ \|a^d\| + \sum_{n=0}^{\infty} \|a^d\|^{n+2} \|b\| \|a+b\|^n \right]$$
$$+ \sum_{n=0}^{\infty} \sum_{k=0}^{\infty} \|b^d\|^{n+2} \|a\| \|a+b\|^n \|a^d\|^{k+1} \|b\| \|a+b\|^k. \tag{2.4.9}$$

**证明**　若 $b$ 是拟幂零的, 应用引理 2.4.2. 因此, 假设 $b$ 不是拟幂零的, 对于 $p = bb^{\mathrm{d}}$, 则 $b, b^{\mathrm{d}}, a$ 的矩阵形式依次为

$$
b = \begin{pmatrix} b_1 & 0 \\ 0 & b_2 \end{pmatrix}_p, \quad b^{\mathrm{d}} = \begin{pmatrix} b^{\mathrm{d}} & 0 \\ 0 & 0 \end{pmatrix}_p, \quad a = \begin{pmatrix} a_1 & a_2 \\ a_3 & a_4 \end{pmatrix}_p, \tag{2.4.10}
$$

其中 $b_1 \in (p\mathcal{A}p)^{-1}$, $b_2 \in (\overline{p}\mathcal{A}\overline{p})^{\mathrm{qnil}}$.

从 $a = ab^{\pi}$ 和

$$
ab^{\pi} = \begin{pmatrix} a_1 & a_2 \\ a_3 & a_4 \end{pmatrix}_p \begin{pmatrix} 0 & 0 \\ 0 & \overline{p} \end{pmatrix}_p = \begin{pmatrix} 0 & a_2 \\ 0 & a_4 \end{pmatrix}_p,
$$

得到 $a_1 = a_3 = 0$.

因此

$$
a = \begin{pmatrix} 0 & a_2 \\ 0 & a_4 \end{pmatrix}_p.
$$

故有 $a_4 \in (\overline{p}\mathcal{A}\overline{p})^{\mathrm{d}}$ 和

$$
a^{\mathrm{d}} = \begin{pmatrix} 0 & a_2(a_4^{\mathrm{d}})^2 \\ 0 & a_4^{\mathrm{d}} \end{pmatrix}_p, \quad a^{\pi} = \begin{pmatrix} p & -a_2a_4^{\mathrm{d}} \\ 0 & a_4^{\pi} \end{pmatrix}_p.
$$

从 $ba = aba^{\pi}$ 和

$$
aba^{\pi} = \begin{pmatrix} 0 & a_2b_2a_4^{\pi} \\ 0 & a_4b_2a_4^{\pi} \end{pmatrix}_p, \quad ba = \begin{pmatrix} 0 & b_1a_2 \\ 0 & b_2a_4 \end{pmatrix}_p,
$$

得到 $b_1a_2 = a_2b_2a_4^{\pi}$, $b_2a_4 = a_4b_2a_4^{\pi}$. 从引理 2.4.2 得到

$$
a_2 + b_4 \in \mathcal{A}^{\mathrm{d}},
$$

$$
(a_2 + b_4)^{\mathrm{d}} = a_4^{\mathrm{d}} + \sum_{n=0}^{\infty} (a_4^{\mathrm{d}})^{n+2} b_2(a_4 + b_2)^n,
$$

$$
(a + b)^{\mathrm{d}} = \begin{pmatrix} b_1^{\mathrm{d}} & u \\ 0 & (a_4 + b_2)^{\mathrm{d}} \end{pmatrix}, \tag{2.4.11}
$$

其中

$$
u = \sum_{n=0}^{\infty} (b_1^{\mathrm{d}})^{n+2} a_2(a_4 + b_2)^n (a_4 + b_2)^{\pi} + \sum_{n=0}^{\infty} b_1^{\pi} b_1^n a_2((a_4 + b_2)^{\mathrm{d}})^{n+2} - b_1^{\mathrm{d}} a_2(a_4 + b_2)^{\mathrm{d}}.
$$

观察到 $b_1 \in (p\mathcal{A}p)^{-1}$, 则 $b_1^{\pi} = 0$.

因此

$$u = \sum_{n=0}^{\infty} (b_1^d)^{n+2} a_2 (a_4+b_2)^n (a_4+b_2)^\pi - b_1^d a_2 (a_4+b_2)^d.$$

从 $b_2 a_4 = a_4 b_2 a_4^\pi$ 和 $b_1 a_2 = a_2 b_2 a_4^\pi$, 得到 $b_2 a_4^d = b_2 a_4 (a_4^d)^2 = a_4 b_2 a_4^\pi (a_4^d)^2 = 0$ 和 $b_1^d a_2 a_4^d = (b_1^d)^2 b_1 a_2 a_4^d = (b_1^d)^2 a_2 b_2 a_4^\pi a_4^d = 0$. 因此

$$(a_4+b_2)^\pi = \overline{p} - (a_4+b_2)(a_4+b_2)^d = \overline{p} - (a_4+b_2)\left(a_4^d + \sum_{n=0}^{\infty} (a_4^d)^{n+2} b_2 (a_4+b_2)^n\right)$$

$$= \overline{p} - a_4\left(a_4^d + \sum_{n=0}^{\infty} (a_4^d)^{n+2} b_2 (a_4+b_2)^n\right) - b_2\left(a_4^d + \sum_{n=0}^{\infty} (a_4^d)^{n+2} b_2 (a_4+b_2)^n\right)$$

$$= \overline{p} - a_4 a_4^d - a_4 \sum_{n=0}^{\infty} (a_4^d)^{n+2} b_2 (a_4+b_2)^n = a_4^\pi - \sum_{n=0}^{\infty} (a_4^d)^{n+1} b_2 (a_4+b_2)^n$$

和

$$b_1^d a_2 (a_4+b_2)^d = b_1^d a_2 \left(a_4^d + \sum_{n=0}^{\infty} (a_4^d)^{n+2} b_2 (a_4+b_2)^n\right) = 0.$$

所以

$$u = \sum_{n=0}^{\infty} (b_1^d)^{n+2} a_2 (a_4+b_2)^n a_4^\pi - \sum_{n=0}^{\infty} \sum_{k=0}^{\infty} (b_1^d)^{n+2} a_2 (a_4+b_2)^n (a_4^d)^{k+1} b_2 (a_4+b_2)^k.$$

注意到 (2.4.11) 和 $b_1^d = b^d$, 得

$$(a+b)^d = b^d + (a_4+b_2)^d + u.$$

于是 (* 的表达式与证明无关)

$$b^\pi (a^d)^{n+2} b(a+b)^n = \begin{pmatrix} 0 & 0 \\ 0 & \overline{p} \end{pmatrix}_p \begin{pmatrix} 0 & * \\ 0 & (a_4^d)^{n+2} \end{pmatrix}_p \begin{pmatrix} b_1 & 0 \\ 0 & b_2 \end{pmatrix}_p \begin{pmatrix} b_1^n & * \\ 0 & (a_4+b_2)^n \end{pmatrix}_p$$

$$= \begin{pmatrix} 0 & 0 \\ 0 & (a_4^d)^{n+2} b_2 (a_4+b_2)^n \end{pmatrix}_p = (a_4^d)^{n+2} b_2 (a_4+b_2)^n,$$

$$b^\pi a^d = \begin{pmatrix} 0 & 0 \\ 0 & \overline{p} \end{pmatrix}_p \begin{pmatrix} 0 & a_2(a_4^d)^2 \\ 0 & a_4^d \end{pmatrix}_p = \begin{pmatrix} 0 & 0 \\ 0 & a_4^d \end{pmatrix}_p = a_4^d,$$

$$(b^d)^{n+2} a(a+b)^n a^\pi = \begin{pmatrix} (b_1^d)^{n+2} & 0 \\ 0 & 0 \end{pmatrix}_p \begin{pmatrix} 0 & a_2 \\ 0 & a_4 \end{pmatrix}_p \begin{pmatrix} b_1^n & * \\ 0 & (a_4+b_2)^n \end{pmatrix}_p \begin{pmatrix} p & -a_2 a_4^d \\ 0 & a_4^\pi \end{pmatrix}_p$$

$$= \begin{pmatrix} 0 & (b_1^d)^{n+2} a_2 (a_4+b_2)^n a_4^\pi \\ 0 & 0 \end{pmatrix}_p = (b_1^d)^{n+2} a_2 (a_4+b_2)^n a_4^\pi,$$

$$(b^{\mathrm{d}})^{n+2}a(a+b)^n(a^{\mathrm{d}})^{k+1}b(a+b)^k$$

$$= \begin{pmatrix} (b_1^{\mathrm{d}})^{n+2} & 0 \\ 0 & 0 \end{pmatrix}_p \begin{pmatrix} 0 & a_2 \\ 0 & a_4 \end{pmatrix}_p \begin{pmatrix} b_1^n & * \\ 0 & (a_4+b_2)^n \end{pmatrix}_p$$

$$\times \begin{pmatrix} 0 & * \\ 0 & (a_4^{\mathrm{d}})^{k+1} \end{pmatrix}_p \begin{pmatrix} b_1 & 0 \\ 0 & b_2 \end{pmatrix}_p \begin{pmatrix} b_1^k & * \\ 0 & (a_4+b_2)^k \end{pmatrix}_p$$

$$= \begin{pmatrix} 0 & (b_1^{\mathrm{d}})^{n+2}a_2(a_4+b_2)^n(a_4^{\mathrm{d}})^{k+1}b_2(a_4+b_2)^k \\ 0 & 0 \end{pmatrix}_p$$

$$= (b_1^{\mathrm{d}})^{n+2}a_2(a_4+b_2)^n(a_4^{\mathrm{d}})^{k+1}b_2(a_4+b_2)^k.$$

通过直接计算我们证明 (2.4.8) 是满足的. 由 (2.4.8) 容易得到 (2.4.9) .

**定理 2.4.5**　设 $a, b \in \mathcal{A}^{\mathrm{d}}$. 若 $a = ab^\pi$ 和 $ba = b^\pi aba^\pi$, 则 $a + b \in \mathcal{A}^{\mathrm{d}}$ 和

$$(a+b)^{\mathrm{d}} = a^{\mathrm{d}} + b^{\mathrm{d}} + \sum_{n=0}^{\infty}(a^{\mathrm{d}})^{n+2}b(a+b)^n \tag{2.4.12}$$

和

$$\|(a+b)^{\mathrm{d}} - b^{\mathrm{d}}\| \leqslant \|a^{\mathrm{d}}\| + \sum_{n=0}^{\infty}\|a^{\mathrm{d}}\|^{n+2}\|b\|\|a+b\|^n. \tag{2.4.13}$$

**证明**　若 $b$ 是拟幂零的, 我们应用引理 2.4.2. 因此, 我们假设 $b$ 不是拟幂零的, 且考虑同 (2.4.10) 给定的相对于 $p = bb^{\mathrm{d}}$ 的 $b$, $b^{\mathrm{d}}$ 和 $a$ 的矩阵表达式.

类似定理 2.4.4 的证明, 由 $a = ab^\pi$ 有

$$a = \begin{pmatrix} 0 & a_2 \\ 0 & a_4 \end{pmatrix}_p.$$

因此, $a_4 \in (\bar{p}\mathcal{A}\bar{p})^{\mathrm{d}}$ 和

$$a^{\mathrm{d}} = \begin{pmatrix} 0 & a_2(a_4^{\mathrm{d}})^2 \\ 0 & a_4^{\mathrm{d}} \end{pmatrix}_p, \quad a^\pi = \begin{pmatrix} p & -a_2 a_4^{\mathrm{d}} \\ 0 & a_4^\pi \end{pmatrix}_p. \tag{2.4.14}$$

从 $ba = b^\pi aba^\pi$ 和

$$b^\pi aba^\pi = \begin{pmatrix} 0 & 0 \\ 0 & a_4 b_2 a_4^\pi \end{pmatrix}_p, \quad ba = \begin{pmatrix} 0 & b_1 a_2 \\ 0 & b_2 a_4 \end{pmatrix}_p,$$

得到 $b_1 a_2 = 0$, $b_2 a_4 = a_4 b_2 a_4^\pi$. 从引理 1.2.2 和引理 2.4.2, 得 $a_2 = 0$, $a_2 + b_4 \in \mathcal{A}^{\mathrm{d}}$ 和

$$(a_2+b_4)^{\mathrm{d}} = a_4^{\mathrm{d}} + \sum_{n=0}^{\infty}(a_4^{\mathrm{d}})^{n+2}b_2(a_4+b_2)^n. \tag{2.4.15}$$

因此, 有

$$(a+b)^{\mathrm{d}} = \begin{pmatrix} b_1 & 0 \\ 0 & a_4 + b_2 \end{pmatrix}_p^{\mathrm{d}} = b_1^{\mathrm{d}} + (a_4 + b_2)^{\mathrm{d}} = b^{\mathrm{d}} + a^{\mathrm{d}} + \sum_{n=0}^{\infty} (a^{\mathrm{d}})^{n+2} b_2 (a_4 + b_2)^n$$

和

$$(a^{\mathrm{d}})^{n+2} b(a+b)^n = \begin{pmatrix} 0 & 0 \\ 0 & (a^{\mathrm{d}})^{n+2} \end{pmatrix}_p \begin{pmatrix} b_1 & 0 \\ 0 & b_2 \end{pmatrix}_p \begin{pmatrix} b_1^n & 0 \\ 0 & (a_4 + b_2)^n \end{pmatrix}_p$$

$$= (a^{\mathrm{d}})^{n+2} b_2 (a_4 + b_2)^n.$$

这就得到理论的结论.

下面的结果是[76, 定理 2.3]的一般式.

**定理 2.4.6**  设 $a, b \in \mathcal{A}^{\mathrm{d}}$. 若 $a = ab^\pi$, $b^\pi aba^\pi = b^\pi ba$, 则 $a + b \in \mathcal{A}^{\mathrm{d}}$ 且表示为

$$
\begin{aligned}
(a+b)^{\mathrm{d}} &= \left( b^{\mathrm{d}} + \sum_{n=0}^{\infty} (b^{\mathrm{d}})^{n+2} a(a+b)^n \right) a^\pi + b^\pi \left( a^{\mathrm{d}} + \sum_{n=0}^{\infty} (a^{\mathrm{d}})^{n+2} b(a+b)^n \right) \\
&= -\sum_{n=0}^{\infty} \sum_{k=0}^{\infty} (b^{\mathrm{d}})^{n+2} a(a+b)^n (a^{\mathrm{d}})^{k+1} b(a+b)^k - \sum_{n=0}^{\infty} b^{\mathrm{d}} a(a^{\mathrm{d}})^{n+2} b(a+b)^n
\end{aligned}
$$

$$(2.4.16)$$

和

$$
\begin{aligned}
&\|(a+b)^{\mathrm{d}} - b^{\mathrm{d}}\| \\
&\leqslant \sum_{n=0}^{\infty} \|b^{\mathrm{d}}\|^{n+2} \|a\| \|a+b\|^n \|b^\pi\| + \left[ \|b^\pi\| + \|b^{\mathrm{d}}\| \|a\| \right] \left[ \|a^{\mathrm{d}}\| + \sum_{n=0}^{\infty} \|a^{\mathrm{d}}\|^{n+2} \|b\| \|a+b\|^n \right] \\
&\quad + \sum_{n=0}^{\infty} \sum_{k=0}^{\infty} \|b^{\mathrm{d}}\|^{n+2} \|a\| \|a+b\|^n \|a^{\mathrm{d}}\|^{k+1} \|b\| \|a+b\|^k.
\end{aligned}
$$

$$(2.4.17)$$

**证明**  若 $b$ 是拟幂零的, 由引理 2.4.2 可证. 下面假设 $b$ 不是拟幂零的.

由 $a = ab^\pi$ 有

$$a = \begin{pmatrix} 0 & a_2 \\ 0 & a_4 \end{pmatrix}_p.$$

因此, $a_4 \in (\overline{p} \mathcal{A} \overline{p})^{\mathrm{d}}$ 和

$$a^{\mathrm{d}} = \begin{pmatrix} 0 & a_2 (a_4^{\mathrm{d}})^2 \\ 0 & a_4^{\mathrm{d}} \end{pmatrix}_p, \qquad a^\pi = \begin{pmatrix} p & -a_2 a_4^{\mathrm{d}} \\ 0 & a_4^\pi \end{pmatrix}_p. \qquad (2.4.18)$$

从 $b^\pi aba^\pi = b^\pi ba$ 和

$$b^\pi aba^\pi = \begin{pmatrix} 0 & 0 \\ 0 & a_4 b_2 a_4^\pi \end{pmatrix}_p, \quad b^\pi ba = \begin{pmatrix} 0 & 0 \\ 0 & b_2 a_4 \end{pmatrix}_p,$$

得到 $b_2 a_4 = a_4 b_2 a_4^\pi$. 从引理 2.4.2, 得到 $a_2 + b_4 \in \mathcal{A}^{\mathrm{d}}$ 和

$$(a_2 + b_4)^{\mathrm{d}} = a_4^{\mathrm{d}} + \sum_{n=0}^{\infty} (a_4^{\mathrm{d}})^{n+2} b_2 (a_4 + b_2)^n,$$

$$(a + b)^{\mathrm{d}} = \begin{pmatrix} b_1^{\mathrm{d}} & u \\ 0 & (a_4 + b_2)^{\mathrm{d}} \end{pmatrix}, \tag{2.4.19}$$

其中

$$u = \sum_{n=0}^{\infty} (b_1^{\mathrm{d}})^{n+2} a_2 (a_4 + b_2)^n (a_4 + b_2)^\pi + \sum_{n=0}^{\infty} b_1^\pi b_1^n a_2 ((a_4 + b_2)^{\mathrm{d}})^{n+2} - b_1^{\mathrm{d}} a_2 (a_4 + b_2)^{\mathrm{d}}.$$

由于观察到 $b_1 \in (p\mathcal{A}p)^{-1}$, 则 $b_1^\pi = 0$.

因此

$$u = \sum_{n=0}^{\infty} (b_1^{\mathrm{d}})^{n+2} a_2 (a_4 + b_2)^n (a_4 + b_2)^\pi - b_1^{\mathrm{d}} a_2 (a_4 + b_2)^{\mathrm{d}}.$$

从 $b_2 a_4 = a_4 b_2 a_4^\pi$, 得到 $b_2 a_4^{\mathrm{d}} = b_2 a_4 (a_4^{\mathrm{d}})^2 = a_4 b_2 a_4^\pi (a_4^{\mathrm{d}})^2 = 0$. 因此

$$(a_4 + b_2)^\pi = \overline{p} - (a_4 + b_2)(a_4 + b_2)^{\mathrm{d}} = \overline{p} - (a_4 + b_2)\left( a_4^{\mathrm{d}} + \sum_{n=0}^{\infty} (a_4^{\mathrm{d}})^{n+2} b_2 (a_4 + b_2)^n \right)$$

$$= \overline{p} - a_4\left( a_4^{\mathrm{d}} + \sum_{n=0}^{\infty} (a_4^{\mathrm{d}})^{n+2} b_2 (a_4 + b_2)^n \right) - b_2 \left( a_4^{\mathrm{d}} + \sum_{n=0}^{\infty} (a_4^{\mathrm{d}})^{n+2} b_2 (a_4 + b_2)^n \right)$$

$$= \overline{p} - a_4 a_4^{\mathrm{d}} - a_4 \sum_{n=0}^{\infty} (a_4^{\mathrm{d}})^{n+2} b_2 (a_4 + b_2)^n = a_4^\pi - \sum_{n=0}^{\infty} (a_4^{\mathrm{d}})^{n+1} b_2 (a_4 + b_2)^n.$$

所以

$$u = \sum_{n=0}^{\infty} (b_1^{\mathrm{d}})^{n+2} a_2 (a_4 + b_2)^n a_4^\pi - \sum_{n=0}^{\infty} \sum_{k=0}^{\infty} (b_1^{\mathrm{d}})^{n+2} a_2 (a_4 + b_2)^n (a_4^{\mathrm{d}})^{k+1} b_2 (a_4 + b_2)^k$$

$$- b_1^{\mathrm{d}} a_2 a_4^{\mathrm{d}} - b_1^{\mathrm{d}} a_2 \sum_{n=0}^{\infty} (a_4^{\mathrm{d}})^{n+2} b_2 (a_4 + b_2)^n.$$

观察 (2.4.19) 和 $b_1^{\mathrm{d}} = b^{\mathrm{d}}$, 有

$$(a + b)^{\mathrm{d}} = b^{\mathrm{d}} + (a_4 + b_2)^{\mathrm{d}} + u.$$

于是 (* 的表达式与证明无关),

$$b^d a (a^d)^{n+2} b (a+b)^n = \begin{pmatrix} b_1^d & 0 \\ 0 & 0 \end{pmatrix}_p \begin{pmatrix} 0 & a_2 \\ 0 & a_4 \end{pmatrix}_p \begin{pmatrix} 0 & * \\ 0 & (a_4^d)^{n+2} \end{pmatrix}_p$$

$$\times \begin{pmatrix} b_1 & 0 \\ 0 & b_2 \end{pmatrix}_p \begin{pmatrix} b_1^n & * \\ 0 & (a_4 + b_2)^n \end{pmatrix}_p$$

$$= \begin{pmatrix} 0 & b_1^d a_2 (a_4^d)^{n+2} b_2 (a_4 + b_2)^n \\ 0 & 0 \end{pmatrix}_p = b_1^d a_2 (a_4^d)^{n+2} b_2 (a_4 + b_2)^n,$$

$$b^d a^\pi = \begin{pmatrix} b_1^d & 0 \\ 0 & 0 \end{pmatrix}_p \begin{pmatrix} p & -a_2 a_4^d \\ 0 & a_4^\pi \end{pmatrix}_p = \begin{pmatrix} b_1^d & -b_1^d a_2 a_4^d \\ 0 & 0 \end{pmatrix}_p = b_1^d - b_1^d a_2 a_4^d.$$

类似定理 2.4.4 的证明, 我们有

$$b^\pi (a^d)^{n+2} b (a+b)^n = (a_4^d)^{n+2} b_2 (a_4 + b_2)^n, \quad b^\pi a^d = a_4^d,$$

$$(b^d)^{n+2} a (a+b)^n a^\pi = (b_1^d)^{n+2} a_2 (a_4 + b_2)^n a_4^\pi$$

和

$$(b^d)^{n+2} a (a+b)^n (a^d)^{k+1} b (a+b)^k = (b_1^d)^{n+2} a_2 (a_4 + b_2)^n (a_4^d)^{k+1} b_2 (a_4 + b_2)^k.$$

通过直接计算我们证明 (2.4.16) 是满足的. 由 (2.4.16) 容易得到 (2.4.17).

**引理 2.4.3**　设 $a \in \mathcal{A}^{\mathrm{qnil}}$, $b \in \mathcal{A}^d$ 满足 $w = bb^d(a+b) \in \mathcal{A}^d$ 和 $b^\pi ab = bab^\pi$, 则 $a+b \in \mathcal{A}^d$ 和

$$(a+b)^d = w^d.$$

**证明**　从 $b^\pi ab = bab^\pi$ 和

$$bab^\pi = \begin{pmatrix} 0 & b_1 a_2 \\ 0 & b_2 a_4 \end{pmatrix}_p, \quad b^\pi ab = \begin{pmatrix} 0 & 0 \\ a_3 b_1 & a_4 b_2 \end{pmatrix}_p,$$

得到 $a_4 b_2 = b_2 a_4$ 和 $a_3 b_1 = b_1 a_2 = 0$. 从引理 1.2.2, 得到 $a_2 = a_3 = 0$. 因此, 有

$$a + b = \begin{pmatrix} a_1 + b_1 & 0 \\ 0 & a_4 + b_2 \end{pmatrix}_p$$

和

$$w = bb^d(a+b) = \begin{pmatrix} p & 0 \\ 0 & 0 \end{pmatrix}_p \begin{pmatrix} a_1 + b_1 & 0 \\ 0 & a_4 + b_2 \end{pmatrix}_p = \begin{pmatrix} a_1 + b_1 & 0 \\ 0 & 0 \end{pmatrix}_p = a_1 + b_1.$$

通过引理 1.2.1, 我们有 $a_4 + b_2 \in \mathcal{A}^{\mathrm{qnil}}$, 因为 $a_4, b_2 \in \mathcal{A}^{\mathrm{qnil}}$ 和 $a_4 b_2 = b_2 a_4$. 因此, $(a + b)^{\mathrm{d}}$ 存在, 且

$$(a + b)^{\mathrm{d}} = \begin{pmatrix} a_1 + b_1 & 0 \\ 0 & a_4 + b_2 \end{pmatrix}_p^{\mathrm{d}} = \begin{pmatrix} (a_1 + b_1)^{\mathrm{d}} & 0 \\ 0 & 0 \end{pmatrix}_p = w^{\mathrm{d}}.$$

以下结果是引理 2.4.3 的推广.

**定理 2.4.7**　设 $a, b \in \mathcal{A}^{\mathrm{d}}$, $e = bb^{\mathrm{d}}(a + b) \in \mathcal{A}^{\mathrm{d}}$. 若 $a^{\pi} b = b$, $b^{\pi} ab = bab^{\pi}$, 则 $a + b \in \mathcal{A}^{\mathrm{d}}$ 和

$$(a + b)^{\mathrm{d}} = a^{\mathrm{d}} + e^{\mathrm{d}} a^{\pi} - e^{\mathrm{d}} ba^{\mathrm{d}} + \left[1 - (a + b)e^{\mathrm{d}} a^{\pi}\right] \sum_{n=0}^{\infty} (a + b)^n b (a^{\mathrm{d}})^{n+2}. \quad (2.4.20)$$

**证明**　若 $a$ 是拟幂零的, 我们应用引理 2.4.3. 因此, 我们假设 $a$ 既不是可逆的也不是拟幂零的, 由于 $a^{\pi} b = b$ 和

$$a^{\pi} b = \begin{pmatrix} 0 & 0 \\ 0 & \overline{p} \end{pmatrix}_p \begin{pmatrix} b_1 & b_2 \\ b_3 & b_4 \end{pmatrix}_p = \begin{pmatrix} 0 & 0 \\ b_3 & b_4 \end{pmatrix}_p,$$

得到 $b_1 = b_2 = 0$. 现在应用条件 $b^{\pi} ab = bab$, 则

$$b^{\pi} = I - bb^{\mathrm{d}} = \begin{pmatrix} p & 0 \\ 0 & \overline{p} \end{pmatrix}_p - \begin{pmatrix} 0 & 0 \\ b_3 & b_4 \end{pmatrix}_p \begin{pmatrix} 0 & 0 \\ (b_4^{\mathrm{d}})^2 b_3 & b_4^{\mathrm{d}} \end{pmatrix}_p = \begin{pmatrix} p & 0 \\ -b_4^{\mathrm{d}} b_3 & b_4^{\pi} \end{pmatrix}_p.$$

于是

$$b^{\pi} ab = \begin{pmatrix} 0 & 0 \\ b_4^{\pi} a_2 b_3 & b_4^{\pi} a_2 b_4 \end{pmatrix}_p, \quad bab^{\pi} = \begin{pmatrix} 0 & 0 \\ b_3 a_1 - b_4 a_2 b_4^{\mathrm{d}} b_3 & b_4 a_2 b_4^{\pi} \end{pmatrix}_p.$$

条件 $b^{\pi} ab = bab^{\pi}$ 隐含着 $b_4 a_2 b_4^{\pi} = b_4^{\pi} a_2 b_4$. 从引理 2.4.3 得到 $a_2 + b_4 \in \mathcal{A}^{\mathrm{d}}$ 和 $(a_2 + b_4)^{\mathrm{d}} = (b_4 b_4^{\mathrm{d}}(a_2 + b_4))^{\mathrm{d}}$.

由

$$e = bb^{\mathrm{d}}(a + b)$$

$$= \begin{pmatrix} 0 & 0 \\ b_3 & b_4 \end{pmatrix}_p \begin{pmatrix} 0 & 0 \\ (b_4^{\mathrm{d}})^2 b_3 & b_4^{\mathrm{d}} \end{pmatrix}_p \begin{pmatrix} a_1 & 0 \\ b_3 & a_2 + b_4 \end{pmatrix}_p = \begin{pmatrix} 0 & 0 \\ b_4 b_4^{\mathrm{d}} b_3 & b_4 b_4^{\mathrm{d}}(a_2 + b_4) \end{pmatrix}_p,$$

得到 $(a_2 + b_4)^{\mathrm{d}} = e^{\mathrm{d}} a^{\pi}$. 则 $(a + b)^{\mathrm{d}}$ 存在, 且

$$(a + b)^{\mathrm{d}} = \begin{pmatrix} a_1^{\mathrm{d}} & 0 \\ u & (a_2 + b_4)^{\mathrm{d}} \end{pmatrix}_p,$$

其中

$$u = \sum_{n=0}^{\infty}(a_2+b_4)^\pi(a_2+b_4)^n b_3(a_1^{\mathrm{d}})^{n+2} - (a_2+b_4)^{\mathrm{d}}b_3 a_1^{\mathrm{d}},$$

因为 $a_1^\pi = 0$. 而且 $[b_4 b_4^{\mathrm{d}}(a_2+b_4)^{\mathrm{d}}]^{\mathrm{d}} = (a_2+b_4)^{\mathrm{d}}$,

$$I-(a+b)e^{\mathrm{d}}a^\pi = \begin{pmatrix} p & 0 \\ 0 & \bar{p} \end{pmatrix}_p - \begin{pmatrix} a_1 & 0 \\ b_3 & a_2+b_4 \end{pmatrix}_p \begin{pmatrix} 0 & 0 \\ * & b_4 b_4^{\mathrm{d}}(a_2+b_4) \end{pmatrix}_p^{\mathrm{d}} \begin{pmatrix} 0 & 0 \\ 0 & a^\pi \end{pmatrix}_p$$

$$= \begin{pmatrix} p & 0 \\ 0 & (a_2+b_4)^\pi \end{pmatrix}_p,$$

$$\left[I-(a+b)e^{\mathrm{d}}a^\pi\right](a+b)^n b(a^{\mathrm{d}})^{n+2}$$

$$= \begin{pmatrix} p & 0 \\ 0 & (a_2+b_4)^\pi \end{pmatrix}_p \begin{pmatrix} a_1^n & 0 \\ * & (a_2+b_4)^n \end{pmatrix}_p \begin{pmatrix} 0 & 0 \\ b_3 & b_4 \end{pmatrix}_p \begin{pmatrix} (a^{\mathrm{d}})^{n+2} & 0 \\ 0 & 0 \end{pmatrix}_p$$

$$= \begin{pmatrix} 0 & 0 \\ (a_2+b_4)^\pi(a_2+b_4)^n b_3(a^{\mathrm{d}})^{n+2} & 0 \end{pmatrix}_p$$

$$= (a_2+b_4)^\pi(a_2+b_4)^n b_3(a^{\mathrm{d}})^{n+2}$$

和

$$e^{\mathrm{d}}ba^{\mathrm{d}} = \begin{pmatrix} 0 & 0 \\ * & (a_2+b_4)^{\mathrm{d}} \end{pmatrix}_p \begin{pmatrix} 0 & 0 \\ b_3 & b_4 \end{pmatrix}_p \begin{pmatrix} a^{\mathrm{d}} & 0 \\ 0 & 0 \end{pmatrix}_p$$

$$= \begin{pmatrix} 0 & 0 \\ (a_2+b_4)^{\mathrm{d}}b_3 a^{\mathrm{d}} & 0 \end{pmatrix}_p = (a_2+b_4)^{\mathrm{d}}b_3 a^{\mathrm{d}}.$$

通过直接计算我们证明 (2.4.20) 是满足的.

## 2.5  在 $ab=bab^\pi$ 和 $ab=a^\pi bab^\pi$ 条件下元素和的 广义 Drazin 逆

以下结果是[53, 推论 3.4]的广义形式.

**定理 2.5.1**  设 $a \in \mathcal{A}^{\mathrm{qnil}}$, $b \in \mathcal{A}^{\mathrm{d}}$ 和 $ab=bab^\pi$, 则 $a+b \in \mathcal{A}^{\mathrm{d}}$ 和

$$(a+b)^{\mathrm{d}} = b^{\mathrm{d}} + \sum_{n=0}^{\infty}(b^{\mathrm{d}})^{n+2}a(a+b)^n. \tag{2.5.1}$$

**证明**   首先, 假设 $b \in \mathcal{A}^{\mathrm{qnil}}$. 因此, $b^\pi = I$, 从 $ab = bab^\pi$ 得到 $ab = ba$. 显然有 $a + b \in \mathcal{A}^{\mathrm{qnil}}$, 于是 (2.5.1) 满足. 现在我们假定 $a, b$ 不是拟幂零的, 于是

$$b = \begin{pmatrix} b_1 & 0 \\ 0 & b_2 \end{pmatrix}_p, \quad b^{\mathrm{d}} = \begin{pmatrix} b_1^{\mathrm{d}} & 0 \\ 0 & 0 \end{pmatrix}_p.$$

其中 $b_1 \in (p\mathcal{A}p)^{-1}$, $b_2 \in (\overline{p}\mathcal{A}\overline{p})^{\mathrm{qnil}}$.

设

$$a = \begin{pmatrix} a_1 & a_2 \\ a_3 & a_4 \end{pmatrix}_p.$$

从 $ab = bab^\pi$ 和

$$ab = \begin{pmatrix} a_1 b_1 & a_2 b_2 \\ a_3 b_1 & a_4 b_2 \end{pmatrix}_p, \quad bab^\pi = \begin{pmatrix} 0 & b_1 a_2 \\ 0 & b_2 a_4 \end{pmatrix}_p,$$

得到 $a_4 b_2 = b_2 a_4$, $a_1 b_1 = a_3 b_1 = 0$, 以及 $a_1 = a_3 = 0$.

因此有

$$a + b = \begin{pmatrix} b_1 & a_2 \\ 0 & a_4 + b_2 \end{pmatrix}_p.$$

考虑 $a_2 + b_4$ 的广义 Drazin 逆: 首先, 观察到 $\|a_4\| = \|\overline{p}a\overline{p}\| \leqslant \|a\|$, 因为 $a_4, b_2 \in \mathcal{A}^{\mathrm{qnil}}$ 和 $a_4 b_2 = b_2 a_4$, $a \in \mathcal{A}^{\mathrm{qnil}}$, 则 $a_4$ 是拟幂零的. 我们得到 $a_4 + b_2 \in \mathcal{A}^{\mathrm{qnil}}$.

从引理 1.2.8, 则 $(a + b)^{\mathrm{d}}$ 存在, 且

$$(a + b)^{\mathrm{d}} = \begin{pmatrix} b^{\mathrm{d}} & u \\ 0 & 0 \end{pmatrix}_p, \quad u = \sum_{n=0}^{\infty} (b^{\mathrm{d}})^{n+2} a_2 (a_4 + b_2)^n. \tag{2.5.2}$$

我们容易得到 $(b^{\mathrm{d}})^{n+2} a (a + b)^n = (b_1^{\mathrm{d}})^{n+2} a_2 (a_4 + b_2)^n$. 因此从 (2.5.2), 定理的结论得到满足.

接下来的结果是[99, 定理 2.2]和[53, 例 4.5]的一般形式.

**定理 2.5.2**   设 $a, b \in \mathcal{A}^{\mathrm{d}}$. 如果 $ab = a^\pi bab^\pi$, 则 $a + b \in \mathcal{A}^{\mathrm{d}}$ 和

$$(a + b)^{\mathrm{d}} = b^\pi a^{\mathrm{d}} + b^{\mathrm{d}} a^\pi + \sum_{n=0}^{\infty} (b^{\mathrm{d}})^{n+2} a (a + b)^n a^\pi + b^\pi \sum_{n=0}^{\infty} (a + b)^n b (a^{\mathrm{d}})^{n+2}$$

$$- \sum_{n=0}^{\infty} \sum_{k=0}^{\infty} (b^{\mathrm{d}})^{k+1} a (a + b)^{n+k} b (a^{\mathrm{d}})^{n+2} - \sum_{n=0}^{\infty} (b^{\mathrm{d}})^{n+2} a (a + b)^n b a^{\mathrm{d}}. \tag{2.5.3}$$

**证明**　若 $a$ 是拟幂零的, 我们可应用定理 2.5.1. 因此, 我们假设 $a$ 既不是可逆的也不是拟幂零的, 考虑相对于 $p = aa^{\mathrm{d}}$, $a$, $a^{\mathrm{d}}$ 和 $b$ 的矩阵表达式.

$$a = \begin{pmatrix} a_1 & 0 \\ 0 & a_2 \end{pmatrix}_p, \quad a^{\mathrm{d}} = \begin{pmatrix} a^{\mathrm{d}} & 0 \\ 0 & 0 \end{pmatrix}_p, \quad b = \begin{pmatrix} b_1 & b_2 \\ b_3 & b_4 \end{pmatrix}_p.$$

条件 $ab = a^\pi bab^\pi$ 隐含着 $a_1 b_1 = a_1 b_2 = 0$. 我们得到 $b_1 = b_2 = 0$.
因此

$$b = \begin{pmatrix} 0 & 0 \\ b_3 & b_4 \end{pmatrix}_p.$$

即 $b_4 \in (\overline{p}\mathcal{A}\overline{p})^{\mathrm{d}}$ 和

$$b^{\mathrm{d}} = \begin{pmatrix} 0 & 0 \\ (b_4^{\mathrm{d}})^2 b_3 & b_4^{\mathrm{d}} \end{pmatrix}_p, \quad b^\pi = \begin{pmatrix} p & 0 \\ -b_4^{\mathrm{d}} b_3 & b_4^\pi \end{pmatrix}_p. \tag{2.5.4}$$

从 $ab = a^\pi bab^\pi$ 和

$$ab = \begin{pmatrix} 0 & 0 \\ a_2 b_3 & a_2 b_4 \end{pmatrix}_p, \quad a^\pi bab^\pi = \begin{pmatrix} 0 & 0 \\ b_3 a_1 - b_4 a_2 b_4^d b_3 & b_4 a_2 b_4^\pi \end{pmatrix}_p,$$

得到 $a_2 b_4 = b_4 a_2 b_4^\pi$. 从定理 2.5.1, 我们得到 $a_2 + b_4 \in \mathcal{A}^{\mathrm{d}}$ 和

$$(a_2 + b_4)^{\mathrm{d}} = b_4^{\mathrm{d}} + \sum_{n=0}^{\infty} (b_4^{\mathrm{d}})^{n+2} a_2 (a_2 + b_4)^n,$$

$$(a + b)^{\mathrm{d}} = \begin{pmatrix} a_1^{\mathrm{d}} & 0 \\ u & (a_2 + b_4)^{\mathrm{d}} \end{pmatrix}, \tag{2.5.5}$$

其中

$$u = \sum_{n=0}^{\infty} \left[ (a_2 + b_4)^{\mathrm{d}} \right]^{n+2} b_3 a_1^n a_1^\pi + \sum_{n=0}^{\infty} (a_2 + b_4)^\pi (a_2 + b_4)^n b_3 (a_1^{\mathrm{d}})^{n+2} - (a_2 + b_4)^{\mathrm{d}} b_3 a_1^{\mathrm{d}}.$$

观察到由于 $a_1 \in (p\mathcal{A}p)^{-1}$, 则 $a_1^\pi = 0$.
因此

$$u = \sum_{n=0}^{\infty} (a_2 + b_4)^\pi (a_2 + b_4)^n b_3 (a_1^{\mathrm{d}})^{n+2} - (a_2 + b_4)^{\mathrm{d}} b_3 a_1^{\mathrm{d}}.$$

从 $a_2 b_4 = b_4 a_2 b_4^\pi$ 得到 $a_2 b_4^{\mathrm{d}} = a_2 b_4 (b_4^{\mathrm{d}})^2 = b_4 a_2 b_4^\pi (b_4^{\mathrm{d}})^2 = 0$.

因此

$$
\begin{aligned}
(a_2 + b_4)^\pi &= \bar{p} - (a_2 + b_4)(a_2 + b_4)^d = \bar{p} - (a_2 + b_4)\left[b_4^d + \sum_{n=0}^{\infty}(b_4^d)^{n+2}a_2(a_2 + b_4)^n\right] \\
&= \bar{p} - b_4\left[b_4^d + \sum_{n=0}^{\infty}(b_4^d)^{n+2}a_2(a_2 + b_4)^n\right] \\
&= \bar{p} - b_4 b_4^d - \sum_{n=0}^{\infty}(b_4^d)^{n+1}a_2(a_2 + b_4)^n = b_4^\pi - \sum_{n=0}^{\infty}(b_4^d)^{n+1}a_2(a_2 + b_4)^n.
\end{aligned}
$$

所以

$$
\begin{aligned}
u = {} &\sum_{n=0}^{\infty} b_4^\pi(a_2 + b_4)^n b_3(a_1^d)^{n+2} - \sum_{n=0}^{\infty}\sum_{k=0}^{\infty}(b_4^d)^{k+1}a_2(a_2 + b_4)^{n+k}b_3(a_1^d)^{n+2} \\
&- b_4^d b_3 a_1^d - \sum_{n=0}^{\infty}(b_4^d)^{n+2}a_2(a_2 + b_4)^n b_3 a_1^d.
\end{aligned}
$$

由 (2.5.5) 和 $a_1^d = a^d$ 有

$$
(a+b)^d = a^d + (a_2 + b_4)^d + u. \tag{2.5.6}
$$

而且 (* 的表达式与证明无关),

$$
\begin{aligned}
b^\pi(a+b)^n b(a^d)^{n+2} &= \begin{pmatrix} p & 0 \\ -b_4^d b_3 & b_4^\pi \end{pmatrix}_p \begin{pmatrix} a_1^n & 0 \\ * & (a_2+b_4)^n \end{pmatrix}_p \\
&\quad \times \begin{pmatrix} 0 & 0 \\ b_3 & b_4 \end{pmatrix}_p \begin{pmatrix} (a^d)^{n+2} & 0 \\ 0 & 0 \end{pmatrix}_p \\
&= \begin{pmatrix} 0 & 0 \\ b_4^\pi(a_2+b_4)^n b_3(a^d)^{n+2} & 0 \end{pmatrix}_p = b_4^\pi(a_2+b_4)^n b_3(a^d)^{n+2},
\end{aligned}
$$

$$
\begin{aligned}
(b^d)^{n+2}a(a+b)^n b a^d &= \begin{pmatrix} 0 & 0 \\ * & (b_4^d)^{n+2} \end{pmatrix}_p \begin{pmatrix} a_1 & 0 \\ 0 & a_2 \end{pmatrix}_p \begin{pmatrix} a_1^n & 0 \\ * & (a_2+b_4)^n \end{pmatrix}_p \\
&\quad \times \begin{pmatrix} 0 & 0 \\ b_3 & b_4 \end{pmatrix}_p \begin{pmatrix} a^d & 0 \\ 0 & 0 \end{pmatrix}_p \\
&= \begin{pmatrix} 0 & 0 \\ (b_4^d)^{n+2}a_2(a_2+b_4)^n b_3 a^d & 0 \end{pmatrix}_p = (b_4^d)^{n+2}a_2(a_2+b_4)^n b_3 a^d,
\end{aligned}
$$

$$
b^\pi a^d = \begin{pmatrix} p & 0 \\ -b_4^d b_3 & b_4^\pi \end{pmatrix}_p \begin{pmatrix} a^d & 0 \\ 0 & 0 \end{pmatrix}_p = \begin{pmatrix} a^d & 0 \\ -b_4^d b_3 a_1^d & 0 \end{pmatrix}_p.
$$

类似地, 有

$$
(b^d)^{k+1}a(a+b)^{n+k}b(a^d)^{n+2}
$$

$$
= \begin{pmatrix} 0 & 0 \\ * & (b_4^{\mathrm d})^{k+1} \end{pmatrix}_p \begin{pmatrix} a_1 & 0 \\ 0 & a_2 \end{pmatrix}_p \begin{pmatrix} a_1^{n+k} & 0 \\ * & (a_2+b_4)^{n+k} \end{pmatrix}_p
$$

$$
\times \begin{pmatrix} 0 & 0 \\ b_3 & b_4 \end{pmatrix}_p \begin{pmatrix} (a^{\mathrm d})^{n+2} & 0 \\ 0 & 0 \end{pmatrix}_p
$$

$$
= \begin{pmatrix} 0 & 0 \\ (b_4^{\mathrm d})^{k+1}a_2(a_2+b_4)^{n+k}b_3(a^{\mathrm d})^{n+2} & 0 \end{pmatrix}_p = (b_4^{\mathrm d})^{k+1}a_2(a_2+b_4)^{n+k}b_3(a^{\mathrm d})^{n+2},
$$

$$
\left[ b^d + (b^d)^{n+2}a(a+b)^n \right] a^\pi
$$

$$
= \begin{pmatrix} 0 & 0 \\ (b_4^{\mathrm d})^2 b_3 & b_4^{\mathrm d} \end{pmatrix}_p \begin{pmatrix} 0 & 0 \\ 0 & \bar p \end{pmatrix}_p + \begin{pmatrix} 0 & 0 \\ * & (b_4^{\mathrm d})^{n+2} \end{pmatrix}_p \begin{pmatrix} a_1 & 0 \\ 0 & a_2 \end{pmatrix}_p
$$

$$
\times \begin{pmatrix} a_1^n & 0 \\ * & (a_2+b_4)^n \end{pmatrix}_p \begin{pmatrix} 0 & 0 \\ 0 & \bar p \end{pmatrix}_p
$$

$$
= \begin{pmatrix} 0 & 0 \\ 0 & b_4^{\mathrm d} \end{pmatrix}_p + \begin{pmatrix} 0 & 0 \\ 0 & (b_4^{\mathrm d})^{n+2}a_2(a_2+b_4)^n \end{pmatrix}_p = b_4^{\mathrm d} + (b_4^{\mathrm d})^{n+2}a_2(a_2+b_4)^n.
$$

因此, 得到 (2.5.3).

## 2.6 在 $a^\pi b = b$, $b^\pi a^\pi aba^\pi = 0$ 和 $ab^\pi = a$ 条件下元素和的广义 Drazin 逆

下面的引理是 [149, 定理 2.2] 的推广. 该定理设定是关于 $n \times n$ 复矩阵的代数. 我们推广到任意 Banach 代数.

**引理 2.6.1** 设 $a, b \in \mathcal{A}^{\mathrm d}$ 满足 $ab^2 = 0$ 和 $a^2 = 0$. 则

$$
(a+b)^{\mathrm d} = b^{\mathrm d} + \sum_{k=0}^{\infty} (b^{\mathrm d})^{2k+1} \left( b^{\mathrm d}a(ba)^k + (ab)^k \right).
$$

**证明** 设 $b = \begin{pmatrix} b_1 & 0 \\ 0 & b_2 \end{pmatrix}_{\mathcal P}$, 其中 $\mathcal P = \{bb^{\mathrm d}, b^\pi\}$, $b_1$ 在子代数 $bb^{\mathrm d}\mathcal{A}bb^{\mathrm d}$ 中是可逆的, 以及 $b_2$ 是拟幂零的. 设 $a = \begin{pmatrix} a_{11} & a_{12} \\ a_{21} & a_{22} \end{pmatrix}_{\mathcal P}$. 由 $ab^2 = 0$, 则

$$
a_{11} = 0, \quad a_{21} = 0, \quad a_{12}b_2^2 = 0, \quad a_{22}b_2^2 = 0. \tag{2.6.1}
$$

由 $a^2 = 0$, 得

$$a_{12}a_{22} = 0, \quad a_{22}^2 = 0. \tag{2.6.2}$$

即有 $a + b = \begin{pmatrix} b_1 & a_{12} \\ 0 & b_2 + a_{22} \end{pmatrix}_{\mathcal{P}}$. 由 (2.6.1) 和 (2.6.2), 有 $(b_2a_{22})(a_{22}b_2) = 0$ 和 $(a_{22}b_2)(b_2a_{22}) = 0$. 因为 $a_{22}$ 和 $b_2$ 是拟幂零元, 所以由引理 1.2.1 断定 $a_{22} + b_2 \in \mathcal{A}^d$ 和 $(a_{22} + b_2)^d = 0$. 由引理 1.2.8, 则 $a + b \in \mathcal{A}^d$ 和

$$(a + b)^d = \begin{pmatrix} b_1^d & u \\ 0 & 0 \end{pmatrix}_{\mathcal{P}}, \quad u = \sum_{n=0}^{\infty} (b_1^d)^{n+2} a_{12}(b_2 + a_{22})^n. \tag{2.6.3}$$

显然地, 有 $b_1^d = b^d$ 和

$$b^d ba = \begin{pmatrix} b^d b & 0 \\ 0 & 0 \end{pmatrix}_{\mathcal{P}} \begin{pmatrix} 0 & a_{12} \\ 0 & a_{22} \end{pmatrix}_{\mathcal{P}} = \begin{pmatrix} 0 & a_{12} \\ 0 & 0 \end{pmatrix}_{\mathcal{P}} = a_{12}.$$

若 $n \geqslant 1$, 容易得 (利用归纳法和 (2.6.1), (2.6.2))

$$a_{12}(a_{22} + b_2)^n = \begin{cases} a_{12}(b_2 a_{22})^{n/2}, & n \text{ 是奇数}, \\ a_{12}(b_2 a_{22})^{(n-1)/2} b_2, & n \text{ 是偶数}. \end{cases} \tag{2.6.4}$$

由引理 1.2.8, 对任意 $n \geqslant 1$, 得

$$b^{\pi}(ba)^n = \begin{pmatrix} 0 & 0 \\ 0 & b^{\pi} \end{pmatrix}_{\mathcal{P}} \begin{pmatrix} 0 & x_n \\ 0 & (b_2 a_{22})^n \end{pmatrix}_{\mathcal{P}} = \begin{pmatrix} 0 & 0 \\ 0 & (b_2 a_{22})^n \end{pmatrix}_{\mathcal{P}} = (b_2 a_{22})^n$$

和

$$(ba)^n b^{\pi} = \begin{pmatrix} 0 & x_n \\ 0 & (b_2 a_{22})^n \end{pmatrix}_{\mathcal{P}} \begin{pmatrix} 0 & 0 \\ 0 & b^{\pi} \end{pmatrix}_{\mathcal{P}} = \begin{pmatrix} 0 & x_n \\ 0 & (b_2 a_{22})^n \end{pmatrix}_{\mathcal{P}} = (ba)^n,$$

其中 $(x_n)_{n=0}^{\infty}$ 是 $\mathcal{A}$ 中的一个序列. 进一步, 有 $b_2 = b^{\pi}b = bb^{\pi}$ 和 $ab^{\pi} = a(1 - bb^d) = a(1 - b^2(b^d)^2) = a$. 若 $n \ (\geqslant 1)$ 是偶数, 则

$$a_{12}(a_{22} + b_2)^n = a_{12}(b_2 a_{22})^{n/2} = b^d b a b^{\pi}(ba)^{n/2} = b^d ba(ba)^{n/2} = b^d(ba)^{(n+2)/2},$$

以及若 $n \ (\geqslant 1)$ 是奇数, 则

$$a_{12}(a_{22} + b_2)^n = a_{12}(b_2 a_{22})^{(n-1)/2} b_2 = b^d b a b^{\pi}(ba)^{(n-1)/2} b^{\pi} b = b^d(ba)^{(n+1)/2} b.$$

因为等式 $(ba)^k b = b(ab)^k$, 所以

$$
\begin{aligned}
u &= (b_1^d)^2 a_{12} + \sum_{n=1}^{\infty} (b_1^d)^{n+2} a_{12}(b_2 + a_{22})^n \\
&= (b^d)^2 a + \sum_{k=1}^{\infty} (b^d)^{2k+2} b^d (ba)^{k+1} + \sum_{k=0}^{\infty} (b^d)^{2k+1} b^d (ba)^k b \\
&= \sum_{k=0}^{\infty} (b^d)^{2k+2} a(ba)^k + \sum_{k=0}^{\infty} (b^d)^{2k+1} (ab)^k.
\end{aligned}
$$

由 (2.6.3), 有

$$
(a+b)^d = b_1^d + u = b^d + \sum_{k=0}^{\infty} (b^d)^{2k+2} a(ba)^k + \sum_{k=0}^{\infty} (b^d)^{2k+1}(ab)^k.
$$

**定理 2.6.1**    设 $a, b \in \mathcal{A}^d$ 满足 $a^\pi b = b$, $b^\pi a^\pi aba^\pi = 0$, 以及 $ab^\pi = a$. 则

$$
(a+b)^d = a^d + va^\pi + u,
$$

其中

$$
v = b^d + \sum_{n=0}^{\infty} (b^d)^{n+2} a(a+b)^n, \quad u = \sum_{n=0}^{\infty} (a+b)^\pi (a+b)^n b(a^d)^{n+2} - vba^d.
$$

**证明**    定义 $p = aa^d$ 和 $\mathcal{P} = \{p, 1-p\}$. 设 $a$ 表示为 $a = \begin{pmatrix} a_1 & 0 \\ 0 & a_2 \end{pmatrix}_{\mathcal{P}}$ 和设 $b$ 有如下表示:

$$
b = \begin{pmatrix} b_3 & b_4 \\ b_1 & b_2 \end{pmatrix}_{\mathcal{P}}.
$$

由 $a^\pi b = b$, 有 $b_3 = b_4 = 0$. 因此

$$
b = \begin{pmatrix} 0 & 0 \\ b_1 & b_2 \end{pmatrix}_{\mathcal{P}}, \quad a+b = \begin{pmatrix} a_1 & 0 \\ b_1 & a_2 + b_2 \end{pmatrix}_{\mathcal{P}}. \tag{2.6.5}
$$

为了证明 $a+b \in \mathcal{A}^d$, 我们将应用引理 1.2.8, 以及为达到这个目的, 我们需要证明 $a_1, a_2 + b_2 \in \mathcal{A}^d$. 因为 $a_1 \in [p\mathcal{A}p]^{-1}$, 有 $a_1 \in \mathcal{A}^d$ 和 $a_1^d = [a_1^{-1}]_{p\mathcal{A}p}$. 下面我们考虑 $a_2 + b_2$ 的广义 Drazin 逆. 定义 $q = b_2 b_2^d$. 注意到 $pq = qp = 0$. 因为 $1 - p$ 是 $(1-p)\mathcal{A}(1-p)$ 的单位和 $q \in (1-p)\mathcal{A}(1-p)$. 定义 $\mathcal{Q} = \{q, 1-p-q\}$(代数 $(1-p)\mathcal{A}(1-p)$ 中幂等的整体系统) 且将 $b_2$ 表示为

$$
b_2 = \begin{pmatrix} b_{11} & 0 \\ 0 & b_{22} \end{pmatrix}_{\mathcal{Q}},
$$

其中 $b_{11} \in [q\mathcal{A}q]^{-1}$ 且 $b_{22}$ 是拟幂零元. 设 $\mathcal{R} = \{p, q, 1-p-q\}$. 我们得到下面的表示:

$$b_2 = \begin{pmatrix} 0 & 0 & 0 \\ 0 & b_{11} & 0 \\ 0 & 0 & b_{22} \end{pmatrix}_{\mathcal{R}}, \quad b_2^{\mathrm{d}} = \begin{pmatrix} 0 & 0 & 0 \\ 0 & [b_{11}^{-1}]_{q\mathcal{A}q} & 0 \\ 0 & 0 & 0 \end{pmatrix}_{\mathcal{R}}, \quad b_2^{\pi} = \begin{pmatrix} p & 0 & 0 \\ 0 & 0 & 0 \\ 0 & 0 & 1-p-q \end{pmatrix}_{\mathcal{R}}.$$

$$(2.6.6)$$

因为 $a_2 \in (1-p)\mathcal{A}(1-p)$, $a_2$ 可表示为

$$a_2 = \begin{pmatrix} 0 & 0 & 0 \\ 0 & a_{11} & a_{12} \\ 0 & a_{21} & a_{22} \end{pmatrix}_{\mathcal{R}}. \tag{2.6.7}$$

利用 $ab^{\pi} = a$, 得 $abb^{\mathrm{d}} = 0$. 利用引理 1.2.8, 得 $a_2 b_2 b_2^{\mathrm{d}} = 0$. 利用 (2.6.6) 和 (2.6.7) 导出 $a_{11} = a_{21} = 0$. 即将 (2.6.7) 归纳为

$$a_2 = \begin{pmatrix} 0 & 0 & 0 \\ 0 & 0 & a_{12} \\ 0 & 0 & a_{22} \end{pmatrix}_{\mathcal{R}}. \tag{2.6.8}$$

将应用 [53, 定理 3.3] 得到 $(a_2 + b_2)^{\mathrm{d}}$ 的表示. 我们需要确定下面的条件:

  (i) $a_2 \in \mathcal{A}^{\mathrm{qnil}}$;  (ii) $b_2 \in \mathcal{A}^{\mathrm{d}}$;  (iii) $a_2 b_2^{\pi} = a_2$;  (iv) $b_2^{\pi} a_2 b_2 = 0$.  (2.6.9)

(2.6.9) 中第一个条件得到 $a$ 的表示. (2.6.9) 的条件 (ii) 则由引理 1.2.8 结论 (2) 推出. 具体地, 我们得

$$b^{\mathrm{d}} = \begin{pmatrix} 0 & 0 \\ b_1 & b_2 \end{pmatrix}_{\mathcal{P}}^{\mathrm{d}} = \begin{pmatrix} 0 & 0 \\ (b_2^{\mathrm{d}})^2 b_1 & b_2^{\mathrm{d}} \end{pmatrix}_{\mathcal{P}}. \tag{2.6.10}$$

若利用 (2.6.6) 和 (2.6.8), 则 (2.6.9) 的条件 (iii) 可由 $a_{12} \in q\mathcal{A}(1-p-q)$, $a_{22} \in (1-p-q)\mathcal{A}(1-p-q)$, 以及

$$a_2 b_2^{\pi} = \begin{pmatrix} 0 & 0 & 0 \\ 0 & 0 & a_{12} \\ 0 & 0 & a_{22} \end{pmatrix}_{\mathcal{R}} \begin{pmatrix} p & 0 & 0 \\ 0 & 0 & 0 \\ 0 & 0 & 1-p-q \end{pmatrix}_{\mathcal{R}} = \begin{pmatrix} 0 & 0 & 0 \\ 0 & 0 & a_{12} \\ 0 & 0 & a_{22} \end{pmatrix}_{\mathcal{R}} = a_2$$

得到. 我们将确定 (2.6.9) 的条件 (iv). 由 (2.6.6) 和 (2.6.8), 得

$$b_2^{\pi} a_2 b_2 = \begin{pmatrix} 0 & 0 & 0 \\ 0 & 0 & 0 \\ 0 & 0 & a_{22} b_{22} \end{pmatrix}_{\mathcal{R}},$$

因此,

$$b_2^\pi a_2 b_2 = a_{22} b_{22}. \tag{2.6.11}$$

计算 $aba^\pi$. 注意到 $a_2 b_2 \in (1-p)\mathcal{A}(1-p)$, 有

$$aba^\pi = \begin{pmatrix} 0 & 0 \\ 0 & a_2 b_2 \end{pmatrix}_{\mathcal{P}},$$

且 $aba^\pi = a_2 b_2$. 现在,

$$a_2 b_2 = \begin{pmatrix} 0 & 0 & 0 \\ 0 & 0 & a_{12} \\ 0 & 0 & a_{22} \end{pmatrix}_{\mathcal{R}} \begin{pmatrix} 0 & 0 & 0 \\ 0 & b_{11} & 0 \\ 0 & 0 & b_{22} \end{pmatrix}_{\mathcal{R}} = \begin{pmatrix} 0 & 0 & 0 \\ 0 & 0 & a_{12}b_{22} \\ 0 & 0 & a_{22}b_{22} \end{pmatrix}_{\mathcal{R}}$$

和由 $q = b_2 b_2^{\mathrm{d}}$, $pq = qp = 0$, (2.6.5), 以及 (2.6.10), 得

$$bb^{\mathrm{d}}a^\pi = \begin{pmatrix} 0 & 0 \\ b_1 & b_2 \end{pmatrix}_{\mathcal{P}} \begin{pmatrix} 0 & 0 \\ (b_2^{\mathrm{d}})^2 b_1 & b_2^{\mathrm{d}} \end{pmatrix}_{\mathcal{P}} \begin{pmatrix} 0 & 0 \\ 0 & 1-p \end{pmatrix}_{\mathcal{P}} = \begin{pmatrix} 0 & 0 \\ 0 & q \end{pmatrix}_{\mathcal{P}} = q.$$

进一步, 因为 $a_{22}b_{22} \in (1-p-q)\mathcal{A}(1-p-q)$, 有

$$
\begin{aligned}
(1-p-q)a_2 b_2 &= \begin{pmatrix} 0 & 0 & 0 \\ 0 & 0 & 0 \\ 0 & 0 & 1-p-q \end{pmatrix}_{\mathcal{R}} \begin{pmatrix} 0 & 0 & 0 \\ 0 & 0 & a_{12}b_{22} \\ 0 & 0 & a_{22}b_{22} \end{pmatrix}_{\mathcal{R}} \\
&= \begin{pmatrix} 0 & 0 & 0 \\ 0 & 0 & 0 \\ 0 & 0 & a_{22}b_{22} \end{pmatrix}_{\mathcal{R}} = a_{22}b_{22}.
\end{aligned}
$$

即

$$
\begin{aligned}
a_{22}b_{22} &= (1-p-q)a_2 b_2 \\
&= (1 - aa^{\mathrm{d}} - bb^{\mathrm{d}}a^\pi)aba^\pi = (a^\pi - bb^{\mathrm{d}}a^\pi)aba^\pi \\
&= (1 - bb^{\mathrm{d}})a^\pi aba^\pi = b^\pi a^\pi aba^\pi.
\end{aligned}
$$

利用 (2.6.11), 前面的计算, 以及假设条件, 有 $b_2^\pi a_2 b_2 = 0$.

因为 (2.6.9) 中所有条件都满足, 有 $a_2 + b_2 \in \mathcal{A}^{\mathrm{d}}$ 和

$$(a_2 + b_2)^{\mathrm{d}} = b_2^{\mathrm{d}} + \sum_{n=0}^{\infty} (b_2^{\mathrm{d}})^{n+2} a_2 (a_2 + b_2)^n. \tag{2.6.12}$$

由引理 1.2.8 和 (2.6.5), 得

$$(a+b)^{\mathrm{d}} = \begin{pmatrix} a_1^{\mathrm{d}} & 0 \\ u & (a_2+b_2)^{\mathrm{d}} \end{pmatrix}_{\mathcal{P}}, \tag{2.6.13}$$

其中

$$u = \sum_{n=0}^{\infty}[(a_2+b_2)^{\mathrm{d}}]^{n+2}b_1 a_1^n a_1^\pi + \sum_{n=0}^{\infty}(a_2+b_2)^\pi(a_2+b_2)^n b_1(a_1^{\mathrm{d}})^{n+2} - (a_2+b_2)^{\mathrm{d}}b_1 a_1^{\mathrm{d}}. \tag{2.6.14}$$

由等式 (2.6.12)~(2.6.14) 得到了 $(a+b)^{\mathrm{d}}$ 的一个表示. 利用 $a$ 和 $b$ (而不是利用 $a_1$, $a_2$, $b_1$ 和 $b_2$) 来表示. 于是 $a_1^{\mathrm{d}} = [a_1^{-1}]_{p\mathcal{A}p} = a^{\mathrm{d}}$ 和 $a_1^\pi = a^\pi$. 所以, 对任意 $n > 0$, 则

$$a_1^n a_1^\pi = \begin{pmatrix} a_1^n & 0 \\ 0 & 0 \end{pmatrix}_{\mathcal{P}} \begin{pmatrix} 0 & 0 \\ 0 & 1-p \end{pmatrix}_{\mathcal{P}} = 0. \tag{2.6.15}$$

进一步,

$$b_1 a_1^\pi = \begin{pmatrix} 0 & 0 \\ b_1 & 0 \end{pmatrix}_{\mathcal{P}} \begin{pmatrix} 0 & 0 \\ 0 & 1-p \end{pmatrix}_{\mathcal{P}} = 0.$$

由 (2.6.10), 有

$$b_2^{\mathrm{d}} = b^{\mathrm{d}}a^\pi. \tag{2.6.16}$$

根据 (2.6.10) 和 (2.6.5), 存在 $(x_n)_{n=0}^{\infty}$ 和 $(y_n)_{n=0}^{\infty}$ 满足

$$\begin{aligned}
(b^{\mathrm{d}})^{n+2}a(a+b)^n &= \begin{pmatrix} 0 & 0 \\ x_n & (b_2^{\mathrm{d}})^{n+2} \end{pmatrix}_{\mathcal{P}} \begin{pmatrix} a_1 & 0 \\ 0 & a_2 \end{pmatrix}_{\mathcal{P}} \begin{pmatrix} a_1^n & 0 \\ y_n & (a_2+b_2)^n \end{pmatrix}_{\mathcal{P}} \\
&= \begin{pmatrix} 0 & 0 \\ * & (b_2^{\mathrm{d}})^{n+2}a_2(a_2+b_2)^n \end{pmatrix}_{\mathcal{P}},
\end{aligned}$$

其中 $*$ 表示 $\mathcal{A}$ 中计算时我们不感兴趣的那些元素. 即得

$$\left((b^{\mathrm{d}})^{n+2}a(a+b)^n\right)a^\pi = (b_2^{\mathrm{d}})^{n+2}a_2(a_2+b_2)^n. \tag{2.6.17}$$

此外, 因为

$$(a+b)^n a^\pi = \begin{pmatrix} a_1^n & 0 \\ y_n & (a_2+b_2)^n \end{pmatrix}_{\mathcal{P}} \begin{pmatrix} 0 & 0 \\ 0 & 1-p \end{pmatrix}_{\mathcal{P}} = \begin{pmatrix} 0 & 0 \\ 0 & (a_2+b_2)^n \end{pmatrix}_{\mathcal{P}} = (a_2+b_2)^n$$

和

$$
\begin{aligned}
(a+b)^{\pi} &= 1-(a+b)(a+b)^{\mathrm{d}}\\
&= \begin{pmatrix} p & 0 \\ 0 & 1-p \end{pmatrix}_{\mathcal{P}} - \begin{pmatrix} a_1 & 0 \\ b_1 & a_2+b_2 \end{pmatrix}_{\mathcal{P}} \begin{pmatrix} a_1^{\mathrm{d}} & 0 \\ u & (a_2+b_2)^{\mathrm{d}} \end{pmatrix}_{\mathcal{P}}\\
&= \begin{pmatrix} * & 0 \\ * & (1-p)-(a_2+b_2)(a_2+b_2)^{\mathrm{d}} \end{pmatrix}_{\mathcal{P}}\\
&= \begin{pmatrix} * & 0 \\ * & (a_2+b_2)^{\pi}-p \end{pmatrix}_{\mathcal{P}},
\end{aligned}
$$

(计算中我们不感兴趣的元素利用 $*$ 表示) 则

$$
\begin{aligned}
(a+b)^{\pi}(a+b)^n a^{\pi} &= \begin{pmatrix} * & 0 \\ * & (a_2+b_2)^{\pi}-p \end{pmatrix}_{\mathcal{P}} \begin{pmatrix} 0 & 0 \\ 0 & (a_2+b_2)^n \end{pmatrix}_{\mathcal{P}}\\
&= \begin{pmatrix} 0 & 0 \\ 0 & ((a_2+b_2)^{\pi}-p)(a_2+b_2)^n \end{pmatrix}_{\mathcal{P}}\\
&= ((a_2+b_2)^{\pi}-p)(a_2+b_2)^n.
\end{aligned}
$$

但是考虑到 $(a_2+b_2)^n \in (1-p)\mathcal{A}(1-p)$, 因此, 有 $p(a_2+b_2)^n=0$, 即

$$(a+b)^{\pi}(a+b)^n a^{\pi} = (a_2+b_2)^{\pi}(a_2+b_2)^n. \tag{2.6.18}$$

由 (2.6.5), 得

$$baa^{\mathrm{d}}=b_1. \tag{2.6.19}$$

因此, (2.6.12)~(2.6.19) 导出

$$(a+b)^{\mathrm{d}} = a_1^{\mathrm{d}} + (a_2+b_2)^{\mathrm{d}} + u = a^{\mathrm{d}} + va^{\pi} + u,$$

$$v = b^{\mathrm{d}} + \sum_{n=0}^{\infty} (b^{\mathrm{d}})^{n+2} a(a+b)^n.$$

考虑 (2.6.5) 得到 $ab^{\pi}=b$, 则

$$
\begin{aligned}
u &= \sum_{n=0}^{\infty} (a_2+b_2)^{\pi}(a_2+b_2)^n b_1 (a_1^{\mathrm{d}})^{n+2} - (a_2+b_2)^{\mathrm{d}} b_1 a_1^{\mathrm{d}}\\
&= \sum_{n=0}^{\infty} (a+b)^{\pi}(a+b)^n a^{\pi} baa^{\mathrm{d}} (a^{\mathrm{d}})^{n+2} - va^{\pi} baa^{\mathrm{d}} a^{\mathrm{d}}\\
&= \sum_{n=0}^{\infty} (a+b)^{\pi}(a+b)^n b(a^{\mathrm{d}})^{n+2} - vba^{\mathrm{d}}.
\end{aligned}
$$

**注记 2.6.1**　若 $a \in A$ 是群可逆的, 因为 $aa^\pi = 0$, 则定理 2.6.1 的第二条件满足. 此外, 若 $a^\pi b = b$, 则 $aa^d b = 0$. 通过乘以 $a$, 有 $ab = 0$ 和 $ab^\pi = a(1 - bb^d) = a$. 如此, 若 $a$ 群可逆, 则定理 2.6.1 的假设可简写为: 设 $a, b \in A^d$ 满足 $a$ 是群可逆和 $a^\pi b = b$.

**注记 2.6.2**　若 $a \in A$ 是拟幂零的, 则 $a^d = 0$ 和 $a^\pi = 0$.

**定理 2.6.2**　设 $a, b \in A$ 为广义 Drazin 可逆且满足 $b^\pi a^\pi ba = 0$, $b^\pi aa^d baa^d = 0$, $ab^\pi = a$. 则

$$(a + b)^d = b^d + u + b^\pi v,$$

其中

$$v = a^d + \sum_{n=0}^{\infty} (a^d)^{n+2} b(a + b)^n, \quad u = \sum_{n=0}^{\infty} (b^d)^{n+2} a(a + b)^n (a + b)^\pi - b^d av.$$

**证明**　设 $p = bb^d$ 和 $\mathcal{P} = \{p, 1 - p\}$. 令 $a$ 和 $b$ 表示为

$$b = \begin{pmatrix} b_1 & 0 \\ 0 & b_2 \end{pmatrix}_\mathcal{P}, \quad a = \begin{pmatrix} a_3 & a_1 \\ a_4 & a_2 \end{pmatrix}_\mathcal{P}, \tag{2.6.20}$$

其中 $b_1$ 在 $pAp$ 中可逆和 $b_2$ 在 $(1 - p)A(1 - p)$ 是拟幂零的. 因为 $ab^\pi = a$ 和

$$ab^\pi = \begin{pmatrix} a_3 & a_1 \\ a_4 & a_2 \end{pmatrix}_\mathcal{P} \begin{pmatrix} 0 & 0 \\ 0 & 1 - p \end{pmatrix}_\mathcal{P},$$

有 $a_3 = a_4 = 0$. 因此

$$b = \begin{pmatrix} b_1 & 0 \\ 0 & b_2 \end{pmatrix}_\mathcal{P}, \quad a = \begin{pmatrix} 0 & a_1 \\ 0 & a_2 \end{pmatrix}_\mathcal{P}, \quad a + b = \begin{pmatrix} b_1 & a_1 \\ 0 & a_2 + b_2 \end{pmatrix}_\mathcal{P}. \tag{2.6.21}$$

注意到由 (2.6.21) 中 $a$ 的表示和引理 1.2.8 导出

$$a^d = \begin{pmatrix} 0 & a_1(a_2^d)^2 \\ 0 & a_2^d \end{pmatrix}_\mathcal{P} \tag{2.6.22}$$

和

$$a^\pi = 1 - aa^d = \begin{pmatrix} p & 0 \\ 0 & 1 - p \end{pmatrix}_\mathcal{P} - \begin{pmatrix} 0 & a_1 \\ 0 & a_2 \end{pmatrix}_\mathcal{P} \begin{pmatrix} 0 & a_1(a_2^d)^2 \\ 0 & a_2^d \end{pmatrix}_\mathcal{P} = \begin{pmatrix} p & -a_1 a_2^d \\ 0 & a_2^\pi - p \end{pmatrix}_\mathcal{P}. \tag{2.6.23}$$

$a_2^\pi$ 定义为 $1 - a_2 a_2^d$, 元素 $1 - p - a_2 a_2^d = a_2^\pi - p$ 属于 $(1 - p)A(1 - p)$, 但是 $a_2^\pi$ 不属于 $(1 - p)A(1 - p)$. 事实上, 因为 $a_2^\pi - p \in (1 - p)A(1 - p)$, 所以 $(a_2^\pi - p)p = p(a_2^\pi - p) = 0$, 或等价于 $a_2^\pi p = pa_2^\pi = p$.

鉴于 (2.6.21) 中的形式, 我们应用引理 1.2.8 寻找 $(a+b)^{\mathrm{d}}$ 的表示. 为了这个目的, 我们需要证明 $b_1 \in [p\mathcal{A}p]^{\mathrm{d}}$ 和 $a_2 + b_2 \in [(1-p)\mathcal{A}(1-p)]^{\mathrm{d}}$. 事实, 由 $b \in \mathcal{A}^{\mathrm{d}}$ 和 (2.6.21) 中 $b$ 的表示, 得 $b_1 \in [p\mathcal{A}p]^{\mathrm{d}}$. 即有 $b^{\mathrm{d}} = [b_1{}^{-1}]_{p\mathcal{A}p} = b_1^{\mathrm{d}}$. 下面将研究 $(a_2 + b_2)^{\mathrm{d}}$. 设 $a_2$ 和 $b_2$ 为

$$a_2 = \begin{pmatrix} a_{11} & 0 \\ 0 & a_{22} \end{pmatrix}_{\mathcal{Q}}, \qquad b_2 = \begin{pmatrix} b_{11} & b_{12} \\ b_{21} & b_{22} \end{pmatrix}_{\mathcal{Q}}, \qquad (2.6.24)$$

其中 $\mathcal{Q} = \{q, 1-p-q\}$ 和 $q = a_2^{\mathrm{d}} a_2$. 注意到因为 $q \in (1-p)\mathcal{A}(1-p)$ 且 $1-p$ 是 $(1-p)\mathcal{A}(1-p)$ 的单位, 则 $q(1-p) = (1-p)q = q$, 或等价于 $qp = pq = 0$. 由前面 (2.6.24) 中 $a_2$ 的表示, 得 $q\mathcal{A}q$ 中元素 $a_{11}$ 是可逆的和 $a_{22}$ 是拟幂零的.

因为 $b^\pi a^\pi ba = 0$ 且由 (2.6.21), (2.6.23), 有

$$
\begin{aligned}
0 &= b^\pi a^\pi ba \\
&= \begin{pmatrix} 0 & 0 \\ 0 & 1-p \end{pmatrix}_{\mathcal{P}} \begin{pmatrix} p & -a_1 a_2^{\mathrm{d}} \\ 0 & a_2^\pi - p \end{pmatrix}_{\mathcal{P}} \begin{pmatrix} b_1 & 0 \\ 0 & b_2 \end{pmatrix}_{\mathcal{P}} \begin{pmatrix} 0 & a_1 \\ 0 & a_2 \end{pmatrix}_{\mathcal{P}} \\
&= \begin{pmatrix} 0 & 0 \\ 0 & (a_2^\pi - p)b_2 a_2 \end{pmatrix}_{\mathcal{P}} \\
&= (a_2^\pi - p)b_2 a_2.
\end{aligned}
$$

但是注意到 $b_2 \in (1-p)\mathcal{A}(1-p)$, 以及 $pb_2 = 0$. 因此 $0 = a_2^\pi b_2 a_2$ 成立.

利用 (2.6.24) 和 $0 = a_2^\pi b_2 a_2$ 得到关于 $b_{ij}$ 的信息, 但是注意到一般因为 $a_2^\pi \notin (1-p)\mathcal{A}(1-p)$, 所以在幂零的整体系统 $\mathcal{Q}$ 中无法得到 $a_2^\pi$ 表示. 为了避免这种情况, 定义 $\mathcal{R} = \{p, q, 1-p-q\}$, 鉴于 $pq = qp = 0$, 可知一个平凡的结论: $\mathcal{R}$ 是 $\mathcal{A}$ 中一个幂零的整体系统. 因为 $a_2^\pi = 1 - a_2 a_2^{\mathrm{d}} = 1 - q$,

$$
\begin{aligned}
0 = a_2^\pi b_2 a_2 &= \begin{pmatrix} p & 0 & 0 \\ 0 & 0 & 0 \\ 0 & 0 & 1-p-q \end{pmatrix}_{\mathcal{R}} \begin{pmatrix} 0 & 0 & 0 \\ 0 & b_{11} & b_{12} \\ 0 & b_{21} & b_{22} \end{pmatrix}_{\mathcal{R}} \begin{pmatrix} 0 & 0 & 0 \\ 0 & a_{11} & 0 \\ 0 & 0 & a_{22} \end{pmatrix}_{\mathcal{R}} \\
&= \begin{pmatrix} 0 & 0 & 0 \\ 0 & 0 & 0 \\ 0 & b_{21}a_{11} & b_{22}a_{22} \end{pmatrix}_{\mathcal{R}}.
\end{aligned}
$$

即 $b_{21}a_{11} = 0$. 因为 $a_{11}$ 在 $q\mathcal{A}q$ 中是可逆的且 $b_{21} \in (1-p-q)\mathcal{A}q$ (这可由 (2.6.24) 中 $b_2$ 的表示得到), 有

$$b_{21} = 0. \qquad (2.6.25)$$

考虑

$$b^\pi aa^{\mathrm{d}}baa^{\mathrm{d}} = \begin{pmatrix} 0 & 0 \\ 0 & 1-p \end{pmatrix}_{\mathcal{P}} \begin{pmatrix} 0 & a_1 a_2^{\mathrm{d}} \\ 0 & a_2 a_2^{\mathrm{d}} \end{pmatrix}_{\mathcal{P}} \begin{pmatrix} b_1 & 0 \\ 0 & b_2 \end{pmatrix}_{\mathcal{P}} \begin{pmatrix} 0 & a_1 a_2^{\mathrm{d}} \\ 0 & a_2 a_2^{\mathrm{d}} \end{pmatrix}_{\mathcal{P}}$$

$$= \begin{pmatrix} 0 & 0 \\ 0 & a_2 a_2^{\mathrm{d}} b_2 a_2 a_2^{\mathrm{d}} \end{pmatrix}_{\mathcal{P}},$$

即 $b^\pi aa^{\mathrm{d}}baa^{\mathrm{d}} = a_2 a_2^{\mathrm{d}} b_2 a_2 a_2^{\mathrm{d}} = qb_2 q$; 因此, (2.6.24) 的表示蕴含 $b_{11} = 0$. 因为 (2.6.25) 成立, 则

$$b_2 a_2^\pi = \begin{pmatrix} 0 & 0 & 0 \\ 0 & 0 & b_{12} \\ 0 & 0 & b_{22} \end{pmatrix}_{\mathcal{R}} \begin{pmatrix} p & 0 & 0 \\ 0 & 0 & 0 \\ 0 & 0 & 1-p-q \end{pmatrix}_{\mathcal{R}} = \begin{pmatrix} 0 & 0 & 0 \\ 0 & 0 & b_{12} \\ 0 & 0 & b_{22} \end{pmatrix}_{\mathcal{R}} = b_2.$$

即下面条件

(i) $a_2 \in \mathcal{A}^{\mathrm{d}}$, (ii) $b_2$ 是拟幂零, (iii) $b_2 a_2^\pi = b_2$, (iv) $a_2^\pi b_2 a_2 = 0$

被满足. 因为, 应用 [53, 定理 3.3] 得到 $(b_2 + a_2)^{\mathrm{d}}$ 的一个表示为

$$(a_2 + b_2)^{\mathrm{d}} = a_2^{\mathrm{d}} + \sum_{n=0}^{\infty} (a_2^{\mathrm{d}})^{n+2} b_2 (a_2 + b_2)^n.$$

由引理 1.2.8 得到 (2.6.21) 中 $a+b$ 的表示, 则

$$(a+b)^{\mathrm{d}} = \begin{pmatrix} b_1^{\mathrm{d}} & u \\ 0 & (a_2+b_2)^{\mathrm{d}} \end{pmatrix}, \tag{2.6.26}$$

其中

$$u = \sum_{n=0}^{\infty} (b_1^{\mathrm{d}})^{n+2} a_1 (a_2+b_2)^n (a_2+b_2)^\pi + \sum_{n=0}^{\infty} b_1^\pi b_1^n a_1 [(a_2+b_2)^{\mathrm{d}}]^{n+2} - b_1^{\mathrm{d}} a_1 (a_2+b_2)^{\mathrm{d}}. \tag{2.6.27}$$

记 $b_1^{\mathrm{d}} = b^{\mathrm{d}}$, 则容易有 $bb^{\mathrm{d}}a = a_1$, $bb^{\mathrm{d}}b = b_1$, 以及 $b^\pi b = b_2$. 由 (2.6.22), 则 $b^\pi a^{\mathrm{d}} = a_2^{\mathrm{d}}$. 利用 (2.6.21) 和 (2.6.22) 中给出的 $a+b$ 和 $a^{\mathrm{d}}$ 的表示, 则 $b^\pi (a+b)^k = (a_2+b_2)^k$ 对任意正整数 $k$. 因此

$$(a_2+b_2)^{\mathrm{d}} = b^\pi a^{\mathrm{d}} + \sum_{n=0}^{\infty} b^\pi (a^{\mathrm{d}})^{n+2} b^\pi bb^\pi (a+b)^n.$$

注意到 $b^\pi bb^\pi = b^\pi b$, 存在序列 $z_n \in \mathcal{A}$ 使得

$$(a^{\mathrm{d}})^{n+2} b^\pi = \begin{pmatrix} 0 & z_n \\ 0 & (a_2^{\mathrm{d}})^{n+2} \end{pmatrix}_{\mathcal{P}} \begin{pmatrix} 0 & 0 \\ 0 & 1-p \end{pmatrix}_{\mathcal{P}} = \begin{pmatrix} 0 & z_n \\ 0 & (a_2^{\mathrm{d}})^{n+2} \end{pmatrix}_{\mathcal{P}} = (a^{\mathrm{d}})^{n+2}.$$

因此

$$(a_2 + b_2)^{\mathrm{d}} = b^\pi \left( a^{\mathrm{d}} + \sum_{n=0}^\infty (a^{\mathrm{d}})^{n+2} b (a+b)^n \right). \tag{2.6.28}$$

现在我们将化简 (2.6.27) 中 $u$ 的表示. 注意到任意 $n \geqslant 0$, 得

$$n \geqslant 0 \Rightarrow (b_1^{\mathrm{d}})^{n+2} a_1 = (b^{\mathrm{d}})^{n+2} b b^{\mathrm{d}} a = (b^{\mathrm{d}})^{n+2} a. \tag{2.6.29}$$

此外, 利用 (2.6.21) 有

$$
\begin{aligned}
(a+b)^\pi &= 1 - (a+b)(a+b)^{\mathrm{d}} \\
&= \begin{pmatrix} p & 0 \\ 0 & 1-p \end{pmatrix}_{\mathcal{P}} - \begin{pmatrix} b_1 & a_1 \\ 0 & a_2+b_2 \end{pmatrix}_{\mathcal{P}} \begin{pmatrix} b_1^{\mathrm{d}} & u \\ 0 & (a_2+b_2)^{\mathrm{d}} \end{pmatrix}_{\mathcal{P}} \\
&= \begin{pmatrix} p - b_1 b_1^{\mathrm{d}} & -b_1 u - a_1 (a_2+b_2)^{\mathrm{d}} \\ 0 & 1 - p - (a_2+b_2)(a_2+b_2)^{\mathrm{d}} \end{pmatrix}_{\mathcal{P}}.
\end{aligned}
$$

且由 (2.6.26), 存在序列 $(x_n)_{n=1}^\infty \in \mathcal{A}$ 使得

$$
\begin{aligned}
&b^\pi (a+b)^n (a+b)^\pi \\
&= \begin{pmatrix} 0 & 0 \\ 0 & 1-p \end{pmatrix}_{\mathcal{P}} \begin{pmatrix} b_1^n & x_n \\ 0 & (a_2+b_2)^n \end{pmatrix}_{\mathcal{P}} \begin{pmatrix} p - b_1 b_1^{\mathrm{d}} & -b_1 u - a_1 (a_2+b_2)^{\mathrm{d}} \\ 0 & (a_2+b_2)^\pi - p \end{pmatrix}_{\mathcal{P}} \\
&= (a_2+b_2)^n \left( (a_2+b_2)^\pi - p \right),
\end{aligned}
$$

但是记得 $a_2 + b_2 \in (1-p)\mathcal{A}(1-p)$, 以及若 $n > 0$, 则 $(a_2+b_2)^n \left( (a_2+b_2)^\pi - p \right) = (a_2+b_2)^n (a_2+b_2)^\pi$. 即

$$n > 0 \Rightarrow b^\pi (a+b)^n (a+b)^\pi = (a_2+b_2)^n (a_2+b_2)^\pi. \tag{2.6.30}$$

此时证明了

$$(b_1^{\mathrm{d}})^{n+2} a_1 (a_2+b_2)^n (a_2+b_2)^\pi = (b^{\mathrm{d}})^{n+2} a (a+b)^n (a+b)^\pi. \tag{2.6.31}$$

对任意 $n \in \mathbb{N}$ 成立. 因为 $ab^\pi = a$, 则对任意 $n > 0$, 由 (2.6.29) 和 (2.6.30) 导出

$$(b_1^{\mathrm{d}})^{n+2} a_1 (a_2+b_2)^n (a_2+b_2)^\pi = (b^{\mathrm{d}})^{n+2} ab^\pi (a+b)^n (a+b)^\pi = (b^{\mathrm{d}})^{n+2} a(a+b)^n (a+b)^\pi.$$

现在证明对于 $n = 0$, (2.6.31) 成立:

$$
\begin{aligned}
(b^{\mathrm{d}})^2 a (a+b)^\pi &= \begin{pmatrix} (b_1^{\mathrm{d}})^2 & 0 \\ 0 & 0 \end{pmatrix}_{\mathcal{P}} \begin{pmatrix} 0 & a_1 \\ 0 & a_2 \end{pmatrix}_{\mathcal{P}} \begin{pmatrix} p - b_1 b_1^{\mathrm{d}} & -b_1 u - a_1 (a_2+b_2)^{\mathrm{d}} \\ 0 & (a_2+b_2)^\pi - p \end{pmatrix}_{\mathcal{P}} \\
&= \begin{pmatrix} 0 & (b_1^{\mathrm{d}})^2 a_1 \left( (a_2+b_2)^\pi - p \right) \\ 0 & 0 \end{pmatrix}_{\mathcal{P}} = (b_1^{\mathrm{d}})^2 a_1 \left( (a_2+b_2)^\pi - p \right).
\end{aligned}
$$

但是注意到 $a_1 \in p\mathcal{A}(1-p)$, 且因此 $a_1 p = 0$. 即我们已经证明

$$(b^{\mathrm{d}})^2 a(a+b)^{\pi} = (b_1^{\mathrm{d}})^2 a_1 (a_2 + b_2)^{\pi}.$$

即对任意 $n \in \mathbb{N}$, (2.6.31) 成立.

由于 $b_1^{\pi} = b^{\pi}$ 和 $a_1 = bb^{\mathrm{d}} a$, 注意到若 $n > 0$, 因为 $b_1 \in p\mathcal{A}p$, 则 $b_1^{\pi} b_1^n = b^{\pi} b_1^n = (1-p)b_1^n = 0$. 进一步, $b_1^{\pi} a_1 = b^{\pi} bb^{\mathrm{d}} a = 0$. 即

$$\sum_{n=0}^{\infty} b_1^{\pi} b_1^n a_1 [(a_2 + b_2)^{\mathrm{d}}]^{n+2} = 0. \tag{2.6.32}$$

由 (2.6.28), $b_1^{\mathrm{d}} = b^{\mathrm{d}}$, $a_1 = bb^{\mathrm{d}} a$, 以及 $ab^{\pi} = a$, 得

$$b_1^{\mathrm{d}} a_1 (a_2 + b_2)^{\mathrm{d}} = b^{\mathrm{d}} bb^{\mathrm{d}} ab^{\pi} \left( a^{\mathrm{d}} + \sum_{n=0}^{\infty} (a^{\mathrm{d}})^{n+2} b(a+b)^n \right)$$

$$= b^{\mathrm{d}} a \left( a^{\mathrm{d}} + \sum_{n=0}^{\infty} (a^{\mathrm{d}})^{n+2} b(a+b)^n \right). \tag{2.6.33}$$

由 (2.6.26)~(2.6.28), 则 (2.6.31)~(2.6.33) 得证.

**注记 2.6.3**    若 $b$ 是群可逆, 则条件 $b^{\pi} a^{\pi} ba = 0$ 蕴含 $b^{\pi} aa^{\mathrm{d}} baa^{\mathrm{d}} = 0$. 事实上, 因为 $bb^{\pi} = 0$, 则 $b^{\pi} aa^{\mathrm{d}} baa^{\mathrm{d}} = b^{\pi}(1 - a^{\pi})baa^{\mathrm{d}} = -b^{\pi} a^{\pi} baa^{\mathrm{d}} = 0$.

**注记 2.6.4**    若 $b$ 是拟幂零元, 则 $b^{\mathrm{d}} = 0$ 且 $b^{\pi} = 1$. 注意到 $ba^{\pi} = b$ 蕴含 $aa^{\mathrm{d}} baa^{\mathrm{d}} = 0$.

**定理 2.6.3**    设 $a, b \in \mathcal{A}$ 是广义 Drazin 可逆的. 假设 $b^{\pi} ab = b^{\pi} ba$ 且 $ab^{\pi} = a$. 则

$$(a+b)^{\mathrm{d}} = b^{\mathrm{d}} + b^{\pi} \sum_{n=0}^{\infty} (-1)^n (a^{\mathrm{d}})^{n+1} b^n$$

$$+ \sum_{n=0}^{\infty} (b^{\mathrm{d}})^{n+2} a(a+b)^n (a+b)^{\pi} - b^{\mathrm{d}} a \sum_{n=0}^{\infty} (-1)^n (a^{\mathrm{d}})^{n+1} b^n.$$

**证明**    正如定理 2.6.2 的证明, 若令 $p = bb^{\mathrm{d}}$ 和利用 $ab^{\pi} = a$, 则 (2.6.21) 的表示是有效的, 其中 $\mathcal{P} = \{p, 1-p\}$, $b_1$ 在 $p\mathcal{A}p$ 中是可逆的且 $b_2$ 是拟幂零的. 因为

$$b^{\pi} ab = \begin{pmatrix} 0 & 0 \\ 0 & 1-p \end{pmatrix}_{\mathcal{P}} \begin{pmatrix} 0 & a_1 \\ 0 & a_2 \end{pmatrix}_{\mathcal{P}} \begin{pmatrix} b_1 & 0 \\ 0 & b_2 \end{pmatrix}_{\mathcal{P}} = \begin{pmatrix} 0 & 0 \\ 0 & a_2 b_2 \end{pmatrix}_{\mathcal{P}},$$

$$b^{\pi} ba = \begin{pmatrix} 0 & 0 \\ 0 & 1-p \end{pmatrix}_{\mathcal{P}} \begin{pmatrix} b_1 & 0 \\ 0 & b_2 \end{pmatrix}_{\mathcal{P}} \begin{pmatrix} 0 & a_1 \\ 0 & a_2 \end{pmatrix}_{\mathcal{P}} = \begin{pmatrix} 0 & 0 \\ 0 & b_2 a_2 \end{pmatrix}_{\mathcal{P}},$$

以及 $b^\pi ab = b^\pi ba$, 则 $a_2 b_2 = b_2 a_2$. 引理 1.2.8 确保 $b_2 + a_2$ 是广义 Drazin 可逆的当且仅当 $1 + b_2^d a_2$ 广义 Drazin 可逆; 但是注意到 $b_2$ 是拟幂零的, 以及 $b_2^d = 0$. 这样 $b_2 + a_2$ 是广义 Drazin 可逆的. 又由 $b_2^\pi = 1 - b_2 b_2^d = 1$ 和引理 1.2.8 导出

$$(b_2 + a_2)^d = \sum_{n=0}^{\infty} (a_2^d)^{n+1}(-b_2)^n.$$

利用 (2.6.22), 在 $p\mathcal{A}(1-p)$ 中存在一序列 $(x_n)_{n=1}^{\infty}$, 对任意 $n \in \mathbb{N}$ 满足 $(a^d)^n = x_n + (a_2^d)^n$. 即

$$b^\pi (a^d)^{n+1} b^n = \begin{pmatrix} 0 & 0 \\ 0 & 1-p \end{pmatrix}_{\mathcal{P}} \begin{pmatrix} 0 & x_n \\ 0 & (a_2^d)^{n+1} \end{pmatrix}_{\mathcal{P}} \begin{pmatrix} b_1^n & 0 \\ 0 & b_2^n \end{pmatrix}_{\mathcal{P}}$$

$$= \begin{pmatrix} 0 & 0 \\ 0 & (a_2^d)^{n+1} b_2^n \end{pmatrix}_{\mathcal{P}} = (a_2^d)^{n+1} b_2^n.$$

因此,

$$(a_2 + b_2)^d = b^\pi \sum_{n=0}^{\infty} (-1)^n (a^d)^{n+1} b^n. \tag{2.6.34}$$

应用引理 1.2.8 给出 (2.6.21) 的 $a+b$ 表述, 则

$$(a+b)^d = b_1^d + (b_2 + a_2)^d + u, \tag{2.6.35}$$

其中

$$u = \sum_{n=0}^{\infty} (b_1^d)^{n+2} a_1 (a_2+b_2)^n (a_2+b_2)^\pi + \sum_{n=0}^{\infty} b_1^\pi b_1^n a_1 [(a_2+b_2)^d]^{n+2} - b_1^d a_1 (a_2+b_2)^d.$$

如定理 2.6.2 的证明, 对任意 $n \geqslant 0$ 有 (2.6.31) 和 $b_1^\pi b_1^n a_1 = 0$ 成立. 进一步, 因为 $a_1 = bb^d a$ 和 $ab^\pi = a$, 则

$$b_1^d a_1 (a_2+b_2)^d = b^d bb^d ab^\pi \sum_{n=0}^{\infty} (-1)^n (a^d)^{n+1} b^n = b^d a \sum_{n=0}^{\infty} (-1)^n (a^d)^{n+1} b^n.$$

因此

$$u = \sum_{n=0}^{\infty} (b^d)^{n+2} a(a+b)^n (a+b)^\pi - b^d a \sum_{n=0}^{\infty} (-1)^n (a^d)^{n+1} b^n. \tag{2.6.36}$$

由 (2.6.34)~(2.6.36) 即得到定理结论.

**定理 2.6.4**   设 $a, b \in \mathcal{A}$ 是广义 Drazin 可逆的. 假设它满足 $ab^2 = 0$ 和 $b^\pi a^2 = 0$. 则

$$(a+b)^d = b^d + \sum_{n=0}^{\infty} (b^d)^{n+2} a(a+b)^n.$$

**证明** 如定理 2.6.2, 可给出 $a$ 和 $b$, 形式如 (2.6.21). 寻找幂等 $\mathcal{P}$ 的系统中 $b^{\pi}a^2$ 的表示:

$$b^{\pi}a^2 = \begin{pmatrix} 0 & 0 \\ 0 & 1-p \end{pmatrix}_{\mathcal{P}} \begin{pmatrix} 0 & a_1 \\ 0 & a_2 \end{pmatrix}_{\mathcal{P}} \begin{pmatrix} 0 & a_1 \\ 0 & a_2 \end{pmatrix}_{\mathcal{P}} = \begin{pmatrix} 0 & 0 \\ 0 & a_2^2 \end{pmatrix}_{\mathcal{P}} = a_2^2.$$

即 $a_2^2 = 0$. 另一方面, 有

$$ab^2 = \begin{pmatrix} 0 & a_1 \\ 0 & a_2 \end{pmatrix}_{\mathcal{P}} \begin{pmatrix} b_1^2 & 0 \\ 0 & b_2^2 \end{pmatrix}_{\mathcal{P}} = \begin{pmatrix} 0 & a_1 b_2^2 \\ 0 & a_2 b_2^2 \end{pmatrix}_{\mathcal{P}}.$$

因此, $a_2 b_2^2 = 0$. 应用引理 2.6.1 得到 (知道 $b_2$ 是拟幂零的, 且这样 $b_2^d = 0$) $(a_2 + b_2)^d = 0$. 由引理 1.2.8 和 (2.6.21) 中 $a+b$ 的表示, 得

$$(a+b)^d = b_1^d + (a_2+b_2)^d + u = b_1^d + u, \tag{2.6.37}$$

其中

$$u = \sum_{n=0}^{\infty} (b_1^d)^{n+2} a_1 (a_2+b_2)^n (a_2+b_2)^{\pi} + \sum_{n=0}^{\infty} b_1^{\pi} b_1^n a_1 ((a_2+b_2)^d)^{n+2} - b_1^d a_1 (a_2+b_2)^d$$
$$= \sum_{n=0}^{\infty} (b_1^d)^{n+2} a_1 (a_2+b_2)^n.$$

注意到 $b_1^d = b^d$ 和

$$(b^d)^{n+2} a(a+b)^n = \begin{pmatrix} (b_1^d)^{n+2} & 0 \\ 0 & 0 \end{pmatrix}_{\mathcal{P}} \begin{pmatrix} 0 & a_1 \\ 0 & a_2 \end{pmatrix}_{\mathcal{P}} \begin{pmatrix} b_1^n & x_n \\ 0 & (a_2+b_2)^n \end{pmatrix}_{\mathcal{P}}$$
$$= \begin{pmatrix} 0 & 0 \\ 0 & (b_1^d)^{n+2} a_1 (a_2+b_2)^n \end{pmatrix}_{\mathcal{P}} = (b_1^d)^{n+2} a_1 (a_2+b_2)^n,$$

因此上述 $u$ 的表示退化为

$$u = \sum_{n=0}^{\infty} (b^d)^{n+2} a(a+b)^n. \tag{2.6.38}$$

利用 (2.6.37) 和 (2.6.38) 得到证明.

**注记 2.6.5** 显然, 定理 2.6.4 的假设条件比引理 2.6.1 的弱.

**定理 2.6.5** 设 $a, b \in \mathcal{A}$ 为广义 Drazin 可逆. 假设它们满足 $aba = 0$ 和 $ab^2 = 0$. 则

$$a+b \in \mathcal{A}^d \iff a^{\pi}(a+b) \in \mathcal{A}^d \iff b^{\pi}a^{\pi}(a+b) \in \mathcal{A}^d \iff a^{\pi}b^{\pi}(a+b) \in \mathcal{A}^d.$$

进一步, 若 $b^\pi ab = 0$ 或 $b^\pi ba = 0$ 或 $b^\pi ab = b^\pi ba$, 则 $a + b \in \mathcal{A}^{\mathrm{d}}$ 且

$$(a + b)^{\mathrm{d}} = b^{\mathrm{d}} + v + b^\pi a^{\mathrm{d}} + u + b^\pi (a^{\mathrm{d}})^2 b + ua^{\mathrm{d}}b,$$

其中

$$u = b^\pi a^\pi b^\pi \sum_{n=0}^{\infty} (a + ba^\pi)^n bb^\pi (a^{\mathrm{d}})^{n+2}, \quad v = \sum_{n=0}^{\infty} (b^{\mathrm{d}})^{n+2} a(a + b)^n [1 - s(a + b)] - b^{\mathrm{d}} aa^{\mathrm{d}},$$

以及 $s = b^\pi a^{\mathrm{d}} + u + b^\pi (a^{\mathrm{d}})^2 b + ua^{\mathrm{d}}b$.

**证明** 因为 $ab^2 = 0$, 则 $a$ 和 $b$ 的矩阵形式为 (2.6.21). 现在得到 $0 = aba$.

$$aba = \begin{pmatrix} 0 & a_1 \\ 0 & a_2 \end{pmatrix}_{\mathcal{P}} \begin{pmatrix} b_1 & 0 \\ 0 & b_2 \end{pmatrix}_{\mathcal{P}} \begin{pmatrix} 0 & a_1 \\ 0 & a_2 \end{pmatrix}_{\mathcal{P}} = \begin{pmatrix} 0 & a_1 b_2 a_2 \\ 0 & a_2 b_2 a_2 \end{pmatrix}_{\mathcal{P}}.$$

即 $a_1 b_2 a_2 = a_2 b_2 a_2 = 0$. 令 $q = a_2 a_2^{\mathrm{d}}$ 和 $\mathcal{Q} = \{q, 1 - p - q\}$ (代数 $(1 - p)\mathcal{A}(1 - p)$ 中幂等的一个整体系统). 我们表示

$$a_2 = \begin{pmatrix} a_{11} & 0 \\ 0 & a_{22} \end{pmatrix}_{\mathcal{Q}}, \quad b_2 = \begin{pmatrix} b_{11} & b_{12} \\ b_{21} & b_{22} \end{pmatrix}_{\mathcal{Q}}, \tag{2.6.39}$$

其中 $a_{11}$ 在 $q\mathcal{A}q$ 中可逆和 $a_{22}$ 为拟幂零. 我们应用 $a_2 b_2 a_2 = 0$,

$$a_2 b_2 a_2 = \begin{pmatrix} a_{11} & 0 \\ 0 & a_{22} \end{pmatrix}_{\mathcal{Q}} \begin{pmatrix} b_{11} & b_{12} \\ b_{21} & b_{22} \end{pmatrix}_{\mathcal{Q}} \begin{pmatrix} a_{11} & 0 \\ 0 & a_{22} \end{pmatrix}_{\mathcal{Q}} = \begin{pmatrix} a_{11} b_{11} a_{11} & a_{11} b_{12} a_{22} \\ a_{22} b_{21} a_{11} & a_{22} b_{22} a_{22} \end{pmatrix}_{\mathcal{Q}}.$$

即 $0 = a_{11} b_{11} a_{11}$ 和 $0 = a_{11} b_{12} a_{22}$. 子代数 $q\mathcal{A}q$ 中 $a_{11}$ 可逆性和 $b_{11} \in q\mathcal{A}q$ 确保 $b_{11} = 0$. 类似地, 得 $b_{12} a_{22} = 0$. 应用 $ab^2 = 0$ 导出 $a_2 b_2^2 = 0$. 因此 $a_{11} b_{12} b_{21} = 0$ 和 $a_{11} b_{12} b_{22} = 0$. 子代数 $q\mathcal{A}q$ 中 $a_{11}$ 可逆性导出 $b_{12} b_{21} = 0$ 和 $b_{12} b_{22} = 0$. 现在定义

$$x = \begin{pmatrix} 0 & b_{12} \\ 0 & 0 \end{pmatrix}_{\mathcal{Q}} \quad \text{和} \quad y = \begin{pmatrix} a_{11} & 0 \\ b_{21} & a_{22} + b_{22} \end{pmatrix}_{\mathcal{Q}}. \tag{2.6.40}$$

由于 (2.6.39) 和 $b_{11} = 0$, 容易得 $a_2 + b_2 = x + y$. 由 $b_{12} b_{21} = 0$, $b_{12} a_{22} = 0$, 以及 $b_{12} b_{22} = 0$, 得 $xy = 0$.

下面证明

$$a + b \in \mathcal{A}^{\mathrm{d}} \iff a_{22} + b_{22} \in [(1 - p - q)\mathcal{A}(1 - p - q)]^{\mathrm{d}}. \tag{2.6.41}$$

($\Rightarrow$) 假设 $a + b \in \mathcal{A}^{\mathrm{d}}$, 则由 (2.6.21) 中给出的表示得到 $a_2 + b_2 \in [(1 - p)\mathcal{A}(1 - p)]^{\mathrm{d}}$, i.e., $a_2 + b_2 = x + y \in [(1 - p)\mathcal{A}(1 - p)]^{\mathrm{d}}$. 因为 $-x \in \mathcal{A}^{\mathrm{d}}$ (因为 $(-x)^2 = 0$) 和

$-x(x + y) = 0$, 我们可以应用引理 1.2.5 得到 $y = -x + (x + y)$, 有 $y \in \mathcal{A}^{\mathrm{d}}$. 引理 1.2.8 和 (2.6.40) 中 $y$ 的表示确保 $a_{22} + b_{22}$ 是广义 Drazin 可逆的.

($\Leftarrow$)　假设 $a_{22} + b_{22}$ 是广义 Drazin 可逆的. 利用 $a_{11}$ 在代数 $q\mathcal{A}q$ 中是可逆的, (2.6.40) 中 $y$ 的表示推出 $y \in [(1 - p)\mathcal{A}(1 - p)]^{\mathrm{d}}$. 因为 $x^2 = 0$, $xy = 0$ 以及 $x + y = a_2 + b_2$, 引理 1.2.5 得到 $a_2 + b_2 \in [(1 - p)\mathcal{A}(1 - p)]^{\mathrm{d}}$. 现在, 引理 1.2.8 和 (2.6.21) 中 $a + b$ 的表示确保 $a + b \in \mathcal{A}^{\mathrm{d}}$.

我们下一个目标是利用 $a$ 和 $b$ 来表示等式 (2.6.41) 的右端. 为了这个目的, 定义 $\mathcal{R} = \{p, q, 1 - q - p\}$, 其中容易知道它在 $\mathcal{A}$ 中是幂等的整体系统. 首先注意到

$$
\begin{aligned}
a_2^{\pi}(a_2 + b_2) &= \begin{pmatrix} p & 0 & 0 \\ 0 & 0 & 0 \\ 0 & 0 & 1 - p - q \end{pmatrix}_{\mathcal{R}} \begin{pmatrix} 0 & 0 & 0 \\ 0 & a_{11} + b_{11} & b_{12} \\ 0 & b_{21} & a_{22} + b_{22} \end{pmatrix}_{\mathcal{R}} \\
&= \begin{pmatrix} 0 & 0 & 0 \\ 0 & 0 & 0 \\ 0 & (1 - p - q)a_{21} & a_{22} + b_{22} \end{pmatrix}_{\mathcal{R}},
\end{aligned} \tag{2.6.42}
$$

其中引理 1.2.8 确保 $a_{22} + b_{22}$ 是广义 Drazin 可逆的当且仅当 $a_2^{\pi}(a_2 + b_2)$ 是广义 Drazin 可逆的. 现在, 我们将应用 (2.6.23), $b_1 \in p\mathcal{A}p$, $a_1 \in p\mathcal{A}(1 - p)$, $a_2, b_2 \in (1 - p)\mathcal{A}(1 - p)$,

$$
a^{\pi}(a + b) = \begin{pmatrix} p & -a_1 a_2^{\mathrm{d}} \\ 0 & a_2^{\pi} - p \end{pmatrix}_{\mathcal{P}} \begin{pmatrix} b_1 & a_1 \\ 0 & a_2 + b_2 \end{pmatrix}_{\mathcal{P}} = \begin{pmatrix} b_1 & a_1 - a_1 a_2^{\mathrm{d}}(a_2 + b_2) \\ 0 & a_2^{\pi}(a_2 + b_2) \end{pmatrix}_{\mathcal{P}},
$$

$$
b^{\pi} a^{\pi}(a + b) = \begin{pmatrix} 0 & 0 \\ 0 & 1 - p \end{pmatrix}_{\mathcal{P}} \begin{pmatrix} b_1 & a_1 - a_1 a_2^{\mathrm{d}}(a_2 + b_2) \\ 0 & a_2^{\pi}(a_2 + b_2) \end{pmatrix}_{\mathcal{P}} = \begin{pmatrix} 0 & 0 \\ 0 & a_2^{\pi}(a_2 + b_2) \end{pmatrix}_{\mathcal{P}},
$$

$$
\begin{aligned}
a^{\pi} b^{\pi}(a + b) &= \begin{pmatrix} p & -a_1 a_2^{\mathrm{d}} \\ 0 & a_2^{\pi} - p \end{pmatrix}_{\mathcal{P}} \begin{pmatrix} 0 & 0 \\ 0 & 1 - p \end{pmatrix}_{\mathcal{P}} \begin{pmatrix} b_1 & a_1 \\ 0 & a_2 + b_2 \end{pmatrix}_{\mathcal{P}} \\
&= \begin{pmatrix} 0 & -a_1 a_2^{\mathrm{d}}(a_2 + b_2) \\ 0 & a_2^{\pi}(a_2 + b_2) \end{pmatrix}_{\mathcal{P}},
\end{aligned}
$$

以及引理 1.2.8, 推出

$$
a_2^{\pi}(a_2 + b_2) \in \mathcal{A}^{\mathrm{d}} \iff a^{\pi}(a + b) \in \mathcal{A}^{\mathrm{d}} \iff b^{\pi} a^{\pi}(a + b) \in \mathcal{A}^{\mathrm{d}} \iff a^{\pi} b^{\pi}(a + b) \in \mathcal{A}^{\mathrm{d}}.
$$

我们将证明定理的第二部分. 因为

$$
b^{\pi} a b = \begin{pmatrix} 0 & 0 \\ 0 & 1 - p \end{pmatrix}_{\mathcal{P}} \begin{pmatrix} 0 & a_1 \\ 0 & a_2 \end{pmatrix}_{\mathcal{P}} \begin{pmatrix} b_1 & 0 \\ 0 & b_2 \end{pmatrix}_{\mathcal{P}} = \begin{pmatrix} 0 & 0 \\ 0 & a_2 b_2 \end{pmatrix}_{\mathcal{P}} = a_2 b_2
$$

和

$$b^\pi ba = \begin{pmatrix} 0 & 0 \\ 0 & 1-p \end{pmatrix}_{\mathcal{P}} \begin{pmatrix} b_1 & 0 \\ 0 & b_2 \end{pmatrix}_{\mathcal{P}} \begin{pmatrix} 0 & a_1 \\ 0 & a_2 \end{pmatrix}_{\mathcal{P}} = \begin{pmatrix} 0 & 0 \\ 0 & b_2 a_2 \end{pmatrix}_{\mathcal{P}} = b_2 a_2,$$

则

$$b^\pi ab = 0 \ \text{或} \ b^\pi ba = 0 \ \text{或} \ b^\pi ab = b^\pi ba \ \Rightarrow \ a_2 b_2 = 0 \ \text{或} \ b_2 a_2 = 0 \ \text{或} \ a_2 b_2 = b_2 a_2.$$

由 (2.6.39) 给出的表示可推出

$$a_2 b_2 = 0 \ \text{或} \ b_2 a_2 = 0 \ \text{或} \ a_2 b_2 = b_2 a_2 \ \Rightarrow \ a_{22} b_{22} = 0 \ \text{或} \ b_{22} a_{22} = 0 \ \text{或} \ a_{22} b_{22} = b_{22} a_{22}.$$

因为 $a_{22}$ 和 $b_{22}$ 为拟幂零, 则以上等式和引理 1.2.1 导出

$$b^\pi ab = 0 \ \text{或} \ b^\pi ba = 0 \ \text{或} \ b^\pi ab = b^\pi ba \ \Rightarrow \ a_{22} + b_{22} \ \text{是拟幂零的}.$$

特别地, 应用等式 (2.6.41) 得到 $a + b \in \mathcal{A}^{\mathrm{d}}$. 进一步, 利用引理 1.2.8, $x^2 = 0$, 以及 $xy = 0$, 得

$$(a_2 + b_2)^{\mathrm{d}} = (x + y)^{\mathrm{d}} = y^\pi \sum_{n=0}^{\infty} y^n (x^{\mathrm{d}})^{n+1} + \sum_{n=0}^{\infty} (y^{\mathrm{d}})^{n+1} x^n x^\pi = y^{\mathrm{d}} + (y^{\mathrm{d}})^2 x.$$

由 (2.6.40) 和引理 1.2.8, 则

$$y^{\mathrm{d}} = \begin{pmatrix} a_{11}^{\mathrm{d}} & 0 \\ u & (a_{22} + b_{22})^{\mathrm{d}} \end{pmatrix}_{\mathcal{Q}} = \begin{pmatrix} a_{11}^{\mathrm{d}} & 0 \\ u & 0 \end{pmatrix}_{\mathcal{Q}},$$

其中

$$u = \sum_{n=0}^{\infty} (a_{22} + b_{22})^n b_{21} (a_{11}^{\mathrm{d}})^{n+2}. \tag{2.6.43}$$

这样有

$$(y^{\mathrm{d}})^2 x = \begin{pmatrix} a_{11}^{\mathrm{d}} & 0 \\ u & 0 \end{pmatrix}_{\mathcal{Q}} \begin{pmatrix} a_{11}^{\mathrm{d}} & 0 \\ u & 0 \end{pmatrix}_{\mathcal{Q}} \begin{pmatrix} 0 & b_{12} \\ 0 & 0 \end{pmatrix}_{\mathcal{Q}} = \begin{pmatrix} 0 & (a_{11}^{\mathrm{d}})^2 b_{12} \\ 0 & u a_{11}^{\mathrm{d}} b_{12} \end{pmatrix}_{\mathcal{Q}}.$$

$$\tag{2.6.44}$$

鉴于 (2.6.21) 和 (2.6.39), 容易得 $b^\pi a^{\mathrm{d}} = a_2^{\mathrm{d}} = a_{11}^{\mathrm{d}}$ 和 $b^\pi (a^{\mathrm{d}})^2 = (a_2^{\mathrm{d}})^2 = (a_{11}^{\mathrm{d}})^2$. 则有

$$a + b a^\pi = \begin{pmatrix} 0 & a_1 \\ 0 & a_2 \end{pmatrix}_{\mathcal{P}} + \begin{pmatrix} b_1 & 0 \\ 0 & b_2 \end{pmatrix}_{\mathcal{P}} \begin{pmatrix} p & -a_1 a_2^{\mathrm{d}} \\ 0 & a_2^\pi - p \end{pmatrix}_{\mathcal{P}} = \begin{pmatrix} b_1 & a_1 - b_1 a_1 a_2^{\mathrm{d}} \\ 0 & a_2 + b_2 a_2^\pi \end{pmatrix}_{\mathcal{P}}.$$

于是在 $\mathcal{A}$ 中存在序列 $(w_n)_{n=0}^{\infty}$ 满足

$$(a + ba^{\pi})^n = \begin{pmatrix} b_1^n & w_n \\ 0 & (a_2 + b_2 a_2^{\pi})^n \end{pmatrix}_p$$

且 $b^{\pi}(a + ba^{\pi})^n = (a_2 + b_2 a_2^{\pi})^n$. 但是另外计算得到 $(1 - p - q)(a_2 + b_2 a_2^{\pi})^n = (a_{22} + b_{22})^n$. 注意到 (2.6.23) 隐含 $b^{\pi}a^{\pi} = a_2^{\pi} - p = 1 - q - p$. 即 $b^{\pi}a^{\pi}b^{\pi}(a + ba^{\pi})^n = (a_{22} + b_{22})^n$. 鉴于 (2.6.39) 和 $b_{11} = 0$, 有 $b_{21} = b_2 q$. 容易可知 $b^{\pi}aa^{d} = a_2 a_2^{d} = q$ 和 $b_2 = bb^{\pi}$. 因此 $b_{21} = bb^{\pi}b^{\pi}aa^{d} = bb^{\pi}aa^{d}$. 此外, 对任意 $k \in \mathbb{N}$, $(a_{11}^{d})^k = (a_2^{d})^k = b^{\pi}(a^{d})^k$ 成立. 若考虑 $a^{d}b^{\pi} = a^{d}$ 成立, 则 (2.6.43) 变成

$$u = b^{\pi}a^{\pi}b^{\pi} \sum_{n=0}^{\infty} (a + ba^{\pi})^n bb^{\pi}a(a^{d})^{n+3} = b^{\pi}a^{\pi}b^{\pi} \sum_{n=0}^{\infty} (a + ba^{\pi})^n bb^{\pi}(a^{d})^{n+2}. \quad (2.6.45)$$

由 $b_{11} = 0$, (2.6.39), 以及 $a^{d}b^{\pi} = a^{d}$, 有 $b_{12} = qb_2 = b^{\pi}aa^{d}b^{\pi}b = b^{\pi}aa^{d}b$. 这允许我们化简 (2.6.44) 中 $(y^{d})^2 x$:

$$(a_{11}^{d})^2 b_{12} = \left( b^{\pi}(a^{d})^2 \right) \left( b^{\pi}aa^{d}b \right) = b^{\pi}(a^{d})^2 b$$

和

$$ua_{11}^{d}b_{12} = \left( b^{\pi}a^{\pi}b^{\pi} \sum_{n=0}^{\infty} (a + ba^{\pi})^n bb^{\pi}(a^{d})^{n+2} \right) \left( b^{\pi}a^{d} \right) \left( b^{\pi}aa^{d}b \right) = ua^{d}b.$$

因此,

$$(a_2 + b_2)^{d} = y^{d} + (y^{d})^2 x = a_{11}^{d} + u + (a_{11}^{d})^2 b_{12} + ua_{11}^{d}b_{12} = b^{\pi}a^{d} + u + b^{\pi}(a^{d})^2 b + ua^{d}b.$$
$$(2.6.46)$$

利用引理 1.2.8,

$$(a + b)^{d} = \begin{pmatrix} b_1^{d} & v \\ 0 & (a_2 + b_2)^{d} \end{pmatrix}, \quad (2.6.47)$$

其中

$$v = \sum_{n=0}^{\infty} (b_1^{d})^{n+2} a_1 (a_2 + b_2)^n a_2^{\pi} + \sum_{n=0}^{\infty} b_1^{\pi} b_1^n a_1 [(a_2 + b_2)^{d}]^{n+2} - b_1^{d} a_1 (a_2 + b_2)^{d}.$$

因为 $b_1^{d} = b^{d}$, $a_1 = bb^{d}a$, $(a_2 + b_2)^n = b^{\pi}(a + b)^n$, $a_2, b_2 \in (1 - p)\mathcal{A}(1 - p)$, $a_2^{\pi} = p + b^{\pi}a^{\pi}$, $ab^{\pi} = a$, $a^{d}b^{\pi} = a^{d}$ 和 $ub^{\pi} = u$ (这最后等式可由 (2.6.45) 得到), 则

$$(a_2 + b_2)^{\pi} = 1 - (a_2 + b_2)^{d}(a_2 + b_2)$$
$$= 1 - (b^{\pi}a^{d} + u + b^{\pi}(a^{d})^2 b + ua^{d}b)b^{\pi}(a + b)$$
$$= 1 - (b^{\pi}a^{d} + u + b^{\pi}(a^{d})^2 b + ua^{d}b)(a + b)$$

和

$$(b_1^{\mathrm{d}})^{n+2} a_1 (a_2 + b_2)^n (a_2 + b_2)^\pi = (b^{\mathrm{d}})^{n+2} b b^{\mathrm{d}} a b^\pi (a+b)^n (a_2 + b_2)^\pi$$
$$= (b^{\mathrm{d}})^{n+2} a(a+b)^n (a_2 + b_2)^\pi.$$

容易知道, 对任意 $n \geqslant 1$, $b_1^\pi b_1^n = 0$. 此外, $b_1^\pi a_1 = b^\pi (bb^{\mathrm{d}} a) = b^\pi (1 - b^\pi) a = 0$, 以及 $b_1^{\mathrm{d}} a_1 a_2^{\mathrm{d}} = (b^{\mathrm{d}})(bb^{\mathrm{d}} a)(b^\pi a^{\mathrm{d}}) = b^{\mathrm{d}} a a^{\mathrm{d}}$. 即 $v$ 为

$$v = \sum_{n=0}^{\infty} (b^{\mathrm{d}})^{n+2} a(a+b)^n [1 - s(a+b)] - b^{\mathrm{d}} a a^{\mathrm{d}}, \tag{2.6.48}$$

其中 $s = b^\pi a^{\mathrm{d}} + u + b^\pi (a^{\mathrm{d}})^2 b + u a^{\mathrm{d}} b$. 由 $(2.6.46) \sim (2.6.48)$ 得到证明.

## 2.7　在 $a^k b = ab$ 和 $ba^\pi = b$ 条件下元素和的广义 Drazin 逆

在 $a^\pi b = b$ 和 $a^2 b a^\pi = ab^2 a^\pi = 0$ 条件下, [58]给出 $(a+b)^{\mathrm{d}}$ 的表示. 我们给出了进一步的结果.

**定理 2.7.1**　设 $a, b \in \mathcal{A}^{\mathrm{d}}$. 若存在 $k \in \mathbb{N}$, $k > 1$ 使得 $a^k b = ab$ 和 $ba^\pi = b$, 则 $a + b \in \mathcal{A}^{\mathrm{d}}$,

$$(a+b)^{\mathrm{d}} = a^{\mathrm{d}} + a^\pi \sum_{n=0}^{\infty} (b^{\mathrm{d}})^{n+1} a^n - a^{\mathrm{d}} b \sum_{n=0}^{\infty} (b^{\mathrm{d}})^{n+1} a^n + \sum_{n=0}^{\infty} (a^{\mathrm{d}})^{n+2} b(a+b)^n b^\pi$$
$$- \sum_{n=0}^{\infty} \sum_{k=0}^{\infty} (a^{\mathrm{d}})^{n+2} b(a+b)^n (b^{\mathrm{d}})^{k+1} a^{k+1}, \tag{2.7.1}$$

从而有

$$\|(a+b)^{\mathrm{d}} - a^{\mathrm{d}}\| \leqslant \left[ \|a^\pi\| + \|a^{\mathrm{d}}\| \|b\| \right] \sum_{n=0}^{\infty} \|b^{\mathrm{d}}\|^{n+1} \|a^n\| + \sum_{n=0}^{\infty} \|a^{\mathrm{d}}\|^{n+2} \|b\| \|a+b\|^n \|b^\pi\|$$
$$+ \sum_{n=0}^{\infty} \sum_{k=0}^{\infty} \|a^{\mathrm{d}}\|^{n+2} \|b\| \|a+b\|^n \left[ \|b^{\mathrm{d}}\|^{k+1} \|a\|^{k+1} \right]. \tag{2.7.2}$$

**证明**　令 $p = a a^{\mathrm{d}}$. 设 $a = \begin{pmatrix} a_1 & 0 \\ 0 & a_2 \end{pmatrix}$ 在子代数 $p \mathcal{A} p$ 中, 其中 $a_2$ 是拟幂零的. 因此

$$a^{\mathrm{d}} = \begin{pmatrix} a_1^{\mathrm{d}} & 0 \\ 0 & 0 \end{pmatrix}_p, \tag{2.7.3}$$

于是设

$$b = \begin{pmatrix} b_1 & b_2 \\ b_3 & b_4 \end{pmatrix}. \tag{2.7.4}$$

由 $ba^{\pi} = b$ 和

$$b(I - a^{\pi}) = \begin{pmatrix} b_1 & 0 \\ b_3 & 0 \end{pmatrix}_p = \begin{pmatrix} 0 & 0 \\ 0 & 0 \end{pmatrix}_p,$$

我们得到 $b_1 = b_3 = 0$. 因此

$$b = \begin{pmatrix} 0 & b_2 \\ 0 & b_4 \end{pmatrix}_p, \quad a + b = \begin{pmatrix} a_1 & b_2 \\ 0 & a_2 + b_4 \end{pmatrix}_p. \tag{2.7.5}$$

由引理 1.2.8 和 $b \in \mathcal{A}^{d}$, 得到 $b_4 \in (\overline{p}\mathcal{A}\overline{p})^{d}$ 和

$$b^{d} = \begin{pmatrix} 0 & b_2(b_4^{d})^2 \\ 0 & b_4^{d} \end{pmatrix}_p. \tag{2.7.6}$$

从 (2.7.6) 和 $b^{\pi} = I - bb^{d}$ 得到

$$b^{\pi} = \begin{pmatrix} p & -b_2 b_4^{d} \\ 0 & b_4^{\pi} \end{pmatrix}_p.$$

因为 $a^k b = ab$,

$$a^k b = \begin{pmatrix} 0 & a_1^k b_2 \\ 0 & a_2^k b_4 \end{pmatrix}_p, \quad ab = \begin{pmatrix} 0 & a_1 b_2 \\ 0 & a_2 b_4 \end{pmatrix}_p,$$

于是 $a_2^k b_4 = a_2 b_4$. 归纳证明 $a_2^{r(k-1)+1} b_4 = a_2 b_4$ 对于任何 $r \in \mathbb{N}$. 我们定义 $m_r = r(k-1)+1$ 并观察: 由于 $k > 1$, 则 $\{a_2^{m_r}\}_{r=1}^{\infty}$ 是 $\{a_2^r\}_{r=1}^{\infty}$ 的一个子序列. 因为 $a_2$ 是拟幂零的, 我们得到

$$\|a_2 b_4\|^{1/m_r} = \|a_2^{m_r} b_4\|^{1/m_r} \leqslant \|a_2^{m_r}\|^{1/m_r} \|b_4\|^{1/m_r} \xrightarrow{r \to \infty} 0.$$

因此 $a_2 b_4 = 0$. 通过引理 1.2.5, 有 $a_2 + b_4 \in \mathcal{A}^{d}$, 即 $b_4 \in \mathcal{A}^{d}$, $a_2 \in \mathcal{A}^{\mathrm{qnil}}$ 和 $a_2 b_4 = 0$. 由引理 1.2.5 有

$$(a_2 + b_4)^{d} = \sum_{n=0}^{\infty} (b_4^{d})^{n+1} a_2^{n}. \tag{2.7.7}$$

由引理 1.2.8 和 (2.7.5) 有 $a + b \in \mathcal{A}^{d}$ 和

$$(a + b)^{d} = \begin{pmatrix} a_1^{d} & u \\ 0 & (a_2 + b_4)^{d} \end{pmatrix}, \tag{2.7.8}$$

其中

$$u = \sum_{n=0}^{\infty} (a_1^{d})^{n+2} b_2 (a_2 + b_4)^n (a_2 + b_4)^{\pi} + \sum_{n=0}^{\infty} a_1^{\pi} a_1^n b_2 \left[(a_2 + b_4)^{d}\right]^{n+2} - a_1^{d} b_2 (a_2 + b_4)^{d}.$$

因为 $a_1 \in (pAp)^{-1}$, 则 $a_1^{\pi} = 0$. 因此

$$u = \sum_{n=0}^{\infty} (a_1^d)^{n+2} b_2 (a_2 + b_4)^n (a_2 + b_4)^{\pi} - a_1^d b_2 (a_2 + b_4)^d.$$

从 $a_2 b_4 = 0$ 我们得到 $a_2 b_4^d = a_2 b_4 (b_4^d)^2 = 0$. 因此

$$
\begin{aligned}
(a_2 + b_4)^{\pi} &= \overline{p} - (a_2 + b_4)(a_2 + b_4)^d = \overline{p} - (a_2 + b_4) \sum_{n=0}^{\infty} (b_4^d)^{n+1} a_2^n \\
&= \overline{p} - b_4 \left( b_4^d + (b_4^d)^2 a_2 + (b_4^d)^3 a_2^2 + \cdots \right) \\
&= \overline{p} - b_4 b_4^d - \left( b_4 (b_4^d)^2 a_2 + b_4 (b_4^d)^3 a_2^2 + \cdots \right) \\
&= b_4^{\pi} - \left( b_4^d a_2 + (b_4^d)^2 a_2^2 + \cdots \right).
\end{aligned}
$$

所以

$$
\begin{aligned}
u = &\sum_{n=0}^{\infty} (a_1^d)^{n+2} b_2 (a_2 + b_4)^n b_4^{\pi} - \sum_{n=0}^{\infty} \sum_{k=0}^{\infty} (a_1^d)^{n+2} b_2 (a_2 + b_4)^n (b_4^d)^{k+1} a_2^{k+1} \\
&- a_1^d b_2 \sum_{n=0}^{\infty} (b_4^d)^{n+1} a_2^n.
\end{aligned}
$$

由 (2.7.8) 和 $a_1^d = a^d$ 有

$$(a + b)^d = a^d + (a_2 + b_4)^d + u. \tag{2.7.9}$$

从 (2.7.6) 得

$$
\begin{aligned}
a^{\pi} (b^d)^{n+1} a^n &= \begin{pmatrix} 0 & 0 \\ 0 & \overline{p} \end{pmatrix}_p \begin{pmatrix} 0 & b_2 (b_4^d)^{n+2} \\ 0 & (b_4^d)^{n+1} \end{pmatrix}_p \begin{pmatrix} a_1^n & 0 \\ 0 & a_2^n \end{pmatrix}_p \\
&= \begin{pmatrix} 0 & 0 \\ 0 & (b_4^d)^{n+1} a_2^n \end{pmatrix}_p = (b_4^d)^{n+1} a_2^n.
\end{aligned}
$$

于是

$$(a_2 + b_4)^d = a^{\pi} \sum_{n=0}^{\infty} (b^d)^{n+1} a^n. \tag{2.7.10}$$

我们也可以有 (我们写了带有 $*$ 的任何项, 这些项无须确切地表达)

$$
\begin{aligned}
(a^d)^{n+2} b (a+b)^n b^{\pi} &= \begin{pmatrix} (a_1^d)^{n+2} & 0 \\ 0 & 0 \end{pmatrix}_p \begin{pmatrix} 0 & b_2 \\ 0 & b_4 \end{pmatrix}_p \begin{pmatrix} a_1^n & * \\ 0 & (a_2 + b_4)^n \end{pmatrix}_p \begin{pmatrix} p & -b_2 b_4^d \\ 0 & b_4^{\pi} \end{pmatrix}_p \\
&= \begin{pmatrix} 0 & (a_1^d)^{n+2} b_2 (a_2 + b_4)^n b_4^{\pi} \\ 0 & 0 \end{pmatrix}_p = (a_1^d)^{n+2} b_2 (a_2 + b_4)^n b_4^{\pi},
\end{aligned}
$$

$$\tag{2.7.11}$$

$$a^{\mathrm{d}}b(b^{\mathrm{d}})^{n+1}a^n = \begin{pmatrix} a_1^{\mathrm{d}} & 0 \\ 0 & 0 \end{pmatrix}_p \begin{pmatrix} 0 & b_2 \\ 0 & b_4 \end{pmatrix}_p \begin{pmatrix} 0 & * \\ 0 & (b_4^{\mathrm{d}})^{n+1} \end{pmatrix}_p \begin{pmatrix} a_1^n & 0 \\ 0 & a_2^n \end{pmatrix}_p$$

$$= \begin{pmatrix} 0 & a_1^{\mathrm{d}}b_2(b_4^{\mathrm{d}})^{n+1}a_2^n \\ 0 & 0 \end{pmatrix}_p = a_1^{\mathrm{d}}b_2(b_4^{\mathrm{d}})^{n+1}a_2^n, \tag{2.7.12}$$

$$(a_1^{\mathrm{d}})^{n+2}b(a+b)^n(b^{\mathrm{d}})^{k+1}a^{k+1}$$

$$= \begin{pmatrix} (a_1^{\mathrm{d}})^{n+2} & 0 \\ 0 & 0 \end{pmatrix}_p \begin{pmatrix} 0 & b_2 \\ 0 & b_4 \end{pmatrix}_p \begin{pmatrix} a_1^n & * \\ 0 & (a_2+b_4)^n \end{pmatrix}_p \begin{pmatrix} 0 & * \\ 0 & (b_4^{\mathrm{d}})^{k+1} \end{pmatrix}_p \begin{pmatrix} a_1^{k+1} & 0 \\ 0 & a_2^{k+1} \end{pmatrix}_p$$

$$= \begin{pmatrix} 0 & (a_1^{\mathrm{d}})^{n+2}b_2(a_2+b_4)^n(b_4^{\mathrm{d}})^{k+1}a_2^{k+1} \\ 0 & 0 \end{pmatrix}_p = (a_1^{\mathrm{d}})^{n+2}b_2(a_2+b_4)^n(b_4^{\mathrm{d}})^{k+1}a_2^{k+1}. \tag{2.7.13}$$

从 (2.7.9)~(2.7.13), 得到 (2.7.1). 不等式 (2.7.2) 从 (2.7.1) 得到.

**定理 2.7.2**　设 $a,b \in \mathcal{A}^{\mathrm{d}}$ 使得 $w = (a+b)aa^{\mathrm{d}} \in \mathcal{A}^{\mathrm{d}}$. 若存在 $k \in \mathbb{N}$, $k > 1$ 使得 $a^k b = ab$, $ba = ab^2$, 则 $a+b \in \mathcal{A}^{\mathrm{d}}$ 和

$$(a+b)^{\mathrm{d}} = w^{\mathrm{d}} + a^\pi b^{\mathrm{d}} + \sum_{n=0}^{\infty} (w^{\mathrm{d}})^{n+2} ba^\pi (a+b)^n b^\pi$$

$$+ \sum_{n=0}^{\infty} w^\pi w^n ba^\pi (b^{\mathrm{d}})^{n+2} - w^{\mathrm{d}} ba^\pi b^{\mathrm{d}}. \tag{2.7.14}$$

**证明**　$a$, $a^{\mathrm{d}}$, $b$ 对于幂等元 $p = aa^{\mathrm{d}}$ 的表达式分别为

$$a = \begin{pmatrix} a_1 & 0 \\ 0 & a_2 \end{pmatrix}_p, \quad a^{\mathrm{d}} = \begin{pmatrix} a_1^{\mathrm{d}} & 0 \\ 0 & 0 \end{pmatrix}_p, \quad b = \begin{pmatrix} a_1+b_1 & b_2 \\ b_3 & b_4 \end{pmatrix}_p,$$

我们得到 $a_2 b_3 = a_2 b_4 = 0$.

从 $ba = ab^2$ 有

$$ab^2 = \begin{pmatrix} a_1 b_1^2 + a_1 b_2 b_3 & a_1 b_1 b_2 + a_1 b_2 b_4 \\ a_2 b_3 b_1 + a_2 b_4 b_3 & a_2 b_3 b_2 + a_2 b_4^2 \end{pmatrix}_p = \begin{pmatrix} a_1 b_1^2 + a_1 b_2 b_3 & a_1 b_1 b_2 + a_1 b_2 b_4 \\ 0 & 0 \end{pmatrix}_p$$

和

$$ba = \begin{pmatrix} b_1 a_1 & b_2 a_2 \\ b_3 a_1 & b_4 a_2 \end{pmatrix}_p.$$

因此, $b_3 a_1 = 0$ 和 $a_2 b_4 = b_4 a_2 = 0$. 我们得到 $b_3 = 0$. 因此

$$b = \begin{pmatrix} b_1 & b_2 \\ 0 & b_4 \end{pmatrix}_p, \quad a+b = \begin{pmatrix} a_1+b_1 & b_2 \\ 0 & a_2+b_4 \end{pmatrix}_p$$

和

$$w = (a+b)aa^{\mathrm{d}} = \begin{pmatrix} a_1 + b_1 & b_2 \\ 0 & a_2 + b_4 \end{pmatrix}_p \begin{pmatrix} p & 0 \\ 0 & 0 \end{pmatrix}_p = \begin{pmatrix} a_1 + b_1 & 0 \\ 0 & 0 \end{pmatrix}_p = a_1 + b_1.$$

于是 $a_2 + b_4 \in \mathcal{A}^{\mathrm{d}}$, 因为 $a \in \mathcal{A}^{\mathrm{qnil}}$, $b \in \mathcal{A}^{\mathrm{d}}$ 和 $a_2 b_4 = 0$. 有

$$(a_2 + b_4)^{\mathrm{d}} = \sum_{n=0}^{\infty} (b_4^{\mathrm{d}})^{n+1} a_2^n. \tag{2.7.15}$$

给出

$$(a+b)^{\mathrm{d}} = \begin{pmatrix} w^{\mathrm{d}} & u \\ 0 & (a_2 + b_4)^{\mathrm{d}} \end{pmatrix}_p = w^{\mathrm{d}} + u + (a_2 + b_4)^{\mathrm{d}}, \tag{2.7.16}$$

其中

$$u = \sum_{n=0}^{\infty} ((a_1+b_1)^{\mathrm{d}})^{n+2} b_2 (a_2+b_4)^n (a_2+b_4)^\pi + \sum_{n=0}^{\infty} (a_1+b_1)^\pi (a_1+b_1)^n b_2 ((a_2+b_4)^{\mathrm{d}})^{n+2}$$
$$- (a_1+b_1)^{\mathrm{d}} b_2 (a_2+b_4)^{\mathrm{d}}.$$

由 $a_2 b_4 = b_4 a_2 = 0$, 有 $b_4^{\mathrm{d}} a_2 = (b_4^{\mathrm{d}})^2 b_4 a_2 = 0$. 因此 (2.7.15) 变为

$$(a_2 + b_4)^{\mathrm{d}} = b_4^{\mathrm{d}} = a^\pi b^{\mathrm{d}}. \tag{2.7.17}$$

从 $a_2 b_4 = 0$ 有 $a_2 b_4^{\mathrm{d}} = a_2 b_4 (b_4^{\mathrm{d}})^2 = 0$. 因此

$$(a_2 + b_4)^\pi = \bar{p} - (a_2+b_4)(a_2+b_4)^{\mathrm{d}} = \bar{p} - a_2 b_4^{\mathrm{d}} - b_4 b_4^{\mathrm{d}} = b_4^\pi,$$

得到

$$u = \sum_{n=0}^{\infty} ((a_1+b_1)^{\mathrm{d}})^{n+2} b_2 (a_2+b_4)^n b_4^\pi + \sum_{n=0}^{\infty} (a_1+b_1)^\pi (a_1+b_1)^n b_2 (b_4^{\mathrm{d}})^{n+2}$$
$$- (a_1+b_1)^{\mathrm{d}} b_2 b_4^{\mathrm{d}},$$

$$(w^{\mathrm{d}})^{n+2} ba^\pi (a+b)^n b^\pi$$
$$= \begin{pmatrix} ((a_1+b_1)^{\mathrm{d}})^{n+2} & 0 \\ 0 & 0 \end{pmatrix}_p \begin{pmatrix} b_1 & b_2 \\ 0 & b_4 \end{pmatrix}_p \begin{pmatrix} 0 & 0 \\ 0 & \bar{p} \end{pmatrix}_p \begin{pmatrix} b_1^n & * \\ 0 & (a_2+b_4)^n \end{pmatrix}_p \begin{pmatrix} b_1^\pi & * \\ 0 & b_4^\pi \end{pmatrix}_p$$
$$= \begin{pmatrix} 0 & ((a_1+b_1)^{\mathrm{d}})^{n+2} b_2 (a_2+b_4)^n b_4^\pi \\ 0 & 0 \end{pmatrix} = ((a_1+b_1)^{\mathrm{d}})^{n+2} b_2 (a_2+b_4)^n b_4^\pi,$$

$$\tag{2.7.18}$$

$$w^\pi w^n b a^\pi (b^d)^{n+2}$$

$$= \begin{pmatrix} (a_1+b_1)^\pi & 0 \\ 0 & \overline{p} \end{pmatrix}_p \begin{pmatrix} (a_1+b_1)^n & 0 \\ 0 & 0 \end{pmatrix}_p \begin{pmatrix} b_1 & b_2 \\ 0 & b_4 \end{pmatrix}_p \begin{pmatrix} 0 & 0 \\ 0 & \overline{p} \end{pmatrix}_p \begin{pmatrix} (b_1^d)^{n+2} & * \\ 0 & (b_4^d)^{n+2} \end{pmatrix}_p$$

$$= \begin{pmatrix} 0 & (a_1+b_1)^\pi (a_1+b_1)^n b_2 (b_4^d)^{n+2} \\ 0 & 0 \end{pmatrix}_p = (a_1+b_1)^\pi (a_1+b_1)^n b_2 (b_4^d)^{n+2}$$

$$(2.7.19)$$

和

$$w^d b a^\pi b^d$$

$$= \begin{pmatrix} (a_1+b_1)^d & 0 \\ 0 & 0 \end{pmatrix}_p \begin{pmatrix} b_1 & b_2 \\ 0 & b_4 \end{pmatrix}_p \begin{pmatrix} 0 & 0 \\ 0 & \overline{p} \end{pmatrix}_p \begin{pmatrix} b_1^d & * \\ 0 & b_4^d \end{pmatrix}_p$$

$$= \begin{pmatrix} 0 & (a_1+b_1)^d b_2 b_4^d \\ 0 & 0 \end{pmatrix} = (a_1+b_1)^d b_2 b_4^d.$$

$$(2.7.20)$$

从 (2.7.16)~(2.7.20) 得到 (2.7.14).

**定理 2.7.3**　设 $a, b \in \mathcal{A}^d$ 且 $w = a a^d (a+b) \in \mathcal{A}^d$. 若存在 $k, n, m \in \mathbb{N}$, $k > 1$ 使得 $a^n b = b a^m$, $a^k b = a b$, 则 $a + b \in \mathcal{A}^d$ 和

$$(a+b)^d = w^d + \sum_{n=0}^{\infty} (b^d)^{n+1} a^n a^\pi.$$

**证明**　对于幂等元 $p = a a^d$ 的表达式分别为

$$a = \begin{pmatrix} a_1 & 0 \\ 0 & a_2 \end{pmatrix}_p, \quad a^d = \begin{pmatrix} a_1^d & 0 \\ 0 & 0 \end{pmatrix}_p, \quad b = \begin{pmatrix} a_1+b_1 & b_2 \\ b_3 & b_4 \end{pmatrix}_p,$$

从 $a^n b = b a^m$ 有

$$a_1^n b_1 = b_1 a_1^m, \quad a_1^n b_2 = b_2 a_2^m, \quad a_2^n b_3 = b_3 a_1^m, \quad a_2^n b_4 = b_4 a_2^m. \tag{2.7.21}$$

(2.7.21) 的第二个等式表明 $a_1^{nk} b_2 = b_2 a_2^{mk}$, 对任何 $k \in \mathbb{N}$. 我们得到 $b_2 = (a^d)^{nk} b_2 a_2^{mk}$. 因此

$$\|b_2\|^{1/(mk)} \leqslant \|(a^d)^{nk}\|^{1/(mk)} \|b_2\|^{1/(mk)} \|a_2^{mk}\|^{1/(mk)}.$$

因此, 若 $\beta$ 为 $\lim_{k \to \infty} \|b_2\|^{1/(mk)}$ 和 $\alpha$ 为 $\lim_{k \to \infty} \|(a^d)^{nk}\|^{1/(mk)}$, 则 $0 \leqslant \beta \leqslant \beta \alpha r(a_2)$. $a_2$ 是拟幂零的, 因此 $r(a_2) = 0$, 则 $\beta = 0$, 或等价地, $b_2 = 0$. 类似地, 我们得到 $b_3 = 0$.

因此

$$b = \begin{pmatrix} b_1 & 0 \\ 0 & b_4 \end{pmatrix}_p, \qquad a + b = \begin{pmatrix} a_1 + b_1 & 0 \\ 0 & a_2 + b_4 \end{pmatrix}_p. \tag{2.7.22}$$

由于 $a^k b = ab$, 通过定理 2.7.1 的证明, 得到 $a_2 b_4 = 0$. 从引理 1.2.5 有 $a_2 + b_4 \in \mathcal{A}^d$, 因为 $b_4 \in \mathcal{A}^d$, $a_2 \in \mathcal{A}^{\mathrm{qnil}}$ 和 $a_2 b_4 = 0$. 由引理 1.2.5 有

$$(a_2 + b_4)^d = \sum_{n=0}^\infty (b_4^d)^{n+1} a_2^n.$$

我们有 $a + b \in \mathcal{A}^d$ 当且仅当 $a_1 + b_1 \in \mathcal{A}^d$. 但是 $w = aa^d(a + b) = a_1 + b_1$. 若 $w \in \mathcal{A}^d$, 则

$$(a + b)^d = \begin{pmatrix} (a_1 + b_1)^d & 0 \\ 0 & (a_2 + b_4)^d \end{pmatrix}_p = w^d + \sum_{n=0}^\infty (b^d)^{n+1} a^n a^\pi.$$

**定理 2.7.4** 设 $a, b \in \mathcal{A}^d$. 若存在 $k \in \mathbb{N}$, $k > 1$ 使得 $a^k b = aba^\pi$ 和 $ba = ab^2$, 则 $a + b \in \mathcal{A}^d$,

$$(a + b)^d = a^d + a^\pi b^d + (a^d)^3 b(a + b) \tag{2.7.23}$$

和

$$\|(a + b)^d - a^d\| \leqslant \|a^\pi\|\|b^d\| + \|a^d\|^3 \|b\|\|a + b\|. \tag{2.7.24}$$

**证明** 由 $a^k b = aba^\pi$,

$$a^k b = \begin{pmatrix} a_1^k b_1 & a_1^k b_2 \\ a_2^k b_3 & a_2^k b_4 \end{pmatrix}_p, \qquad aba^\pi = \begin{pmatrix} 0 & a_1 b_2 \\ 0 & a_2 b_4 \end{pmatrix}_p,$$

得到 $a_1^k b_1 = 0$ 和 $a_2^k b_4 = a_2 b_4$, 在定理 2.7.1 的证明中, 我们有 $a_2 b_4 = 0$. 于是得到 $b_1 = 0$.

从 $ba = ab^2$ 有

$$ab^2 = \begin{pmatrix} a_1 b_1^2 + a_1 b_2 b_3 & a_1 b_1 b_2 + a_1 b_2 b_4 \\ a_2 b_3 b_1 + a_2 b_4 b_3 & a_2 b_3 b_2 + a_2 b_4^2 \end{pmatrix}_p = \begin{pmatrix} a_1 b_2 b_3 & a_1 b_2 b_4 \\ 0 & a_2 b_3 b_2 \end{pmatrix}_p$$

和

$$ba = \begin{pmatrix} b_1 a_1 & b_2 a_2 \\ b_3 a_1 & b_4 a_2 \end{pmatrix}_p = \begin{pmatrix} 0 & b_2 a_2 \\ b_3 a_1 & b_4 a_2 \end{pmatrix}_p.$$

因此, $b_3 a_1 = 0$, $b_2 a_2 = a_1 b_2 b_4$ 和 $b_4 a_2 = a_2 b_3 b_2$. 从引理 1.2.2 得到 $b_3 = 0$ 和 $b_4 a_2 = a_2 b_3 b_2 = 0$. 因此

$$b = \begin{pmatrix} 0 & b_2 \\ 0 & b_4 \end{pmatrix}_p, \quad a + b = \begin{pmatrix} a_1 & b_2 \\ 0 & a_2 + b_4 \end{pmatrix}_p.$$

于是 $a_2 + b_4 \in \mathcal{A}_D$. 因为 $a \in \mathcal{A}^{\mathrm{qnil}}$, $b \in \mathcal{A}_D$ 和 $a_2 b_4 = b_4 a_2 = 0$, 于是

$$(a_2 + b_4)^{\mathrm{d}} = b_4^{\mathrm{d}}, \qquad (a_2 + b_4)^{\pi} = b_4^{\pi}. \tag{2.7.25}$$

此时

$$(a + b)^{\mathrm{d}} = \begin{pmatrix} a_1^{\mathrm{d}} & u \\ 0 & (a_2 + b_4)^{\mathrm{d}} \end{pmatrix}_p = a_1^{\mathrm{d}} + u + (a_2 + b_4)^{\mathrm{d}}, \tag{2.7.26}$$

其中

$$u = \sum_{n=0}^{\infty} (a_1^{\mathrm{d}})^{n+2} b_2 (a_2 + b_4)^n (a_2 + b_4)^{\pi} + \sum_{n=0}^{\infty} a_1^{\pi} a_1^n b_2 \left[ (a_2 + b_4)^{\mathrm{d}} \right]^{n+2} - a_1^{\mathrm{d}} b_2 (a_2 + b_4)^{\mathrm{d}}.$$

由于 $a_1 \in (p\mathcal{A}p)^{-1}$, 则 $a_1^{\pi} = 0$. 因此, $u$ 的表达式变为

$$u = \sum_{n=0}^{\infty} (a_1^{\mathrm{d}})^{n+2} b_2 (a_2 + b_4)^n b_4^{\pi} - a_1^{\mathrm{d}} b_2 b_4^{\mathrm{d}}.$$

从 $a_2 b_4 = b_4 a_2 = 0$ 和 $b_2 a_2 = a_1 b_2 b_4$, 有

$$(a_2 + b_4)^n = a_2^n + b_4^n, \quad a_1^{\mathrm{d}} b_2 b_4^{\mathrm{d}} = (a_1^{\mathrm{d}})^2 a_1 b_2 b_4 b_4 (b_4^{\mathrm{d}})^3 = (a_1^{\mathrm{d}})^2 b_2 a_2 b_4 (b_4^{\mathrm{d}})^2 = 0.$$

所以

$$(a_1^{\mathrm{d}})^{n+2} b_2 (a_2 + b_4)^n b_4 b_4^{\mathrm{d}} = (a_1^{\mathrm{d}})^{n+2} b_2 a_2^n b_4 b_4^{\mathrm{d}} + (a_1^{\mathrm{d}})^{n+2} b_2 b_4^n b_4 b_4^{\mathrm{d}} = 0$$

和

$$\begin{aligned} (a_1^{\mathrm{d}})^{n+2} b_2 (a_2 + b_4)^n &= (a_1^{\mathrm{d}})^{n+2} b_2 a_2^n + (a_1^{\mathrm{d}})^{n+2} b_2 b_4^n \\ &= (a_1^{\mathrm{d}})^{n+2} b_2 a_2 a_2^{n-1} + (a_1^{\mathrm{d}})^{n+3} a_1 b_2 b_4 b_4^{n-1} \\ &= (a_1^{\mathrm{d}})^{n+2} a_1 b_2 b_4 a_2^{n-1} + (a_1^{\mathrm{d}})^{n+3} b_2 a_2 b_4^{n-1} = 0, \quad n \geqslant 2. \end{aligned}$$

因此

$$\begin{aligned} u &= \sum_{n=0}^{\infty} (a_1^{\mathrm{d}})^{n+2} b_2 (a_2 + b_4)^n b_4^{\pi} - a_1^{\mathrm{d}} b_2 b_4^{\mathrm{d}} \\ &= \sum_{n=0}^{\infty} (a_1^{\mathrm{d}})^{n+2} b_2 (a_2 + b_4)^n - \sum_{n=0}^{\infty} (a_1^{\mathrm{d}})^{n+2} b_2 (a_2 + b_4)^n b_4 b_4^{\mathrm{d}} = (a_1^{\mathrm{d}})^3 b_2 (a_2 + b_4). \end{aligned}$$

因此 (2.7.25) 变为

$$(a_2 + b_4)^{\mathrm{d}} = b_4^{\mathrm{d}} = a^\pi b^{\mathrm{d}}. \tag{2.7.27}$$

我们有

$$
(a^{\mathrm{d}})^3 b(a+b)
$$

$$
= \begin{pmatrix} (a_1^{\mathrm{d}})^3 & 0 \\ 0 & 0 \end{pmatrix}_p \begin{pmatrix} 0 & b_2 \\ 0 & b_4 \end{pmatrix}_p \begin{pmatrix} a_1 & b_2 \\ 0 & a_2 + b_4 \end{pmatrix}_p
$$

$$
= \begin{pmatrix} 0 & (a_1^{\mathrm{d}})^3 b_2 (a_2 + b_4) \\ 0 & 0 \end{pmatrix} = (a_1^{\mathrm{d}})^3 b_2 (a_2 + b_4). \tag{2.7.28}
$$

从 (2.7.26)~(2.7.28) 得到 (2.7.23). 由 (2.7.23) 容易得到 (2.7.24) .

**定理 2.7.5** 设 $a, b \in \mathcal{A}^{\mathrm{d}}$. 若存在 $k \in \mathbb{N}$, $k > 1$ 且 $a^k ba^\pi = ab$ , $ab^2 = a^\pi b$, 则 $a + b \in \mathcal{A}^{\mathrm{d}}$ 和

$$(a+b)^{\mathrm{d}} = a^{\mathrm{d}} + \sum_{n=0}^{\infty} (a^{\mathrm{d}})^{n+2} ba^n \tag{2.7.29}$$

以及

$$\|(a+b)^{\mathrm{d}} - a^{\mathrm{d}}\| \;\leqslant\; \sum_{n=0}^{\infty} \|a^{\mathrm{d}}\|^{n+2} \|b\| \|a\|^n. \tag{2.7.30}$$

**证明** 由

$$
a^k ba^\pi = \begin{pmatrix} 0 & a_1^k b_2 \\ 0 & a_2^k b_4 \end{pmatrix}_p, \quad ab = \begin{pmatrix} a_1 b_1 & a_1 b_2 \\ a_2 b_3 & a_2 b_4 \end{pmatrix}_p,
$$

得到 $a_1 b_1 = a_2 b_3 = 0$ 和 $a_2^k b_4 = a_2 b_4$, 于是有 $a_2 b_4 = 0$ 以及 $b_1 = 0$.

从 $ab^2 = a^\pi b$ 有

$$
ab^2 = \begin{pmatrix} a_1 b_1^2 + a_1 b_2 b_3 & a_1 b_1 b_2 + a_1 b_2 b_4 \\ a_2 b_3 b_1 + a_2 b_4 b_3 & a_2 b_3 b_2 + a_2 b_4^2 \end{pmatrix}_p = \begin{pmatrix} a_1 b_2 b_3 & a_1 b_2 b_4 \\ 0 & 0 \end{pmatrix}_p
$$

和

$$
a^\pi b = \begin{pmatrix} 0 & 0 \\ b_3 & b_4 \end{pmatrix}_p,
$$

因此 $b_3 = b_4 = 0$. 所以

$$
b = \begin{pmatrix} 0 & b_2 \\ 0 & 0 \end{pmatrix}_p, \quad a + b = \begin{pmatrix} a_1 & b_2 \\ 0 & a_2 \end{pmatrix}_p
$$

和

$$(a+b)^{\mathrm{d}} = \begin{pmatrix} a_1^{\mathrm{d}} & u \\ 0 & 0 \end{pmatrix}_p = a_1^{\mathrm{d}} + u, \tag{2.7.31}$$

其中

$$u = \sum_{n=0}^{\infty} (a_1^{\mathrm{d}})^{n+2} b_2 a_2^n = \sum_{n=0}^{\infty} (a^{\mathrm{d}})^{n+2} b a^n.$$

**定理 2.7.6**　设 $a, b \in \mathcal{A}^{\mathrm{d}}$. 若存在 $k \in \mathbb{N}$, $k > 1$, $a^k b a^{\pi} = ab$, $a^{\pi} b = aba$, 则 $a + b \in \mathcal{A}^{\mathrm{d}}$ 和

$$(a+b)^{\mathrm{d}} = a^{\mathrm{d}} + (a^{\mathrm{d}})^2 b, \tag{2.7.32}$$

从而

$$\|(a+b)^{\mathrm{d}} - a^{\mathrm{d}}\| \leqslant \|a^{\mathrm{d}}\|^2 \|b\|. \tag{2.7.33}$$

**证明**　从 $a^k b a^{\pi} = ab$, 得到 $b_1 = 0$ 和 $a_2 b_3 = a_2 b_4 = 0$.

因为 $a^{\pi} b = aba$,

$$ab = \begin{pmatrix} a_1 b_1 & a_1 b_2 \\ a_2 b_3 & a_2 b_4 \end{pmatrix}_p = \begin{pmatrix} 0 & a_1 b_2 \\ 0 & 0 \end{pmatrix}_p,$$

$$aba = \begin{pmatrix} 0 & a_1 b_2 \\ 0 & 0 \end{pmatrix}_p \begin{pmatrix} a_1 & 0 \\ 0 & a_2 \end{pmatrix}_p = \begin{pmatrix} 0 & a_1 b_2 a_2 \\ 0 & 0 \end{pmatrix}_p$$

和

$$a^{\pi} b = \begin{pmatrix} 0 & 0 \\ b_3 & b_4 \end{pmatrix}_p,$$

得到 $a_1 b_2 a_2 = b_3 = b_4 = 0$. 正如在定理 2.7.5 的证明, 有

$$(a+b)^{\mathrm{d}} = \begin{pmatrix} a_1^{\mathrm{d}} & u \\ 0 & 0 \end{pmatrix}_p = a_1^{\mathrm{d}} + u, \tag{2.7.34}$$

其中

$$u = \sum_{n=0}^{\infty} (a_1^{\mathrm{d}})^{n+2} b_2 a_2^n.$$

从 $a_1 b_2 a_2 = 0$, 得到

$$u = \sum_{n=0}^{\infty} (a_1^{\mathrm{d}})^{n+2} b_2 a_2^n = (a_1^{\mathrm{d}})^2 b_2 = (a^{\mathrm{d}})^2 b.$$

# 2.8 在 $a^k b = ab$ 和 $ab = a^\pi ba$ 条件下元素和的广义 Drazin 逆

**定理 2.8.1** 设 $a, b \in \mathcal{A}^{\mathrm{d}}$, 如果存在 $k \in \mathbb{N}$, $k > 1$, 使得 $a^k b = ab$ 且 $ab = a^\pi ba$, 那么 $a + b \in \mathcal{A}^{\mathrm{d}}$, 有

$$
\begin{aligned}
(a+b)^{\mathrm{d}} = {}& a^{\mathrm{d}} + \sum_{n=0}^{\infty} (b^{\mathrm{d}})^{n+1} a^n + \sum_{n=0}^{\infty} b^\pi (a+b)^n b (a^{\mathrm{d}})^{n+2} \\
& - \sum_{n=0}^{\infty} \sum_{k=0}^{\infty} (b^{\mathrm{d}})^{k+1} a^{k+1} (a+b)^n b (a^{\mathrm{d}})^{n+2} \\
& - \sum_{n=0}^{\infty} (b^{\mathrm{d}})^{n+1} a^n b a^{\mathrm{d}}.
\end{aligned}
$$

**证明** 假定 $a$ 既不是可逆的也不是拟幂零的, 可将 $a$ 表示成如下形式, 同时 $b$ 与 $p = aa^{\mathrm{d}}$ 相关, 则有

$$
a = \begin{pmatrix} a_1 & 0 \\ 0 & a_2 \end{pmatrix}_p, \quad a^{\mathrm{d}} = \begin{pmatrix} a_1^{\mathrm{d}} & 0 \\ 0 & 0 \end{pmatrix}_p, \quad b = \begin{pmatrix} b_1 & b_2 \\ b_3 & b_4 \end{pmatrix}_p. \tag{2.8.1}
$$

其中 $a_1 \in (p\mathcal{A}p)^{-1}$, $a_2 \in (\bar{p}\mathcal{A}\bar{p})^{\mathrm{qnil}}$. 由 $ab = a^\pi ba$,

$$
ab = \begin{pmatrix} a_1 b_1 & a_1 b_2 \\ a_2 b_3 & a_2 b_4 \end{pmatrix}_p, \quad a^\pi ba = \begin{pmatrix} 0 & 0 \\ b_3 a_1 & b_4 a_2 \end{pmatrix}_p,
$$

可以得到 $a_1 b_1 = a_1 b_2 = 0$. 由于 $a_1 \in (p\mathcal{A}p)^{-1}$, 可知 $b_1 = b_2 = 0$. 因此, $b$ 可以写成如下形式:

$$
b = \begin{pmatrix} 0 & 0 \\ b_3 & b_4 \end{pmatrix}_p,
$$

其中 $b_4 \in (\bar{p}\mathcal{A}\bar{p})^{\mathrm{d}}$, 则有

$$
b^{\mathrm{d}} = \begin{pmatrix} 0 & 0 \\ ((b_4)^{\mathrm{d}})^2 b_3 & (b_4)^{\mathrm{d}} \end{pmatrix}_p, \quad b^\pi = \begin{pmatrix} p & 0 \\ -(b_4)^{\mathrm{d}} b_3 & (b_4)^\pi \end{pmatrix}_p.
$$

$a + b$ 可以写成如下形式:

$$
a + b = \begin{pmatrix} a_1 & 0 \\ b_3 & a_2 + b_4 \end{pmatrix}_p,
$$

得到

$$(a+b)^{\mathrm{d}} = \begin{pmatrix} a_1^{\mathrm{d}} & 0 \\ u & (a_2+b_4)^{\mathrm{d}} \end{pmatrix}_p,$$

其中

$$u = \sum_{n=0}^{\infty}(a_2+b_4)^{\mathrm{d}}b_3 a_1^n a_1^{\pi} + \sum_{n=0}^{\infty}(a_2+b_4)^{\pi}(a_2+b_4)^n b_3 (a_1^{\mathrm{d}})^{n+2}$$
$$- (a_2+b_4)^{\mathrm{d}}b_3 a_1^{\mathrm{d}}.$$

由 $a^k b = ab$,

$$a^k b = \begin{pmatrix} 0 & a_1^k b_2 \\ 0 & a_2^k b_4 \end{pmatrix}_p, \qquad ab = \begin{pmatrix} 0 & a_1 b_2 \\ 0 & a_2 b_4 \end{pmatrix}_p,$$

则有 $a_2^k b_4 = a_2 b_4$. 即可推出 $a_2^{r(k-1)+1}b_4 = a_2 b_4$, 其中 $r$ 为任意正整数. 设 $m_r = r(k-1)+1$, 对于 $k>1$, $\{a_2^{m_r}\}_{r=1}^{\infty}$ 是 $\{a_2^r\}_{r=1}^{\infty}$ 的子序列, 因为 $a_2$ 是拟幂零的, 当 $r \to \infty$ 时得到

$$\| a_2 b_4 \|^{\frac{1}{m_r}} = \| a_2^{m_r} b_4 \|^{\frac{1}{m_r}} \leqslant \| a_2^{m_r} \|^{\frac{1}{m_r}} \| b_4 \|^{\frac{1}{m_r}} \to 0,$$

因此 $a_2 b_4 = 0$. 于是

$$(a_2+b_4)^{\mathrm{d}} = \sum_{n=0}^{\infty}(b_4^{\mathrm{d}})^{n+1}a_2^n.$$

由于 $a_1^{\pi} = 0$, 可知

$$u = \sum_{n=0}^{\infty}(a_2+b_4)^{\pi}(a_2+b_4)^n b_3 (a_1^{\mathrm{d}})^{n+2} - (a_2+b_4)^{\mathrm{d}}b_3 a_1^{\mathrm{d}}.$$

而 $a_2 b_4 = 0$, 可知 $a_2 b_4^{\mathrm{d}} = a_2 b_4 (b_4^{\mathrm{d}})^2 = 0$. 因此

$$\begin{aligned}(a_2+b_4)^{\pi} &= \overline{p} - (a_2+b_4)(a_2+b_4)^{\mathrm{d}} \\ &= \overline{p} - (a_2+b_4)\sum_{n=0}^{\infty}(b_4^{\mathrm{d}})^{n+1}a_2^n \\ &= \overline{p} - b_4(b_4^{\mathrm{d}} + (b_4^{\mathrm{d}})^2 a_2 + (b_4^{\mathrm{d}})^3 a_2^2 + \cdots) \\ &= \overline{p} - b_4 b_4^{\mathrm{d}} - (b_4(b_4^{\mathrm{d}})^2 a_2 + b_4(b_4^{\mathrm{d}})^3 a_2^2 + \cdots) \\ &= b_4^{\pi} - (b_4^{\mathrm{d}}a_2 + (b_4^{\mathrm{d}})^2 a_2^2 + \cdots),\end{aligned}$$

则

$$u = \sum_{n=0}^{\infty} b_4^\pi (a_2 + b_4)^n b_3 (a_1^d)^{n+2} - \sum_{n=0}^{\infty} \sum_{k=0}^{\infty} (b_4^d)^{k+1} a_2^{k+1} (a_2 + b_4)^n b_3 (a_1^d)^{n+2}$$

$$- \sum_{n=0}^{\infty} (b_4^d)^{n+1} a_2^n b_3 a_1^d.$$

同时

$$b^\pi (a+b)^n b(a^d)^{n+2} = \begin{pmatrix} p & 0 \\ -b_4^d b_3 & b_4^\pi \end{pmatrix}_p \begin{pmatrix} a_1^n & 0 \\ * & (a_2 + b_4)^n \end{pmatrix}_p \begin{pmatrix} 0 & 0 \\ b_3 & b_4 \end{pmatrix}_p \begin{pmatrix} a_1^{n+2} & 0 \\ 0 & 0 \end{pmatrix}_p$$

$$= \begin{pmatrix} 0 & 0 \\ b_4^\pi (a_2 + b_4)^n b_3 (a_1^d)^{n+2} & 0 \end{pmatrix}_p$$

$$= b_4^\pi (a_2 + b_4)^n b_3 (a_1^d)^{n+2},$$

$$(b^d)^{n+1} a^n b a^d = \begin{pmatrix} 0 & 0 \\ * & (b_4^d)^{n+1} \end{pmatrix}_p \begin{pmatrix} a_1^n & 0 \\ 0 & a_2^n \end{pmatrix}_p \begin{pmatrix} 0 & 0 \\ b_3 & b_4 \end{pmatrix}_p \begin{pmatrix} a_1^d & 0 \\ 0 & 0 \end{pmatrix}_p$$

$$= \begin{pmatrix} 0 & 0 \\ (b_4^d)^{n+1} a_2^n b_3 a_1^d & 0 \end{pmatrix}_p$$

$$= (b_4^d)^{n+1} a_2^n b_3 a_1^d,$$

$$(b^d)^{k+1} a^{k+1} (a+b)^n b(a^d)^{n+2}$$

$$= \begin{pmatrix} 0 & 0 \\ * & (b_4^d)^{k+1} \end{pmatrix}_p \begin{pmatrix} a_1^{k+1} & 0 \\ 0 & a_2^{k+1} \end{pmatrix}_p \begin{pmatrix} a_1^n & 0 \\ * & (a_2 + b_4)^n \end{pmatrix}_p \begin{pmatrix} 0 & 0 \\ b_3 & b_4 \end{pmatrix}_p \begin{pmatrix} (a_1^d)^{n+2} & 0 \\ 0 & 0 \end{pmatrix}_p$$

$$= \begin{pmatrix} 0 & 0 \\ (b_4^d)^{k+1} a_2^{k+1} (a_2 + b_4)^n b_3 (a_1^d)^{n+2} & 0 \end{pmatrix}_p = (b_4^d)^{k+1} a_2^{k+1} (a_2 + b_4)^n b_3 (a_1^d)^{n+2}.$$

因此

$$(a+b)^d = a^d + \sum_{n=0}^{\infty} (b^d)^{n+1} a^n + \sum_{n=0}^{\infty} b^\pi (a+b)^n b(a^d)^{n+2}$$

$$- \sum_{n=0}^{\infty} \sum_{k=0}^{\infty} (b^d)^{k+1} a^{k+1} (a+b)^n b(a^d)^{n+2} - \sum_{n=0}^{\infty} (b^d)^{n+1} a^n b a^d.$$

即得证.

**定理 2.8.2**　设 $a, b \in \mathcal{A}^{\mathrm{d}}$, 如果存在 $k \in \mathbb{N}$, $k > 1$, 使得 $a^k b = aba^{\pi}$ 且 $aba^{\pi} = a^{\pi} ba$, 那么 $a + b \in \mathcal{A}^{\mathrm{d}}$, 有

$$(a+b)^{\mathrm{d}} = a^{\mathrm{d}} + \sum_{n=0}^{\infty} (b^{\mathrm{d}})^{n+1} a^n.$$

**证明**　设 $p = aa^{\mathrm{d}}$, 我们同样可以用 (2.8.1) 表示 $a, a^{\mathrm{d}}, b$. 由于 $a^k b = aba^{\pi}$,

$$a^k b = \begin{pmatrix} a_1^k b_1 & a_1^k b_2 \\ a_2^k b_3 & a_2^k b_4 \end{pmatrix}_p, \qquad aba^{\pi} = \begin{pmatrix} 0 & a_1 b_2 \\ 0 & a_2 b_4 \end{pmatrix}_p,$$

则有 $a_1^k b_1 = 0$, $a_2^k b_4 = a_2 b_4$. 因为 $a_1 \in (p\mathcal{A}p)^{-1}$, 可知 $b_1 = 0$. 根据定理 2.8.1 的证明, 可以得到 $a_2 b_4 = 0$. 又由于 $aba^{\pi} = a^{\pi} ba$,

$$aba^{\pi} = \begin{pmatrix} 0 & a_1 b_2 \\ 0 & a_2 b_4 \end{pmatrix}_p, \qquad a^{\pi} ba = \begin{pmatrix} 0 & 0 \\ b_3 a_1 & b_4 a_2 \end{pmatrix}_p.$$

则有 $a_1 b_2 = b_3 a_1 = 0$. 因为 $a_1 \in (p\mathcal{A}p)^{-1}$, $b_2 = b_3 = 0$. 此时有

$$a + b = \begin{pmatrix} a_1 & 0 \\ 0 & a_2 + b_4 \end{pmatrix}_p,$$

于是

$$(a+b)^{\mathrm{d}} = \begin{pmatrix} a_1^{\mathrm{d}} & 0 \\ 0 & (a_2 + b_4)^{\mathrm{d}} \end{pmatrix}_p$$

$$= a^{\mathrm{d}} + \sum_{n=0}^{\infty} (b^{\mathrm{d}})^{n+1} a^n.$$

即得证.

**定理 2.8.3**　设 $a \in \mathcal{A}^{\mathrm{d}}$, $b \in \mathcal{A}^{\mathrm{qnil}}$, 且 $ab = a^{\pi} ba$, 那么 $a + b \in \mathcal{A}^{\mathrm{d}}$, 有

$$(a+b)^{\mathrm{d}} = a^{\mathrm{d}} + \sum_{n=0}^{\infty} (a+b)^n b (a^{\mathrm{d}})^{n+2}.$$

**证明**　假设 $a \in \mathcal{A}^{\mathrm{qnil}}$, 因此 $a^{\pi} = 1$. 由 $ab = a^{\pi} ba$ 可得 $ab = ba$. 根据引理 1.2.4, 有 $(a + b) \in \mathcal{A}^{\mathrm{qnil}}$, 结论成立. 设 $p = aa^{\mathrm{d}}$, 我们同样可以用 (2.8.1) 表示 $a, a^{\mathrm{d}}, b$. 由于 $ab = a^{\pi} ba$,

$$ab = \begin{pmatrix} a_1 b_1 & a_1 b_2 \\ a_2 b_3 & a_2 b_4 \end{pmatrix}_p, \qquad a^{\pi} ba = \begin{pmatrix} 0 & 0 \\ b_3 a_1 & b_4 a_2 \end{pmatrix}_p.$$

则有 $a_2 b_4 = b_4 a_2$, $a_1 b_1 = a_1 b_2 = 0$. 由于 $a_1 \in (pAp)^{-1}$, $b_1 = b_2 = 0$. 因此有

$$a+b = \begin{pmatrix} a_1 & 0 \\ b_3 & a_2+b_4 \end{pmatrix}_p.$$

下面我们来讨论 $a_2 + b_4$ 的广义 Drazin 可逆性: 首先, 由于 $\| b_4 \| = \| \bar{p}b\bar{p} \| \leqslant \| b \|$, 且 $b \in A^{\mathrm{qnil}}$, 可知 $b_4$ 也是拟幂零的. 而 $a_2, b_4 \in A^{\mathrm{qnil}}$, $a_2 b_4 = b_4 a_2$, 所以 $(a_2 + b_4) \in A^{\mathrm{qnil}}$. 于是

$$(a+b)^{\mathrm{d}} = \begin{pmatrix} a_1^{\mathrm{d}} & 0 \\ u & 0 \end{pmatrix},$$

其中 $u = \sum\limits_{n=0}^{\infty} (a_2 + b_4)^n b_3 (a_1^{\mathrm{d}})^{n+2}$. 同时

$$(a+b)^n b(a^{\mathrm{d}})^{n+2} = \begin{pmatrix} a_1^n & 0 \\ * & (a_2+b_4)^n \end{pmatrix}_p \begin{pmatrix} 0 & 0 \\ b_3 & b_4 \end{pmatrix}_p \begin{pmatrix} (a_1^{\mathrm{d}})^{n+2} & 0 \\ 0 & 0 \end{pmatrix}_p$$

$$= \begin{pmatrix} 0 & 0 \\ (a_2+b_4)^n b_3 (a_1^{\mathrm{d}})^{n+2} & 0 \end{pmatrix}_p$$

$$= (a_2+b_4)^n b_3 (a_1^{\mathrm{d}})^{n+2}.$$

因此

$$(a+b)^{\mathrm{d}} = a^{\mathrm{d}} + \sum_{n=0}^{\infty} (a+b)^n b(a^{\mathrm{d}})^{n+2}.$$

即得证.

## 2.9 在 $(1-a^\pi)b = a^\pi baa^\pi$ 下元素和的广义 Drazin 逆

**定理 2.9.1** 设 $a, b \in A^{\mathrm{d}}$. 若 $(1-a^\pi)b = a^\pi aba^\pi$, 则

$$(a+b)^{\mathrm{d}} = a^{\mathrm{d}} + \sum_{n=0}^{\infty} (b^{\mathrm{d}})^{n+1} a^n a^\pi - \sum_{n=0}^{\infty} (b^{\mathrm{d}})^{n+1} a^n ba^{\mathrm{d}} + b^\pi \sum_{n=0}^{\infty} (a+b)^n b(a^{\mathrm{d}})^{n+2}$$

$$- \sum_{n=0}^{\infty} \sum_{k=0}^{\infty} (b^{\mathrm{d}})^{k+1} a^{k+1} (a+b)^n b(a^{\mathrm{d}})^{n+2} \tag{2.9.1}$$

和

$$\|(a+b)^{\mathrm{d}} - a^{\mathrm{d}}\| \leqslant \left[\sum_{n=0}^{\infty} \|b^{\mathrm{d}}\|^{n+1}\|a^n\|\right] \left[\|a^\pi\| + \|b\|\|a^{\mathrm{d}}\|\right]$$

$$+ \|b^\pi\| \left[\sum_{n=0}^{\infty} \|a+b\|^n\|b\|\|a^{\mathrm{d}}\|^{n+2}\right]$$

$$+ \sum_{n=0}^{\infty} \left[\sum_{k=0}^{\infty} \|b^{\mathrm{d}}\|^{k+1}\|a\|^{k+1}\right] \|a+b\|^n\|b\|\|a^{\mathrm{d}}\|^{n+2}. \tag{2.9.2}$$

**证明**　令 $p = aa^{\mathrm{d}}$. 设 $a$, $a^{\mathrm{d}}$ 和 $b$ 为

$$a = \begin{pmatrix} a_1 & 0 \\ 0 & a_2 \end{pmatrix}_p, \quad a^{\mathrm{d}} = \begin{pmatrix} a^{\mathrm{d}} & 0 \\ 0 & 0 \end{pmatrix}_p, \quad b = \begin{pmatrix} b_1 & b_2 \\ b_3 & b_4 \end{pmatrix}_p, \tag{2.9.3}$$

其中 $p = aa^{\mathrm{d}}$. 从 $(1 - a^\pi)b = a^\pi aba^\pi$,

$$(1 - a^\pi)b = \begin{pmatrix} b_1 & b_2 \\ 0 & 0 \end{pmatrix}_p, \quad a^\pi aba^\pi = \begin{pmatrix} 0 & 0 \\ 0 & a_2 b_4 \end{pmatrix}_p.$$

得到 $b_1 = b_2 = a_2 b_4 = 0$. 因此, $b$ 和 $a + b$ 可以被表达成

$$b = \begin{pmatrix} 0 & 0 \\ b_3 & b_4 \end{pmatrix}_p, \quad a + b = \begin{pmatrix} a_1 & 0 \\ b_3 & a_2 + b_4 \end{pmatrix}_p. \tag{2.9.4}$$

于是 $b_4 \in (\overline{p}\mathcal{A}\overline{p})^{\mathrm{d}}$ 和

$$b^{\mathrm{d}} = \begin{pmatrix} 0 & 0 \\ (b_4^{\mathrm{d}})^2 b_3 & b_4^{\mathrm{d}} \end{pmatrix}_p. \tag{2.9.5}$$

则

$$b^\pi = \begin{pmatrix} p & 0 \\ -b_4^{\mathrm{d}} b_3 & b_4^\pi \end{pmatrix}_p.$$

于是 $a_2 + b_4 \in (\overline{p}\mathcal{A}\overline{p})^{\mathrm{d}}$ 和

$$(a_2 + b_4)^{\mathrm{d}} = \sum_{n=0}^{\infty} (b_4^{\mathrm{d}})^{n+1} a_2^n. \tag{2.9.6}$$

从而 $a + b \in \mathcal{A}^{\mathrm{d}}$ 和

$$(a + b)^{\mathrm{d}} = \begin{pmatrix} a_1^{\mathrm{d}} & 0 \\ u & (a_2 + b_4)^{\mathrm{d}} \end{pmatrix}, \tag{2.9.7}$$

其中

$$u = \sum_{n=0}^{\infty} \left[ (a_2 + b_4)^d \right]^{n+2} b_3 a_1^n a_1^\pi + \sum_{n=0}^{\infty} (a_2 + b_4)^\pi (a_2 + b_4)^n b_3 (a_1^d)^{n+2} - (a_2 + b_4)^d b_3 a_1^d.$$

观察到由于 $a_1 \in (pAp)^{-1}$, 则 $a_1^\pi = 0$. 因此, $u$ 的表达式产生

$$u = \sum_{n=0}^{\infty} (a_2 + b_4)^\pi (a_2 + b_4)^n b_3 (a_1^d)^{n+2} - (a_2 + b_4)^d b_3 a_1^d.$$

从 $a_2 b_4 = 0$ 得到 $a_2 b_4^d = a_2 b_4 (b_4^d)^2 = 0$. 因此

$$(a_2 + b_4)^\pi = \bar{p} - (a_2 + b_4)(a_2 + b_4)^d = \bar{p} - (a_2 + b_4) \sum_{n=0}^{\infty} (b_4^d)^{n+1} a_2^n$$

$$= \bar{p} - b_4 \left( b_4^d + (b_4^d)^2 a_2 + (b_4^d)^3 a_2^2 + \cdots \right)$$

$$= \bar{p} - b_4 b_4^d - \left( b_4 (b_4^d)^2 a_2 + b_4 (b_4^d)^3 a_2^2 + \cdots \right) = b_4^\pi - \left( (b_4^d) a_2 + (b_4^d)^2 a_2^2 + \cdots \right).$$

所以

$$u = \sum_{n=0}^{\infty} b_4^\pi (a_2 + b_4)^n b_3 (a_1^d)^{n+2} - \sum_{n=0}^{\infty} \sum_{k=0}^{\infty} (b_4^d)^{k+1} a_2^{k+1} (a_2 + b_4)^n b_3 (a_1^d)^{n+2}$$

$$- \sum_{n=0}^{\infty} (b_4^d)^{n+1} a_2^n b_3 a_1^d. \tag{2.9.8}$$

注意 (2.9.7) 和 $a_1^d = a^d$ 产生

$$(a+b)^d = a^d + (a_2 + b_4)^d + u. \tag{2.9.9}$$

下面考虑 $(a_2 + b_4)^d$ 的表示. 从 (2.9.5) 有

$$(b^d)^{n+1} a^n a^\pi = \begin{pmatrix} 0 & 0 \\ (b_4^d)^{n+2} b_3 & (b_4^d)^{n+1} \end{pmatrix}_p \begin{pmatrix} a_1^n & 0 \\ 0 & a_4^n \end{pmatrix}_p \begin{pmatrix} 0 & 0 \\ 0 & 1-p \end{pmatrix}_p$$

$$= \begin{pmatrix} 0 & 0 \\ 0 & (b_4^d)^{n+1} a_4^n \end{pmatrix}_p = (b_4^d)^{n+1} a_4^n.$$

因此, 从 (2.9.6) 有

$$(a_2 + b_4)^d = \sum_{n=0}^{\infty} (b^d)^{n+1} a^n a^\pi. \tag{2.9.10}$$

而且有 (我们写带 $*$ 的任何条目, 它的准确表达是没必要的)

$$b^{\pi}(a+b)^n b(a^{\mathrm{d}})^{n+2} = \begin{pmatrix} p & 0 \\ -b_4^{\mathrm{d}}b_3 & b_4^{\pi} \end{pmatrix}_p \begin{pmatrix} a_1^n & 0 \\ * & a_2^n \end{pmatrix}_p \begin{pmatrix} 0 & 0 \\ b_3 & b_4 \end{pmatrix}_p \begin{pmatrix} (a^{\mathrm{d}})^{n+2} & 0 \\ 0 & 0 \end{pmatrix}_p$$

$$= \begin{pmatrix} 0 & 0 \\ b_4^{\pi}(a_2+b_4)^n b_3 (a^{\mathrm{d}})^{n+2} & 0 \end{pmatrix}_p$$

$$= b_4^{\pi}(a_2+b_4)^n b_3 (a^{\mathrm{d}})^{n+2}, \tag{2.9.11}$$

$$(b^{\mathrm{d}})^{n+1} a^n b a^{\mathrm{d}} = \begin{pmatrix} 0 & 0 \\ * & (b_4^{\mathrm{d}})^{n+1} \end{pmatrix}_p \begin{pmatrix} a_1^n & 0 \\ 0 & a_2^n \end{pmatrix}_p \begin{pmatrix} 0 & 0 \\ b_3 & b_4 \end{pmatrix}_p \begin{pmatrix} a^{\mathrm{d}} & 0 \\ 0 & 0 \end{pmatrix}_p$$

$$= \begin{pmatrix} 0 & 0 \\ (b_4^{\mathrm{d}})^{n+1} a_2^n b_3 a^{\mathrm{d}} & 0 \end{pmatrix}_p = (b_4^{\mathrm{d}})^{n+1} a_2^n b_3 a^{\mathrm{d}} \tag{2.9.12}$$

和

$$(b^{\mathrm{d}})^{k+1} a^{k+1} (a+b)^n b(a^{\mathrm{d}})^{n+2}$$

$$= \begin{pmatrix} 0 & 0 \\ * & (b_4^{\mathrm{d}})^{k+1} \end{pmatrix}_p \begin{pmatrix} a_1^{k+1} & 0 \\ 0 & a_2^{k+2} \end{pmatrix}_p \begin{pmatrix} a_1^n & 0 \\ * & (a_2+b_4)^n \end{pmatrix}_p \begin{pmatrix} 0 & 0 \\ b_3 & b_4 \end{pmatrix}_p \begin{pmatrix} (a^{\mathrm{d}})^{n+2} & 0 \\ 0 & 0 \end{pmatrix}_p$$

$$= \begin{pmatrix} 0 & 0 \\ (b_4^{\mathrm{d}})^{k+1} a_2^{k+1} (a_2+b_4)^n b_3 (a^{\mathrm{d}})^{n+2} & 0 \end{pmatrix}_p$$

$$= (b_4^{\mathrm{d}})^{k+1} a_2^{k+1} (a_2+b_4)^n b_3 (a^{\mathrm{d}})^{n+2}. \tag{2.9.13}$$

(2.9.8)~(2.9.13) 遵循 (2.9.1). 不等式 (2.9.2) 遵循 (2.9.1).

若 $\mathcal{A}$ 是一个 Banach 代数, 则我们在 $\mathcal{A}$ 中通过 $a \odot b = ba$ 定义另一个乘法. $(\mathcal{A}, \odot)$ 是一个 Banach 代数. 如果我们应用定理 2.9.2 到新的代数, 我们可以很快建立以下结果.

**定理 2.9.2**　设 $a, b \in \mathcal{A}^{\mathrm{d}}$. 若 $b(1-a^{\pi}) = a^{\pi} b a a^{\pi}$, 则

$$(a+b)^{\mathrm{d}} = a^{\mathrm{d}} + a^{\pi} \sum_{n=0}^{\infty} a^n (b^{\mathrm{d}})^{n+1} - a^{\mathrm{d}} b \sum_{n=0}^{\infty} a^n (b^{\mathrm{d}})^{n+1} + \sum_{n=0}^{\infty} (a^{\mathrm{d}})^{n+2} b(a+b)^n b^{\pi}$$

$$- \sum_{n=0}^{\infty} (a^{\mathrm{d}})^{n+2} b(a+b)^n \sum_{k=0}^{\infty} a^{k+1} (b^{\mathrm{d}})^{k+1}$$

和 (2.9.2) 满足.

条件 $a^{\pi} b = b$ 和 $a b a^{\pi} = 0$ 被用在 [53, 定理 4.1] 中, 推导出表达式 $(a+b)^{\mathrm{d}}$. 在定理 2.9.3, 我们用这条件 $a b a^{\pi} = 0$. 它遵循的引理将能有用地证明定理 2.9.3.

**定理 2.9.3** 设 $a,b\in\mathcal{A}^d$ 使得 $aba^\pi=0$. 若 $a^\pi ba^\pi$ 或 $aa^d baa^d$ 是广义 Drazin 逆, 则 $a+b$ 是广义 Drazin 逆当且仅当 $w=aa^d(a+b)$ 是广义 Drazin 逆. 在这种情况下,

$$(a+b)^d = w^d + \sum_{n=0}^{\infty}(b^d)^{n+1}a^n a^\pi - \sum_{n=0}^{\infty}(b^d)^{n+1}a^n a^\pi b w^d$$

$$+ \sum_{n=0}^{\infty}\left(\sum_{k=0}^{\infty}(b^d)^{k+n+2}a^k\right)a^\pi bw^n w^\pi + b^\pi\sum_{n=0}^{\infty}(a+b)^n a^\pi b(w^d)^{n+2}$$

$$- \sum_{n=0}^{\infty}\sum_{k=0}^{\infty}(b^d)^{k+1}a^{k+1}(a+b)^n a^\pi b(w^d)^{n+2}.$$

**证明** 令 $p=aa^d$. 我们可以表示 $a,a^d$ 和 $b$ 为 (2.9.3) 的形式, 从 $aba^\pi=0$ 有

$$0 = aba^\pi = \begin{pmatrix} a_1 & 0 \\ 0 & a_2 \end{pmatrix}_p \begin{pmatrix} b_1 & b_2 \\ b_3 & b_4 \end{pmatrix}_p \begin{pmatrix} 0 & 0 \\ 0 & a^\pi \end{pmatrix}_p = \begin{pmatrix} 0 & a_1 b_2 \\ 0 & a_2 b_4 \end{pmatrix}_p.$$

因此, $a_1 b_2 = 0$ 和 $a_2 b_4 = 0$. 从引理 1.2.2 得到 $b_2 = 0$. 因此

$$b = \begin{pmatrix} b_1 & 0 \\ b_3 & b_4 \end{pmatrix}_p, \quad a+b = \begin{pmatrix} a_1+b_1 & 0 \\ b_3 & a_2+b_4 \end{pmatrix}_p.$$

观察到 $w=aa^d(a+b)=a_1+b_1$.

因为 $b\in\mathcal{A}^d$ 以及假设 $b_1=aa^d baa^d$ 和 $b_4=a^\pi ba^\pi$, 通过引理 1.2.9 得到 $b_4\in\mathcal{A}^d$. 通过用 $a_2$ 和 $a_2 b_4=0$ 的拟幂零性, 由引理 1.2.7 得到 $a_2+b_4\in\mathcal{A}^d$ 和

$$(a_2+b_4)^d = \sum_{n=0}^{\infty}(b_4^d)^{n+1}a_2^n.$$

因此, 通过引理 1.2.9, $a+b$ 是广义 Drazin 逆当且仅当 $w=a_1+b_1$ 是广义 Drazin 逆. 在这种情况下, 我们得到

$$(a+b)^d = \begin{pmatrix} w^d & 0 \\ u & (a_2+b_4)^d \end{pmatrix}_p = w^d + u + (a_2+b_4)^d$$

和

$$u = \sum_{n=0}^{\infty}((a_2+b_4)^d)^{n+2}b_3 w^n w^\pi + \sum_{n=0}^{\infty}(a_2+b_4)^\pi(a_2+b_4)^n b_3(w^d)^{n+2} - (a_2+b_4)^d b_3 w^d.$$

故有

$$
(b^{\mathrm{d}})^{n+1}a^n a^\pi = \begin{pmatrix} (b_1^{\mathrm{d}})^{n+1} & 0 \\ * & (b_4^{\mathrm{d}})^{n+1} \end{pmatrix}_p \begin{pmatrix} a_1^n & 0 \\ 0 & a_2^n \end{pmatrix}_p \begin{pmatrix} 0 & 0 \\ 0 & a^\pi \end{pmatrix}_p
$$

$$
= \begin{pmatrix} 0 & 0 \\ 0 & (b_4^{\mathrm{d}})^{n+1}a_2^n \end{pmatrix}_p = (b_4^{\mathrm{d}})^{n+1}a_2^n.
$$

而且

$$
\sum_{n=0}^{\infty}(b^{\mathrm{d}})^{n+1}a^n a^\pi b w^{\mathrm{d}} = \sum_{n=0}^{\infty}(b_4^{\mathrm{d}})^{n+1}a_2^n b w^{\mathrm{d}} = (a_2+b_4)^{\mathrm{d}}b w^{\mathrm{d}}
$$

$$
= \begin{pmatrix} 0 & 0 \\ 0 & (a_2+b_4)^{\mathrm{d}} \end{pmatrix}_p \begin{pmatrix} b_1 & 0 \\ b_3 & b_4 \end{pmatrix}_p \begin{pmatrix} w^{\mathrm{d}} & 0 \\ 0 & 0 \end{pmatrix}_p = (a_2+b_4)^{\mathrm{d}}b_3 w^{\mathrm{d}}.
$$

用类似方法, 有

$$
a^\pi b w^n w^\pi = b_3 w^n w^\pi.
$$

现在, 我们找到一个 $(a_2+b_4)^\pi$ 的表达式. 为此, 我们用 $a_2 b_4 = 0$, 有

$$
(a_2+b_4)^\pi = a^\pi - (a_2+b_4)(a_2+b_4)^{\mathrm{d}} = a^\pi - (a_2+b_4)\left[b_4^{\mathrm{d}} + (b_4^{\mathrm{d}})^2 a_2 + (b_4^{\mathrm{d}})^3 a_2^2 + \cdots\right]
$$

$$
= a^\pi - \left[b_4 b_4^{\mathrm{d}} + b_4(b_4^{\mathrm{d}})^2 a_2 + b_4(b_4^{\mathrm{d}})^3 a_2^2 + \cdots\right] = b_4^\pi - \left[b_4^{\mathrm{d}}a_2 + (b_4^{\mathrm{d}})^2 a_2^2 + \cdots\right],
$$

而且,

$$
\sum_{n=0}^{\infty}(a_2+b_4)^\pi (a_2+b_4)^n b_3 (w^{\mathrm{d}})^{n+2}
$$

$$
= b_4^\pi \sum_{n=0}^{\infty}(a_2+b_4)^n b_3 (w^{\mathrm{d}})^{n+2} - \sum_{n=0}^{\infty}\sum_{k=0}^{\infty}(b_4^{\mathrm{d}})^{k+1} a_2^{k+1}(a_2+b_4)^n b_3 (w^{\mathrm{d}})^{n+2}.
$$

最后, 有

$$
(a_2+b_4)^n b_3 (w^{\mathrm{d}})^{n+2} = (a+b)^n a^\pi b (w^{\mathrm{d}})^{n+2}
$$

和

$$
(b_4^{\mathrm{d}})^{k+1} a_2^{k+1}(a_2+b_4)^n b_3 (w^{\mathrm{d}})^{n+2} = (b^{\mathrm{d}})^{k+1} a^{k+1}(a+b)^n a^\pi b (w^{\mathrm{d}})^{n+2}.
$$

**定理 2.9.4**　设 $a, b \in \mathcal{A}^{\mathrm{d}}$ 使得 $w = a a^{\mathrm{d}}(a+b) \in \mathcal{A}^{\mathrm{d}}$ 和 $a^\pi b(1-a^\pi) = aba^\pi$, 则 $a + b \in \mathcal{A}^{\mathrm{d}}$ 和

$$
(a+b)^{\mathrm{d}} = w^{\mathrm{d}} + \sum_{n=0}^{\infty}(b^{\mathrm{d}})^{n+2}a^n a^\pi.
$$

**证明** 我们表示 $a$, $a^\mathrm{d}$ 和 $b$ 为 (2.9.3) 的形式. 从

$$a^\pi b(1-a^\pi) = \begin{pmatrix} 0 & 0 \\ b_3 & 0 \end{pmatrix}_p \quad \text{和} \quad aba^\pi = \begin{pmatrix} 0 & a_1 b_2 \\ 0 & a_2 b_4 \end{pmatrix}_p,$$

得到 $b_3 = 0$, $a_1 b_2 = 0$ 和 $a_2 b_4 = 0$. 从引理 1.2.2, 则 $b_2 = 0$. 因此

$$a + b = \begin{pmatrix} a_1 + b_1 & 0 \\ 0 & a_2 + b_4 \end{pmatrix}_p$$

和

$$w = aa^\mathrm{d}(a+b) = \begin{pmatrix} p & 0 \\ 0 & 0 \end{pmatrix}_p \begin{pmatrix} a_1 + b_1 & 0 \\ 0 & a_2 + b_4 \end{pmatrix}_p = \begin{pmatrix} a_1 + b_1 & 0 \\ 0 & 0 \end{pmatrix}_p = a_1 + b_1. \tag{2.9.14}$$

从定理 2.9.1 的证明有 $a_2 + b_4 \in \mathcal{A}^\mathrm{d}$ 和

$$(a_2 + b_4)^\mathrm{d} = \sum_{n=0}^\infty (b_4^\mathrm{d})^{n+1} a_2^n = (b^\mathrm{d})^{n+1} a^n a^\pi. \tag{2.9.15}$$

从引理 1.2.9, 它遵循着 $(a+b)^\mathrm{d}$ 存在和

$$(a+b)^\mathrm{d} = \begin{pmatrix} (a_1 + b_1)^\mathrm{d} & 0 \\ 0 & (a_2 + b_4)^\mathrm{d} \end{pmatrix}_p = (a_1 + b_1)^\mathrm{d} + (a_2 + b_4)^\mathrm{d}. \tag{2.9.16}$$

从 (2.9.14)~(2.9.16) 可得定理的结论如下.

**定理 2.9.5** 设 $a \in \mathcal{A}^\mathrm{qnil}$, $b \in \mathcal{A}^\mathrm{d}$ 和 $ab = bab^\pi$, 则 $a + b \in \mathcal{A}^\mathrm{d}$,

$$(a+b)^\mathrm{d} = b^\mathrm{d} + \sum_{n=0}^\infty (b^\mathrm{d})^{n+2} a(a+b)^n$$

和

$$\|(a+b)^\mathrm{d} - b^\mathrm{d}\| \leqslant \left[ \sum_{n=0}^\infty \|b^\mathrm{d}\|^{n+2} \|a\| \|a+b\|^n \right].$$

**证明** 首先, 假设 $b \in \mathcal{A}^\mathrm{qnil}$. 因此, 从 $b^\pi = 1$ 和 $ab = bab^\pi$ 得到 $ab = ba$. 用引理 1.2.1, $a + b \in \mathcal{A}^\mathrm{qnil}$ 和 (2.9.5) 满足. 现在我们假设 $b$ 不是拟幂零的, 且考虑 $a$ 和 $b$ 相关于 $p = bb^\mathrm{d}$ 的矩阵表达式. 我们有

$$b = \begin{pmatrix} b_1 & 0 \\ 0 & b_2 \end{pmatrix}_p \quad \text{和} \quad b^\mathrm{d} = \begin{pmatrix} b^\mathrm{d} & 0 \\ 0 & 0 \end{pmatrix}_p.$$

其中 $b_1 \in (p\mathcal{A}p)^{-1}$, $b_2 \in (\overline{p}\mathcal{A}\overline{p})^{\text{qnil}}$. 让我们表示

$$a = \begin{pmatrix} a_1 & a_2 \\ a_3 & a_4 \end{pmatrix}_p.$$

从 $ab = bab^{\pi}$ 和

$$ab = \begin{pmatrix} a_1 b_1 & a_2 b_2 \\ a_3 b_1 & a_4 b_2 \end{pmatrix}_p, \qquad bab^{\pi} = \begin{pmatrix} 0 & b_1 a_2 \\ 0 & b_2 a_4 \end{pmatrix}_p,$$

得到 $a_4 b_2 = b_2 a_4$, $a_1 b_1 = a_3 b_1 = 0$. 从引理 1.2.2 得到 $a_1 = a_3 = 0$. 因此有

$$a + b = \begin{pmatrix} b_1 & a_2 \\ 0 & a_4 + b_2 \end{pmatrix}_p.$$

现在求出 $a_4 + b_2$ 的广义 Drazin 逆: 首先, 观察到 $\|a_4\| = \|\overline{p}a\overline{p}\| \leqslant \|a\|$, 它鉴于 $a \in \mathcal{A}^{\text{qnil}}$, 导致 $a_4$ 的拟幂零性. 通过引理 1.2.1 得到 $a_4 + b_2 \in \mathcal{A}^{\text{qnil}}$, 因为 $a_4, b_2 \in \mathcal{A}^{\text{qnil}}$ 和 $a_4 b_2 = b_2 a_4$.

从引理 1.2.9, 则 $(a+b)^{\text{d}}$ 存在,

$$(a+b)^{\text{d}} = \begin{pmatrix} b^{\text{d}} & u \\ 0 & 0 \end{pmatrix}_p \quad \text{和} \quad u = \sum_{n=0}^{\infty} (b^{\text{d}})^{n+2} a_2 (a_4 + b_2)^n, \tag{2.9.17}$$

通过用 $b^{\text{d}}$, $a$ 和 $a+b$ 的矩阵表达式, 我们容易得到 $(b^{\text{d}})^{n+2} a(a+b)^n = (b_1^{\text{d}})^{n+2} a_2 (a_4 + b_2)^n$. 由此得出了定理的结论 (2.9.17).

**定理 2.9.6** 设 $a, b \in \mathcal{A}^{\text{d}}$. 若 $w = aa^{\text{d}}(a+b) \in \mathcal{A}^{\text{d}}$, $ab = bab^{\pi}$, 以及存在 $m, n \in \mathbb{N}$ 使得 $a^n b = ba^m$, 则 $a + b \in \mathcal{A}^{\text{d}}$ 和

$$(a+b)^{\text{d}} = w^{\text{d}} + \left( b^{\text{d}} + \sum_{n=0}^{\infty} (b^{\text{d}})^{n+2} a(a+b)^n \right) a^{\pi}.$$

**证明** 若 $a$ 是拟幂零的, 则应用定理 2.9.5. 因此, 首先假设 $a$ 既不是可逆的也不是拟幂零的, 考虑 $a$, $a^{\text{d}}$ 和 $b$ 在 (2.9.3) 给定的关于 $p = aa^{\text{d}}$ 的矩阵表达式.

从 $a^n b = ba^m$, 有

$$a_1^n b_1 = b_1 a_1^m, \quad a_1^n b_2 = b_2 a_2^m, \quad a_2^n b_3 = b_3 a_1^m, \quad a_2^n b_4 = b_4 a_2^m. \tag{2.9.18}$$

(2.9.18) 第二个等式隐含着 $a_1^{nk} b_2 = b_2 a_2^{mk}$, 对任意 $k \in \mathbb{N}^+$. 通过引理 1.2.2 得到 $b_2 = (a^{\text{d}})^{nk} b_2 a_2^{mk}$. 因此

$$\|b_2\|^{1/(mk)} \leqslant \|(a^{\text{d}})^{nk}\|^{1/(mk)} \|b_2\|^{1/(mk)} \|a_2^{mk}\|^{1/(mk)}.$$

因此, 若 $\beta$ 定义为 $\lim_{k\to\infty}\|b_2\|^{1/(mk)}$ 和 $\alpha$ 定义为 $\lim_{k\to\infty}\|(a^d)^{nk}\|^{1/(mk)}$, 则 $0 \leqslant \beta \leqslant \beta \alpha r(a_2)$. 回忆起 $a_2$ 是拟幂零的, 因此 $r(a_2) = 0$. 我们证明 $\beta = 0$, 或等价于 $b_2 = 0$. 类似地, 我们得到 $b_3 = 0$.

因此, $b$ 和 $a + b$ 可以被表示成

$$b = \begin{pmatrix} b_1 & 0 \\ 0 & b_4 \end{pmatrix}_p, \qquad a + b = \begin{pmatrix} a_1 + b_1 & 0 \\ 0 & a_2 + b_4 \end{pmatrix}_p. \tag{2.9.19}$$

从 $ab = bab^\pi$ 和

$$ab = \begin{pmatrix} a_1 b_1 & 0 \\ 0 & a_2 b_4 \end{pmatrix}_p, \qquad bab^\pi = \begin{pmatrix} b_1 a_1 b_1^\pi & 0 \\ 0 & b_4 a_2 b_4^\pi \end{pmatrix}_p,$$

得到 $a_2 b_4 = b_4 a_2 b_4^\pi$. 从定理 2.9.5 得到 $a_2 + b_4 \in \mathcal{A}^d$ 和

$$(a_2 + b_4)^d = b_4^d + \sum_{n=0}^\infty (b_4^d)^{n+2} a_2 (a_2 + b_4)^n. \tag{2.9.20}$$

通过利用 (2.9.3) 和 (2.9.19) 所给的形式, 我们容易得到 $b^d a^\pi = b_4^d$ 和 $[(b^d)^{n+2} a(a+b)^n]a^\pi = (b_4^d)^{n+2} a_2 (a_2 + b_4)^n$. 从 (2.9.19) 和 (2.9.20) 可得该定理的结论如下.

**定理 2.9.7** 设 $a, b \in \mathcal{A}^d$. 如果 $ab = baa^\pi b^\pi$ 和存在 $n, m \in \mathbb{N}^+$ 使得 $a^n b = ba^m$ 则 $a + b \in \mathcal{A}^d$,

$$(a+b)^d = a^d + b^d + \sum_{n=0}^\infty (b^d)^{n+2} a(a+b)^n$$

和

$$\|(a+b)^d - a^d\| \leqslant \|b^d\| + \left[\sum_{n=0}^\infty \|b^d\|^{n+2}\|a\|\|a+b\|^n\right].$$

**证明** 若 $a$ 是拟幂零的, 我们可以用定理 2.9.5. 因此, 我们假设 $a$ 既不是可逆的也不是拟幂零的, 且考虑 $a$, $a^d$ 和 $b$ 在 (2.9.3) 给定的关于 $p = aa^d$ 的矩阵表达式.

从 $a^n b = ba^m$ 和定理 2.9.6 得到 $b_2 = b_3 = 0$. 因为 $ab = baa^\pi b^\pi$,

$$ab = \begin{pmatrix} a_1 b_1 & 0 \\ 0 & a_2 b_4 \end{pmatrix}_p \quad \text{和} \quad baa^\pi b^\pi = \begin{pmatrix} 0 & 0 \\ 0 & b_4 a_2 b_4^\pi \end{pmatrix}_p,$$

容易得到 $a_2 b_4 = b_4 a_2 b_4^\pi$ 和 $a_1 b_1 = 0$. 从引理 1.2.2 和定理 2.9.5 得到 $b_1 = 0$, $a_2 + b_4 \in \mathcal{A}^d$ 和

$$(a_2 + b_4)^d = b_4^d + \sum_{n=0}^\infty (b_4^d)^{n+2} a_2 (a_2 + b_4)^n.$$

因此 $b$ 产生 $b_4$,

$$(a+b)^{\mathrm{d}} = \begin{pmatrix} a_1 & 0 \\ 0 & a_2+b_4 \end{pmatrix}_p^{\mathrm{d}} = a_1^{\mathrm{d}} + (a_2+b_4)^{\mathrm{d}} = a^{\mathrm{d}} + b^{\mathrm{d}} + \sum_{n=0}^{\infty} (b^{\mathrm{d}})^{n+2} a_2 (a_2+b_4)^n$$

和

$$(b^{\mathrm{d}})^{n+2} a(a+b)^n = \begin{pmatrix} 0 & 0 \\ 0 & (b^{\mathrm{d}})^{n+2} \end{pmatrix}_p \begin{pmatrix} a_1 & 0 \\ 0 & a_2 \end{pmatrix}_p \begin{pmatrix} a_1^n & 0 \\ 0 & (a_2+b_4)^n \end{pmatrix}_p.$$
$$= (b^{\mathrm{d}})^{n+2} a_2 (a_2+b_4)^n.$$

**定理 2.9.8**　设 $a, b \in \mathcal{A}$. 若 $a \in \mathcal{A}^{\mathrm{qnil}}$, $b \in \mathcal{A}^{\mathrm{d}}$ 满足 $w = bb^{\mathrm{d}}(a+b) \in \mathcal{A}^{\mathrm{d}}$ 和 $b^{\pi}ab = bab^{\pi}$, 则 $a+b \in \mathcal{A}^{\mathrm{d}}$ 和

$$(a+b)^{\mathrm{d}} = w^{\mathrm{d}}.$$

**证明**　让我们考虑 $a, b$ 和 $b^{\mathrm{d}}$ 关于 $p = bb^{\mathrm{d}}$ 的矩阵形式如下:

$$b = \begin{pmatrix} b_1 & 0 \\ 0 & b_2 \end{pmatrix}_p, \quad b^{\mathrm{d}} = \begin{pmatrix} b_1^{\mathrm{d}} & 0 \\ 0 & 0 \end{pmatrix}_p, \quad a = \begin{pmatrix} a_1 & a_2 \\ a_3 & a_4 \end{pmatrix}_p.$$

从 $b^{\pi}ab = bab^{\pi}$ 和

$$bab^{\pi} = \begin{pmatrix} 0 & b_1 a_2 \\ 0 & b_2 a_4 \end{pmatrix}_p, \quad b^{\pi}ab = \begin{pmatrix} 0 & 0 \\ a_3 b_1 & a_4 b_2 \end{pmatrix}_p,$$

得到 $a_4 b_2 = b_2 a_4$ 和 $a_3 b_1 = b_1 a_2 = 0$. 从引理 1.2.2 得到 $a_2 = a_3 = 0$. 因此有

$$a+b = \begin{pmatrix} a_1+b_1 & 0 \\ 0 & a_4+b_2 \end{pmatrix}_p$$

和

$$w = bb^{\mathrm{d}}(a+b) = \begin{pmatrix} p & 0 \\ 0 & 0 \end{pmatrix}_p \begin{pmatrix} a_1+b_1 & 0 \\ 0 & a_4+b_2 \end{pmatrix}_p = \begin{pmatrix} a_1+b_1 & 0 \\ 0 & 0 \end{pmatrix}_p = a_1+b_1.$$

通过引理 1.2.1, 有 $a_4 + b_2 \in \mathcal{A}^{\mathrm{qnil}}$, 因为 $a_4, b_2 \in \mathcal{A}^{\mathrm{qnil}}$ 和 $a_4 b_2 = b_2 a_4$. 因此 $(a+b)^{\mathrm{d}}$ 存在和

$$(a+b)^{\mathrm{d}} = \begin{pmatrix} a_1+b_1 & 0 \\ 0 & a_4+b_2 \end{pmatrix}_p^{\mathrm{d}} = \begin{pmatrix} (a_1+b_1)^{\mathrm{d}} & 0 \\ 0 & 0 \end{pmatrix}_p = w^{\mathrm{d}}.$$

下一个定理是定理 2.9.8 的推广.

**定理 2.9.9** 设 $a, b \in \mathcal{A}^d$ 使得 $e = bb^d(a+b) \in \mathcal{A}^d$. 若 $a^\pi b = b$, $b^\pi ab = bab^\pi$, 则 $a + b \in \mathcal{A}^d$ 和

$$(a+b)^d = a^d + e^d a^\pi - e^d ba^d + \left[1 - (a+b)e^d a^\pi\right] \sum_{n=0}^{\infty} (a+b)^n b(a^d)^{n+2}. \quad (2.9.21)$$

**证明** 若 $a$ 是拟幂零的, 我们可以应用定理 2.9.8. 因此, 我们假设 $a$ 既不是可逆的也不是拟幂零的和考虑在 (2.9.3) 中给定的 $a$, $a^d$ 和 $b$ 关于 $p = aa^d$ 的矩阵表达式. 因为 $a^\pi b = b$ 和

$$a^\pi b = \begin{pmatrix} 0 & 0 \\ 0 & a^\pi \end{pmatrix}_p \begin{pmatrix} b_1 & b_2 \\ b_3 & b_4 \end{pmatrix}_p = \begin{pmatrix} 0 & 0 \\ b_3 & b_4 \end{pmatrix}_p,$$

得到 $b_1 = b_2 = 0$. 我们利用条件 $b^\pi ab = bab^\pi$; 首先需要计算 $b^\pi$ 的矩阵形式. 从引理 1.2.9, 有

$$b^\pi = 1 - bb^d = \begin{pmatrix} p & 0 \\ 0 & \bar{p} \end{pmatrix}_p - \begin{pmatrix} 0 & 0 \\ b_3 & b_4 \end{pmatrix}_p \begin{pmatrix} 0 & 0 \\ (b_4^d)^2 b_3 & b_4^d \end{pmatrix}_p = \begin{pmatrix} p & 0 \\ -b_4^d b_3 & b_4^\pi \end{pmatrix}_p.$$

现在,

$$b^\pi ab = \begin{pmatrix} 0 & 0 \\ b_4^\pi a_2 b_3 & b_4^\pi a_2 b_4 \end{pmatrix}_p \quad \text{和} \quad bab^\pi = \begin{pmatrix} 0 & 0 \\ b_3 a_1 - b_4 a_2 b_4^d b_3 & b_4 a_2 b_4^\pi \end{pmatrix}_p.$$

这条件 $b^\pi ab = bab^\pi$ 隐含着 $b_4 a_2 b_4^\pi = b_4^\pi a_2 b_4$. 从定理 2.9.8 得到 $a_2 + b_4 \in \mathcal{A}^d$ 和 $(a_2 + b_4)^d = (b_4 b_4^d (a_2 + b_4))^d$. 因为

$$e = bb^d(a+b)$$

$$= \begin{pmatrix} 0 & 0 \\ b_3 & b_4 \end{pmatrix}_p \begin{pmatrix} 0 & 0 \\ (b_4^d)^2 b_3 & b_4^d \end{pmatrix}_p \begin{pmatrix} a_1 & 0 \\ b_3 & a_2 + b_4 \end{pmatrix}_p = \begin{pmatrix} 0 & 0 \\ b_4 b_4^d b_3 & b_4 b_4^d (a_2 + b_4) \end{pmatrix}_p,$$

所以得到 $(a_2 + b_4)^d = e^d a^\pi$.

应用引理 1.2.9, 则 $(a+b)^d$ 存在和

$$(a+b)^d = \begin{pmatrix} a_1^d & 0 \\ u & (a_2 + b_4)^d \end{pmatrix}_p,$$

其中

$$u = \sum_{n=0}^{\infty} (a_2 + b_4)^\pi (a_2 + b_4)^n b_3 (a_1^d)^{n+2} - (a_2 + b_4)^d b_3 a_1^d,$$

因为 $a_1^\pi = 0$.

我们也得到形式 $[b_4 b_4^{\mathrm{d}}(a_2+b_4)^{\mathrm{d}}]^{\mathrm{d}} = (a_2+b_4)^{\mathrm{d}}$, 再者, 我们标记了一个 $*$ 号, 它的确切表达式不需要计算,

$$1-(a+b)e^{\mathrm{d}}a^\pi = \begin{pmatrix} p & 0 \\ 0 & \overline{p} \end{pmatrix}_p - \begin{pmatrix} a_1 & 0 \\ b_3 & a_2+b_4 \end{pmatrix}_p \begin{pmatrix} 0 & 0 \\ * & b_4 b_4^{\mathrm{d}}(a_2+b_4) \end{pmatrix}_p^{\mathrm{d}} \begin{pmatrix} 0 & 0 \\ 0 & a^\pi \end{pmatrix}_p$$

$$= \begin{pmatrix} p & 0 \\ 0 & (a_2+b_4)^\pi \end{pmatrix}_p,$$

$$\begin{aligned}
&\left[1-(a+b)e^{\mathrm{d}}a^\pi\right](a+b)^n b(a^{\mathrm{d}})^{n+2} \\
&= \begin{pmatrix} p & 0 \\ 0 & (a_2+b_4)^\pi \end{pmatrix}_p \begin{pmatrix} a_1^n & 0 \\ * & (a_2+b_4)^n \end{pmatrix}_p \begin{pmatrix} 0 & 0 \\ b_3 & b_4 \end{pmatrix}_p \begin{pmatrix} (a^{\mathrm{d}})^{n+2} & 0 \\ 0 & 0 \end{pmatrix}_p \\
&= \begin{pmatrix} 0 & 0 \\ (a_2+b_4)^\pi (a_2+b_4)^n b_3 (a^{\mathrm{d}})^{n+2} & 0 \end{pmatrix}_p \\
&= (a_2+b_4)^\pi (a_2+b_4)^n b_3 (a^{\mathrm{d}})^{n+2}
\end{aligned}$$

和

$$e^{\mathrm{d}}ba^{\mathrm{d}} = \begin{pmatrix} 0 & 0 \\ * & (a_2+b_4)^{\mathrm{d}} \end{pmatrix}_p \begin{pmatrix} 0 & 0 \\ b_3 & b_4 \end{pmatrix}_p \begin{pmatrix} a^{\mathrm{d}} & 0 \\ 0 & 0 \end{pmatrix}_p$$

$$= \begin{pmatrix} 0 & 0 \\ (a_2+b_4)^{\mathrm{d}} b_3 a^{\mathrm{d}} & 0 \end{pmatrix}_p = (a_2+b_4)^{\mathrm{d}} b_3 a^{\mathrm{d}}.$$

通过直接计算可知 (2.9.21) 满足.

**定理 2.9.10**　设 $a,b \in \mathcal{A}^{\mathrm{d}}$ 是 $a^\pi b = 0$. 若 $w = aa^{\mathrm{d}}(a+b) \in \mathcal{A}^{\mathrm{d}}$, 则 $a+b \in \mathcal{A}^{\mathrm{d}}$ 和

$$(a+b)^{\mathrm{d}} = \left(w^{\mathrm{d}} + \sum_{n=0}^\infty (w^{\mathrm{d}})^{n+2}ba^n\right)aa^{\mathrm{d}}.$$

若 $v = (a+b)aa^{\mathrm{d}} \in \mathcal{A}^{\mathrm{d}}$, 则 $a+b \in \mathcal{A}^{\mathrm{d}}$ 和

$$(a+b)^{\mathrm{d}} = v^{\mathrm{d}} + \sum_{n=0}^\infty (v^{\mathrm{d}})^{n+2}ba^n aa^{\mathrm{d}}.$$

**证明**　让我们考虑在 (2.9.3) 给定的 $a$, $a^{\mathrm{d}}$ 和 $b$ 关于 $p = aa^{\mathrm{d}}$ 的矩阵表达式. 我们用条件 $a^\pi b = 0$, 因为

$$a^\pi b = \begin{pmatrix} 0 & 0 \\ 0 & \overline{p} \end{pmatrix}_p \begin{pmatrix} b_1 & b_2 \\ b_3 & b_4 \end{pmatrix}_p = \begin{pmatrix} 0 & 0 \\ b_3 & b_4 \end{pmatrix}_p = \begin{pmatrix} 0 & 0 \\ 0 & 0 \end{pmatrix}_p,$$

得到 $b_3 = b_4 = 0$. 因此有

$$a+b = \begin{pmatrix} a_1+b_1 & b_2 \\ 0 & a_2 \end{pmatrix}_p$$

和

$$w = aa^{\mathrm{d}}(a+b) = \begin{pmatrix} p & 0 \\ 0 & 0 \end{pmatrix}_p \begin{pmatrix} a_1+b_1 & b_2 \\ 0 & a_2 \end{pmatrix}_p = \begin{pmatrix} a_1+b_1 & b_2 \\ 0 & 0 \end{pmatrix}_p. \quad (2.9.22)$$

假定 $w \in \mathcal{A}^{\mathrm{d}}$, 由引理 1.2.9, 它满足 $(a+b)^{\mathrm{d}}$ 存在和

$$(a+b)^{\mathrm{d}} = \begin{pmatrix} (a_1+b_1)^{\mathrm{d}} & u \\ 0 & 0 \end{pmatrix}_p \quad \text{和} \quad u = \sum_{n=0}^{\infty} ((a_1+b_1)^{\mathrm{d}})^{n+2} b_2 a_2^n.$$

从 (2.9.22) 有 $w^{\mathrm{d}}aa^{\mathrm{d}} = (a_1+b_1)^{\mathrm{d}}$ 和 $(w^{\mathrm{d}})^{n+2}ba^n aa^{\mathrm{d}} = ((a_1+b_1)^{\mathrm{d}})^{n+2}b_1 a_1^n$. 这就是定理的第一部分. 第二部分可以类似证明.

**定理 2.9.11** 令 $\mathcal{A}$ 是一个 Banach 代数和, 令 $a, b \in \mathcal{A}^{\mathrm{d}}$, 若存在 $k, n, m \in \mathbb{N}$, $k > 1$ 使得 $a^n b = ba^m$ 和 $a^k b = ab$, 则 $a+b$ 是广义 Drazin 逆当且仅当 $w = aa^{\mathrm{d}}(a+b)$ 是广义 Drazin 逆. 在这种情况下,

$$(a+b)^{\mathrm{d}} = w^{\mathrm{d}} + \sum_{n=0}^{\infty} (b^{\mathrm{d}})^{n+1} a^n a^\pi.$$

**证明** 令 $p = aa^{\mathrm{d}}$. 我们表示 $a$, $a^{\mathrm{d}}$ 和 $b$ 为 (2.9.3) 的形式. 和证明定理 2.9.6 一样, 我们得到 $b_2 = b_3 = 0$. 由 $a^k b = ab$,

$$a^k b = \begin{pmatrix} a_1^k b_1 & 0 \\ 0 & a_2^k b_4 \end{pmatrix}_p \quad \text{和} \quad ab = \begin{pmatrix} a_1 b_1 & 0 \\ 0 & a_2 b_4 \end{pmatrix}_p.$$

得到 $a_2^k b_4 = a_2 b_4$. 归纳假设证明 $a_2^{r(k-1)+1} b_4 = a_2 b_4$, 对任意 $r \in \mathbb{N}$. 设 $m_r = r(k-1)+1$ 和 $k > 1$, 则 $\{a_2^{m_r}\}_{r=1}^{\infty}$ 是 $\{a_2^r\}_{r=1}^{\infty}$ 的子集合. 因为 $a_2$ 是拟幂零的, 所以

$$\|a_2 b_4\|^{1/m_r} = \|a_2^{m_r} b_4\|^{1/m_r} \leqslant \|a_2^{m_r}\|^{1/m_r} \|b_4\|^{1/m_r} \xrightarrow{r \to \infty} 0.$$

因此 $a_2 b_4 = 0$. 通过引理 1.2.1 得到 $a_2 + b_4 \in \mathcal{A}^{\mathrm{d}}$, 因为 $b_4 \in \mathcal{A}^{\mathrm{d}}$, $a_2 \in \mathcal{A}^{\mathrm{qnil}}$ 和 $a_2 b_4 = 0$. 而且, 由引理 1.2.7, 有

$$(a_2 + b_4)^{\mathrm{d}} = \sum_{n=0}^{\infty} (b_4^{\mathrm{d}})^{n+1} a_2^n.$$

因为

$$a + b = \begin{pmatrix} a_1 + b_1 & 0 \\ 0 & a_2 + b_4 \end{pmatrix}_p,$$

故有 $a+b \in \mathcal{A}^d$ 当且仅当 $a_1 + b_1 \in \mathcal{A}^d$. 而 $w = aa^d(a+b) = a_1 + b_1$. 若 $w \in \mathcal{A}^d$, 则

$$(a+b)^d = \begin{pmatrix} (a_1+b_1)^d & 0 \\ 0 & (a_2+b_4)^d \end{pmatrix}_p = w^d + \sum_{n=0}^{\infty} (b^d)^{n+1} a^n a^\pi.$$

证明了这个定理.

**定理 2.9.12**　设 $a, b \in \mathcal{A}^d$ 使得 $w = aa^d(a+b) \in \mathcal{A}^d$. 若 $ab^2 = b^2a$ 和 $aba^\pi = 0$. 则 $a+b \in \mathcal{A}^d$ 和

$$(a+b)^d = w^d + b^d a^\pi - b^d a^\pi b w^d$$
$$+ \sum_{n=0}^{\infty} (b^d)^{n+2} a^\pi b w^n w^\pi + b^\pi \sum_{n=0}^{\infty} (a+b)^n a^\pi b (w^d)^{n+2}.$$

**证明**　首先把 $a, a^d$ 和 $b$ 设为 (2.9.3) 的形式, 使 $p = aa^d$. 从 $aba^\pi = 0$ 和

$$aba^\pi = \begin{pmatrix} a_1 & 0 \\ 0 & a_2 \end{pmatrix}_p \begin{pmatrix} b_1 & b_2 \\ b_3 & b_4 \end{pmatrix}_p \begin{pmatrix} 0 & 0 \\ 0 & \bar{p} \end{pmatrix}_p = \begin{pmatrix} 0 & a_1 b_2 \\ 0 & a_2 b_4 \end{pmatrix}_p,$$

得到 $a_1 b_2 = a_2 b_4 = 0$. 考虑到引理 1.2.2, 我们得到 $b_2 = 0$. 因此

$$a + b = \begin{pmatrix} a_1 + b_1 & 0 \\ b_3 & a_2 + b_4 \end{pmatrix}_p.$$

隐含着 $a_2 + b_4 \in \mathcal{A}^d$, 因为 $a \in \mathcal{A}^{qnil}$, $b \in \mathcal{A}^d$ 和 $a_2 b_4 = 0$. 而且, 我们得到

$$(a_2+b_4)^d = \sum_{n=0}^{\infty} (b_4^d)^{n+1} a_2^n. \tag{2.9.23}$$

注意到

$$w = aa^d(a+b) = \begin{pmatrix} p & 0 \\ 0 & 0 \end{pmatrix}_p \begin{pmatrix} a_1+b_1 & 0 \\ b_3 & b_4+a_2 \end{pmatrix}_p = \begin{pmatrix} a_1+b_1 & 0 \\ 0 & 0 \end{pmatrix}_p.$$

由引理 1.2.9 得到

$$(a+b)^d = \begin{pmatrix} (a_1+b_1)^d & 0 \\ u & (a_2+b_4)^d \end{pmatrix}_p,$$

其中

$$u = \sum_{n=0}^{\infty} ((a_2 + b_4)^d)^{n+2} b_3 (a_1 + b_1)^n (a_1 + b_1)^\pi$$

$$+ \sum_{n=0}^{\infty} (a_2 + b_4)^\pi (a_2 + b_4)^n b_3 ((a_1 + b_1)^d)^{n+2} - (a_2 + b_4)^d b_3 (a_1 + b_1)^d.$$

因为 $ab^2 = b^2 a$, $a_2 b_4 = 0$,

$$ab^2 = \begin{pmatrix} a_1 b_1^2 & 0 \\ a_2(b_3 b_1 + b_4 b_3) & a_2 b_4^2 \end{pmatrix}_p \quad \text{和} \quad b^2 a = \begin{pmatrix} b_1^2 a_1 & 0 \\ (b_3 b_1 + b_4 b_3) a_1 & b_4^2 a_2 \end{pmatrix}_p,$$

故有 $b_4^2 a_2 = 0$. 因此, $b_4^d b_4^d a_2 = (b_4^d)^4 b_4^2 a_2 = (b_4^d)^4 a_2 b_4^2 = 0$. 因此由 (2.9.23) 得到

$$(a_2 + b_4)^d = b_4^d = b^d a^\pi.$$

从 $a_2 b_4 = 0$ 有 $a_2 b_4^d = a_2 b_4 (b_4^d)^2 = 0$. 因此

$$(a_2 + b_4)^\pi = \bar{p} - (a_2 + b_4)(a_2 + b_4)^d = \bar{p} - a_2 b_4^d - b_4 b_4^d = b_4^\pi.$$

通过直接计算验证

$$(a+b)^d = w^d + b^d a^\pi - b^d a^\pi b w^d$$

$$+ \sum_{n=0}^{\infty} (b^d)^{n+2} a^\pi b w^n w^\pi$$

$$+ b^\pi \sum_{n=0}^{\infty} (a+b)^n a^\pi b (w^d)^{n+2}.$$

若假设 $ab^2 a^\pi = ba^2$ 而不是 $ab^2 = b^2 a$, 我们得到 $(a+b)^d$ 一个更简单的表达式.

**定理 2.9.13** 设 $a, b \in \mathcal{A}^d$. 若 $ab^2 a^\pi = ba^2$ 和 $aba^\pi = 0$, 则 $a + b \in \mathcal{A}^d$ 和

$$(a+b)^d = a^d + b^d a^\pi$$

和

$$\|(a+b)^d - a^d\| \leqslant \|b^d\| \|a^\pi\|.$$

**证明** 定义 $p = aa^d$ 和 $a$, $a^d$ 与 $b$ 为 (2.9.3) 中的形式. 正如前面的定理, 有 $b_2 = 0$ 和 $a_2 b_4 = 0$. 因为

$$ab^2 a^\pi = \begin{pmatrix} 0 & 0 \\ 0 & a_2 b_4^2 \end{pmatrix}_p, \quad ba^2 = \begin{pmatrix} b_1 a_1^2 & 0 \\ b_3 a_1^2 & b_4 a_2^2 \end{pmatrix}_p.$$

故有 $0 = b_1 a_1^2 = b_3 a_1^2$ 和 $a_2 b_4^2 = b_4 a_2^2$. 从引理 1.2.2, 它遵循着 $b_1 = b_3 = 0$. 所以有 $b = b_4$.

通过引理 1.2.7 有 $(a_2 + b_4)^d = \sum\limits_{n=0}^{\infty} a_2^n (b_4^d)^{n+1}$. 从 $b_4 a_2^2 = a_2 b_4^2 = 0$ 得到 $a_2 b_4^d b_4^d = a_2 b_4^2 (b_4^d)^4 = 0$. 因此 $(a_2 + b_4)^d = b_4^d$ 和 $(a_2 + b_4)^\pi = b_4^\pi$. 从引理 1.2.9 得到 $a + b \in \mathcal{A}^d$ 和

$$
\begin{aligned}
(a+b)^d &= \begin{pmatrix} a_1 & 0 \\ 0 & a_2 + b_4 \end{pmatrix}_p^d \\
&= \begin{pmatrix} a^d & 0 \\ 0 & (a_2 + b_4)^d \end{pmatrix}_p = a^d + (a_2 + b_4)^d = a^d + b_4^d = a^d + b^d a^\pi.
\end{aligned}
$$

定理已经证明.

**定理 2.9.14**　设 $a \in \mathcal{A}^d$, $b \in \mathcal{A}^{\mathrm{qnil}}$. 若 $a^\pi b = b$ 和 $ba = aba^\pi$, 则 $a + b \in \mathcal{A}^d$ 和

$$(a + b)^d = a^d. \tag{2.9.24}$$

**证明**　若 $a \in \mathcal{A}^{\mathrm{qnil}}$, 则 $a^\pi = 1$ 和从 $ba = aba^\pi$ 则得到 $ab = ba$. 用引理 1.2.7, 得到 $a + b \in \mathcal{A}^{\mathrm{qnil}}$. 因此, (2.9.24) 满足. 可假设 $a$ 不是拟幂零和考虑由 (2.9.3) 给定关于 $p = aa^d$ 的 $a$, $a^d$ 和 $b$ 的矩阵表达式.

从 $a^\pi b = b$ 和

$$
a^\pi b = \begin{pmatrix} 0 & 0 \\ 0 & a^\pi \end{pmatrix}_p \begin{pmatrix} b_1 & b_2 \\ b_3 & b_4 \end{pmatrix}_p = \begin{pmatrix} 0 & 0 \\ b_3 & b_4 \end{pmatrix}_p,
$$

得到 $b_1 = b_2 = 0$. 从 $ba = aba^\pi$,

$$
aba^\pi = \begin{pmatrix} 0 & 0 \\ 0 & a_2 b_4 \end{pmatrix}_p, \quad ba = \begin{pmatrix} 0 & 0 \\ b_3 a_1 & b_4 a_2 \end{pmatrix}_p
$$

得到 $a_2 b_4 = b_4 a_2$ 和 $b_3 a_1 = 0$. 从引理 1.2.2, 得到 $b_3 = 0$. 因此, $b$ 和 $a + b$ 可以表示成

$$
b = \begin{pmatrix} 0 & 0 \\ 0 & b_4 \end{pmatrix}_p, \quad a + b = \begin{pmatrix} a_1 & 0 \\ 0 & a_2 + b_4 \end{pmatrix}_p. \tag{2.9.25}
$$

通过引理 1.2.7, 有 $a_2 + b_4 \in \mathcal{A}^{\mathrm{qnil}}$, 因为 $a_2, b_4 \in \mathcal{A}^{\mathrm{qnil}}$ 和 $a_2 b_4 = b_4 a_2$. 从 (2.9.25) 第二个等式得到 $(a + b)^d = a_1^d + (a_2 + b_4)^d = a^d$.

下面假设 $ab = a^\pi ba$ 而不是 $ab = ba$, 并得到 $(a + b)^d$ 的一个表达式.

**定理 2.9.15** 设 $a, b \in \mathcal{A}^d$. 若 $aa^\pi = aa^\pi b^\pi$ 和 $ab = a^\pi ba$, 则 $a + b \in \mathcal{A}^d$ 和

$$(a+b)^d = b^d a^\pi + b^\pi a^d + b^\pi \sum_{n=0}^{\infty}(a+b)^n b(a^d)^{n+2}.$$

**证明** 假设 $a$ 既不是可逆的也不是拟幂零的以及考虑 $a$, $a^d$ 和 $b$ 关于 $p = aa^d$ 给定 (2.9.3) 的矩阵形式.

从 $ab = a^\pi ba$,

$$ab = \begin{pmatrix} a_1 b_1 & a_1 b_2 \\ a_2 b_3 & a_2 b_4 \end{pmatrix}_p \quad \text{和} \quad a^\pi ba = \begin{pmatrix} 0 & 0 \\ b_3 a_1 & b_4 a_2 \end{pmatrix}_p,$$

得到 $a_2 b_4 = b_4 a_2$ 和 $a_1 b_1 = a_1 b_2 = 0$. 从引理 1.2.2 得到 $b_1 = b_2 = 0$. 因此, $b$ 可被表示成

$$b = \begin{pmatrix} 0 & 0 \\ b_3 & b_4 \end{pmatrix}_p.$$

因此, $b_4 \in (\bar{p}\mathcal{A}\bar{p})^d$ 和

$$b^d = \begin{pmatrix} 0 & 0 \\ (b_4^d)^2 b_3 & b_4^d \end{pmatrix}_p, \quad b^\pi = \begin{pmatrix} p & 0 \\ -b_4^d b_3 & b_4^\pi \end{pmatrix}_p. \tag{2.9.26}$$

从 $aa^\pi = aa^\pi b^\pi$,

$$aa^\pi = \begin{pmatrix} 0 & 0 \\ 0 & a_2 \end{pmatrix}_p, \quad aa^\pi b^\pi = \begin{pmatrix} 0 & 0 \\ -a_2 b_4^d b_3 & a_2 b_4^\pi \end{pmatrix}_p,$$

有 $a_2 b_4^\pi = a_2$, 也就是说, $a_2 b_4^d = 0$.

从 $a_2 b_4^\pi = a_2$ 和 $a_2 b_4 = b_4 a_2$ 得到 $a_2 + b_4 \in \mathcal{A}^d$ 和 $(a_2 + b_4)^d = b_4^d$. 因此 (我们也利用 $a_2 b_4^d = 0$),

$$(a_2 + b_4)^\pi = \bar{p} - (a_2 + b_4)(a_2 + b_4)^d = \bar{p} - a_2 b_4^d - b_4 b_4^d = \bar{p} - b_4 b_4^d = b_4^\pi.$$

从定理 1.2.9, 它遵循 $(a+b)^d$ 存在和

$$(a+b)^d = \begin{pmatrix} a_1^d & 0 \\ u & (a_2 + b_4)^d \end{pmatrix}_p,$$

$$u = b_4^\pi \sum_{n=0}^{\infty}(a_2 + b_4)^n b_3 (a_1^d)^{n+2} - b_4^d b_3 a_1^d,$$

注意到 $a_1^\pi = 0$.

由 (2.9.26) 给定的 $b^{\mathrm{d}}$ 的矩阵表达式, 得到 $b^{\mathrm{d}}a^\pi = b_4^{\mathrm{d}}$. 更深地, 通过相应的矩阵表达式, 容易证明

$$b^\pi(a+b)^n b(a^{\mathrm{d}})^{n+2} = b_4^\pi(a_2+b_4)^n b_3(a^{\mathrm{d}})^{n+2} \quad \text{和} \quad b^{\mathrm{d}}ba^{\mathrm{d}} = b_4^{\mathrm{d}}b_3 a^{\mathrm{d}}.$$

**定理 2.9.16**   设 $a,b \in \mathcal{A}^{\mathrm{d}}$. 如果存在 $k \in \mathbb{N}$, $k \geqslant 1$ 使得 $a^k b = ba^k$, $aa^\pi = ab^\pi$ 和 $ab = a^\pi ba$, 则 $a + b \in \mathcal{A}^{\mathrm{d}}$ 和

$$(a+b)^{\mathrm{d}} = a^{\mathrm{d}} + b^{\mathrm{d}}.$$

**证明**   由 (2.9.3) 有 $p = aa^{\mathrm{d}}$ 的 $a$, $a^{\mathrm{d}}$ 和 $b$ 的矩阵表达式. 应用 $a^k b = ba^k$, 得到 $a_1^{nk} b_2 = b_2 a_1^{nk}$ 对任意 $n \in \mathbb{N}$, 和应用引理 1.2.2 得到 $b_2 = (a_1^{\mathrm{d}})^{nk} b_2 a_1^{nk}$. 因此, $\|b_2\|^{1/nk} \leqslant \|(a^{\mathrm{d}})^{nk}\|^{1/nk}\|b_2\|^{1/nk}\|a_2^{nk}\|^{1/nk}$, 其中隐含着 $b_2 = 0$, 考虑到 $\lim_{m\to\infty}\|a_2^m\|^{1/m} = 0$ (因为 $a_2$ 是拟幂零的). 我们同样得到 $b_3 = 0$.

从 $ab = a^\pi ba$ 得到 $a_1 b_1 = 0$. 从引理 1.2.2 得到 $b_1 = 0$. 因此 $b$ 产生

$$b = \begin{pmatrix} 0 & 0 \\ 0 & b_4 \end{pmatrix}_p.$$

从 $aa^\pi = ab^\pi$ 得到 $a_2 = a_2 b_4^\pi$. 从 $a_2 b_4^\pi = a_2$ 和 $a_2 b_4 = b_4 a_2$, 由定理 1.2.3 得到 $a_2 + b_4 \in \mathcal{A}^{\mathrm{d}}$ 和 $(a_2 + b_4)^{\mathrm{d}} = b_4^{\mathrm{d}}$. 基于以上事实, 我们得到

$$(a+b)^{\mathrm{d}} = \begin{pmatrix} a_1^{\mathrm{d}} & 0 \\ 0 & (a_2+b_4)^{\mathrm{d}} \end{pmatrix}_p = a^{\mathrm{d}} + b^{\mathrm{d}}.$$

**定理 2.9.17**   设 $a,b \in \mathcal{A}^{\mathrm{d}}$ 使得 $w = aa^{\mathrm{d}}(a+b) \in \mathcal{A}^{\mathrm{d}}$. 若 $(1-a^\pi)ba^\pi = a^\pi ba$ 和 $ab^2 = b^2 a$, 则 $(a+b) \in \mathcal{A}^{\mathrm{d}}$ 和

$$(a+b)^{\mathrm{d}} = w^{\mathrm{d}} + a^\pi b^{\mathrm{d}}.$$

**证明**   我们考虑 $a$, $a^{\mathrm{d}}$ 和 $b$ 相对于 $p = aa^{\mathrm{d}}$ 给定的 (2.9.3) 的矩阵表达式. 从 $(1-a^\pi)ba^\pi = a^\pi ba$,

$$(1-a^\pi)ba^\pi = \begin{pmatrix} 0 & b_2 \\ 0 & 0 \end{pmatrix}_p, \quad a^\pi ba = \begin{pmatrix} 0 & 0 \\ b_3 a_1 & b_4 a_2 \end{pmatrix}_p$$

和引理 1.2.2, 得到 $b_2 = 0$, $b_3 = 0$ 和 $b_4 a_2 = 0$. 从引理 1.2.7 应用到 Banach 代数 $(\bar{p}\mathcal{A}\bar{p}, \odot)$ 和 $x \odot y = yx$ 得到 $a_2 + b_4 \in \mathcal{A}^{\mathrm{d}}$ 和 $(a_2 + b_4)^{\mathrm{d}} = b_4^{\mathrm{d}} + a_2(b_4^{\mathrm{d}})^2 + a_2^2(b_4^{\mathrm{d}})^3 + \cdots$. 从 $ab^2 = b^2 a$ 得到 $a_2 b_4^2 = b_4^2 a_2$. 因此, 考虑 $b_4 a_2 = 0$, 得到 $a_2(b_4^{\mathrm{d}})^2 = a_2 b_4^2(b_4^{\mathrm{d}})^4 = 0$, 则 $(a_2 + b_4)^{\mathrm{d}} = b_4^{\mathrm{d}}$. 因此有

$$a + b = \begin{pmatrix} a_1 + b_1 & 0 \\ 0 & a_2 + b_4 \end{pmatrix}_p.$$

故有 $a + b \in \mathcal{A}^{\mathrm{d}}$ 当且仅当 $a_1 + b_1 \in \mathcal{A}^{\mathrm{d}}$, 即 $(a+b)^{\mathrm{d}} = (a_1 + b_1)^{\mathrm{d}} + (a_2 + b_4)^{\mathrm{d}}$. 于是

$$w = aa^{\mathrm{d}}(a+b) = \begin{pmatrix} p & 0 \\ 0 & 0 \end{pmatrix}_p \begin{pmatrix} a_1 + b_1 & 0 \\ 0 & b_4 + a_2 \end{pmatrix}_p = \begin{pmatrix} a_1 + b_1 & 0 \\ 0 & 0 \end{pmatrix}_p.$$

## 2.10 在 $ab^2 = 0$ 下元素和的广义 Drazin 逆

本节考虑 $(a+b)^{\mathrm{d}}$ 的表示, 其中 $a, b$ 分别满足如下条件:

(1) $ab^2 = 0$, $a^\pi b = b$, $a^\pi b^\pi aba^\pi = 0$;

(2) $ab^2 = 0$, $a^\pi b^\pi ba = 0$;

(3) $ab^2 = 0$, $b^\pi ab = b^\pi ba$.

利用 $a, b, a^{\mathrm{d}}, b^{\mathrm{d}}$, 以及 $a + b$ 分别基于上述条件 (1)~(3), 本节给出 $(a+b)^{\mathrm{d}}$ 的表示.

**定理 2.10.1** 设 $a, b \in \mathcal{A}$ 为广义 Drazin 可逆且满足

$$ab^2 = 0, \quad a^\pi b = b, \quad a^\pi b^\pi aba^\pi = 0, \tag{2.10.1}$$

则

$$\begin{aligned}
(a+b)^{\mathrm{d}} &= a^{\mathrm{d}} + a^\pi \sum_{n=0}^{\infty} (a+b)^n b(a^{\mathrm{d}})^{(n+2)} b^\pi \left(1 - \sum_{n=0}^{\infty} (b^{\mathrm{d}})^{n+1} a(a+b)^n\right) \\
&\quad - a^\pi \left[b^{\mathrm{d}} + \sum_{n=0}^{\infty} (b^{\mathrm{d}})^{n+1} a(a+b)^n\right] ba^{\mathrm{d}} + a^\pi \left[b^{\mathrm{d}} + \sum_{n=0}^{\infty} (b^{\mathrm{d}})^{n+2} a(a+b)^n\right].
\end{aligned}$$

**证明** 设

$$a = \begin{pmatrix} a_1 & 0 \\ 0 & a_2 \end{pmatrix}_p, \quad b = \begin{pmatrix} b_3 & b_4 \\ b_1 & b_2 \end{pmatrix}_p \tag{2.10.2}$$

其中 $p = aa^{\mathrm{d}}$, $a_1$ 在代数 $p\mathcal{A}p$ 中可逆且 $a_2$ 在 $(1-p)\mathcal{A}(1-p)$ 中是拟幂零的. 因此, 有

$$a^{\mathrm{d}} = \begin{pmatrix} a_1^{-1} & 0 \\ 0 & 0 \end{pmatrix}_p, \quad aa^{\mathrm{d}} = \begin{pmatrix} 1 & 0 \\ 0 & 0 \end{pmatrix}_p, \quad a^\pi = \begin{pmatrix} 0 & 0 \\ 0 & 1 \end{pmatrix}_p. \tag{2.10.3}$$

由 $a^\pi b = b$, 得

$$a^\pi b = \begin{pmatrix} 0 & 0 \\ b_1 & b_2 \end{pmatrix}_p = \begin{pmatrix} b_3 & b_4 \\ b_1 & b_2 \end{pmatrix}_p.$$

即

$$b = \begin{pmatrix} 0 & 0 \\ b_1 & b_2 \end{pmatrix}_p, \qquad b_3 = b_4 = 0.$$

因此

$$(a+b)^{\mathrm{d}} = \begin{pmatrix} a_1^{-1} & 0 \\ u & (a_2+b_2)^{\mathrm{d}} \end{pmatrix}_p,$$

其中 $u = \sum\limits_{n=0}^{\infty} (a_2+b_2)^n b_1 a_1^{-(n+2)} (a_2+b_2)^{\pi} - (a_2+b_2)^{\mathrm{d}} b_1 a_1^{-1}$.

下面考虑 $(a_2+b_2)^{\mathrm{d}}$. 若

$$b_2 = \begin{pmatrix} b_{11} & 0 \\ 0 & b_{22} \end{pmatrix}_q, \qquad a_2 = \begin{pmatrix} a_{11} & a_{12} \\ a_{21} & a_{22} \end{pmatrix}_q, \tag{2.10.4}$$

其中 $q = b_2 b_2^{\mathrm{d}}$, $\mathcal{A}_1 = (1-p)\mathcal{A}(1-p)$, $b_{11}$ 在 $q\mathcal{A}_1 q$ 中可逆且 $b_{22}$ 在 $(1-q)\mathcal{A}_1(1-q)$ 中是拟幂零的.

由 (2.10.4) 有

$$b_2^{\mathrm{d}} = \begin{pmatrix} b_{11}^{-1} & 0 \\ 0 & 0 \end{pmatrix}_q, \qquad b_2^{\pi} = \begin{pmatrix} 0 & 0 \\ 0 & 1 \end{pmatrix}_q. \tag{2.10.5}$$

由 $ab^2 = 0$ 得 $a_2 b_2^2 = 0$ 且

$$a_2 b_2^2 = \begin{pmatrix} a_{11}b_{11}^2 & a_{12}b_{22}^2 \\ a_{21}b_{11}^2 & a_{22}b_{22}^2 \end{pmatrix}_q = 0. \tag{2.10.6}$$

即 $a_{11} = 0, a_{21} = 0$, 以及

$$a_2 = \begin{pmatrix} 0 & a_{12} \\ 0 & a_{22} \end{pmatrix}_q.$$

根据 (2.10.5), 得

$$a_2 b_2^{\pi} = \begin{pmatrix} 0 & a_{12} \\ 0 & a_{22} \end{pmatrix}_q = a_2.$$

另外, 由 $a^{\pi} b^{\mathrm{d}} a b a^{\pi} = 0$, 有 $b_2^{\pi} a_2 b_2 = 0$. 应用引理 1.2.6, 有

$$(a_2+b_2)^{\mathrm{d}} = b_2^{\mathrm{d}} + \sum_{n=0}^{\infty} (b_2^{\mathrm{d}})^{n+2} a_2 (a_2+b_2)^n. \tag{2.10.7}$$

因此, 根据 (2.10.7), 有

$$u = \sum_{n=0}^{\infty} (a_2 + b_2)^n b_1 a_1^{-(n+2)} \left\{ 1 - (a_2 + b_2)\left[ b_2^{\mathrm{d}} + \sum_{n=0}^{\infty} (b_2^{\mathrm{d}})^{n+2} a_2 (a_2 + b_2)^n \right] \right\}$$
$$- a_1^{-1} b_1 \left[ b_2^{\mathrm{d}} + \sum_{n=0}^{\infty} (b_2^{\mathrm{d}})^{n+2} a_2 (a_2 + b_2)^n \right].$$

所以, 有

$$(a + b)^{\mathrm{d}} = a^{\mathrm{d}} + a^{\pi} \sum_{n=0}^{\infty} (a + b)^n b (a^{\mathrm{d}})^{(n+2)} b^{\pi} \left[ 1 - \sum_{n=0}^{\infty} (b^{\mathrm{d}})^{n+1} a (a + b)^n \right]$$
$$- a^{\pi} \left[ b^{\mathrm{d}} + \sum_{n=0}^{\infty} (b^{\mathrm{d}})^{n+1} a (a + b)^n \right] b a^{\mathrm{d}} + a^{\pi} \left[ b^{\mathrm{d}} + \sum_{n=0}^{\infty} (b^{\mathrm{d}})^{n+2} a (a + b)^n \right].$$

**定理 2.10.2** 设 $a, b \in \mathcal{A}$ 是广义 Drazin 可逆的且满足

$$ab^2 = 0, \quad a^{\pi} b^{\pi} b a = 0, \tag{2.10.8}$$

则

$$(a + b)^{\mathrm{d}} = b^{\mathrm{d}} + \sum_{n=0}^{\infty} (b^{\mathrm{d}})^{(n+2)} a (a + b)^n b^{\pi} + b^{\pi} \left( a^{\mathrm{d}} + \sum_{n=0}^{\infty} (a^{\mathrm{d}})^{n+2} b (a^n + n a^{n-1} b) \right)$$
$$+ \left[ \sum_{n=0}^{\infty} (b^{\mathrm{d}})^{(n+2)} a (a + b)^n - b^{\mathrm{d}} a \right] b^{\pi} \left[ a^{\mathrm{d}} + \sum_{n=0}^{\infty} (a^{\mathrm{d}})^{n+2} b (a^n + n a^{n-1} b) \right].$$

**证明** 设

$$b = \begin{pmatrix} b_1 & 0 \\ 0 & b_2 \end{pmatrix}_p, \quad a = \begin{pmatrix} a_3 & a_1 \\ a_4 & a_2 \end{pmatrix}_p, \tag{2.10.9}$$

其中 $p = b b^{\mathrm{d}}$, $b_1$ 在 $p \mathcal{A} p$ 中可逆且在 $(1-p)\mathcal{A}(1-p)$ 中 $b_2$ 是拟幂零的. 因为 $ab^2 = 0$, 以及

$$ab^2 = \begin{pmatrix} a_3 & a_1 \\ a_4 & a_2 \end{pmatrix}_p \begin{pmatrix} b_1^2 & 0 \\ 0 & b_2^2 \end{pmatrix}_p = 0,$$

则 $a_3 = a_4 = 0$, $a_2 b_2^2 = 0$, 以及

$$a = \begin{pmatrix} 0 & a_1 \\ 0 & a_2 \end{pmatrix}_p.$$

因此

$$(a+b)^{\mathrm{d}} = \begin{pmatrix} b_1^{-1} & u \\ 0 & (a_2+b_2)^{\mathrm{d}} \end{pmatrix}_p,$$

其中 $u = \sum\limits_{n=0}^{\infty} b_1^{-(n+2)} a_1 (a_2+b_2)^n (a_2+b_2)^{\pi} - b_1^{-1} a_1 (a_2+b_2)^{\mathrm{d}}$.

下面我们考虑 $(a_{22}+b_2)^{\mathrm{d}}$. 假设

$$a_2 = \begin{pmatrix} a_{11} & 0 \\ 0 & a_{22} \end{pmatrix}_q, \quad b_2 = \begin{pmatrix} b_{11} & b_{12} \\ b_{21} & b_{22} \end{pmatrix}_q, \tag{2.10.10}$$

其中 $q = a_2 a_2^{\mathrm{d}}$, $\mathcal{A}_1 = (1-p)\mathcal{A}(1-p)$, $a_1$ 在 $q\mathcal{A}_1 q$ 中是可逆的且 $a_2$ 在 $(1-q)\mathcal{A}_1(1-q)$ 中是拟幂零的. 因此

$$a^{\pi} = 1 - aa^{\mathrm{d}} = \begin{pmatrix} 1 & -a_2^{\mathrm{d}} a_1 \\ 0 & a_2^{\pi} \end{pmatrix}_p. \tag{2.10.11}$$

因为 $b^{\pi} a^{\pi} ba = 0$ 且由 (2.10.10) 和 (2.10.11), 有 $a_2^{\pi} b_2 a_2 = 0$, 以及

$$a_2^{\pi} b_2 a_2 (1 - a_2^{\pi}) = 0.$$

注意到 $b_{21} = 0$ 且由 $a_2 b_2^2 = 0$, 有 $b_{11} = 0$ 和

$$b_2 = \begin{pmatrix} 0 & b_{12} \\ 0 & b_{22} \end{pmatrix}_q.$$

因此, 有 $a_2^{\pi} b_2 = b_2$. 由引理 1.2.6,

$$(a_2+b_2)^{\mathrm{d}} = a_2^{\mathrm{d}} + \sum_{n=0}^{\infty} (a_2^{\mathrm{d}})^{n+2} b_2 (a_2+b_2)^n. \tag{2.10.12}$$

最终, 有

$$(a+b)^{\mathrm{d}} = b^{\mathrm{d}} + \sum_{n=0}^{\infty} (b^{\mathrm{d}})^{(n+2)} a(a+b)^n b^{\pi} + b^{\pi} \left( a^{\mathrm{d}} + \sum_{n=0}^{\infty} (a^{\mathrm{d}})^{n+2} b(a^n + na^{n-1}b) \right)$$
$$+ \left[ \sum_{n=0}^{\infty} (b^{\mathrm{d}})^{(n+2)} a(a+b)^n - b^{\mathrm{d}} a \right] b^{\pi} \left[ a^{\mathrm{d}} + \sum_{n=0}^{\infty} (a^{\mathrm{d}})^{n+2} b(a^n + na^{n-1}b) \right].$$

**定理 2.10.3**　设 $a, b \in \mathcal{A}$ 为广义 Drazin 可逆且满足

$$ab^2 = 0, \quad b^{\pi} ab = b^{\pi} ba, \tag{2.10.13}$$

则

$$
\begin{aligned}
(a+b)^{\mathrm{d}} = {} & b^{\mathrm{d}} + b^\pi \sum_{n=0}^{\infty} (a^{\mathrm{d}} b)^n a^\pi + \sum_{n=0}^{\infty} (b^{\mathrm{d}})^{(n+2)} a b^\pi a^n \\
& + \sum_{n=0}^{\infty} (b^{\mathrm{d}})^{(n+2)} a b^\pi a^n \left[ b^\pi (a+b) \sum_{n=0}^{\infty} (a^{\mathrm{d}} b)^n \right] a^\pi \\
& - \sum_{n=0}^{\infty} (b^{\mathrm{d}})^{(n+2)} a b^\pi a^{n-1} \left[ b^\pi b \sum_{n=0}^{\infty} a (a^{\mathrm{d}} b)^{n-1} a^\pi \right] \\
& - b^\pi b a \sum_{n=0}^{\infty} (a^{\mathrm{d}} b)^n a^\pi.
\end{aligned}
$$

**证明** 设

$$
b = \begin{pmatrix} b_1 & 0 \\ 0 & b_2 \end{pmatrix}_p, \quad a = \begin{pmatrix} a_3 & a_1 \\ a_4 & a_2 \end{pmatrix}_p, \tag{2.10.14}
$$

其中 $p = bb^{\mathrm{d}}$, $b_1$ 在 $p\mathcal{A}p$ 中可逆且 $b_2$ 在 $(1-p)\mathcal{A}(1-p)$ 中是拟幂零的.

由 $ab^2 = 0$ 和 (2.10.14), 有 $a_3 = a_4 = 0$ 和

$$
a = \begin{pmatrix} 0 & a_1 \\ 0 & a_2 \end{pmatrix}_p, \quad (a+b)^{\mathrm{d}} = \begin{pmatrix} b_1^{-1} & u \\ 0 & (a_2+b_2)^{\mathrm{d}} \end{pmatrix}_p,
$$

其中 $u$ 如定理 2.10.2 给出.

类似定理 2.10.1 和定理 2.10.2, 讨论 $(a_2+b_2)^{\mathrm{d}}$. 根据 $b^\pi ab = b^\pi ba$, 有 $a_2 b_2 = b_2 a_2$. 设

$$
a_2 = \begin{pmatrix} a_{11} & 0 \\ 0 & a_{22} \end{pmatrix}_q, \quad b_2 = \begin{pmatrix} b_{11} & b_{12} \\ b_{21} & b_{22} \end{pmatrix}_q, \tag{2.10.15}
$$

其中 $q = a_2 a_2^{\mathrm{d}}$, $a_{11}, a_{22}$ 分别是 $q\mathcal{A}_1 q$ 中的可逆和 $(1-q)\mathcal{A}_1(1-q)$ 中的拟幂零. 因此, 有

$$
a_2^{\mathrm{d}} = \begin{pmatrix} a_{11}^{-1} & 0 \\ 0 & 0 \end{pmatrix}_q, \quad b_2 = \begin{pmatrix} b_{11} & 0 \\ 0 & b_{22} \end{pmatrix}_q,
$$

其中 $b_{11}, b_{22}$ 都是拟幂零的. 由引理 1.2.4, 有

$$
(a_2+b_2)^{\mathrm{d}} = \begin{pmatrix} (a_{11}+b_{11})^{-1} & 0 \\ 0 & 0 \end{pmatrix}_q = \sum_{n=0}^{\infty} (a_2^{\mathrm{d}} b_2)^n a_2^\pi. \tag{2.10.16}
$$

**定理 2.10.4** 若 $a,b \in \mathcal{A}$ 为广义 Drazin 可逆且满足 $ab^2 = 0, b^\pi a^2 = 0$, 则

$$(a+b)^{\mathrm{d}} = b^{\mathrm{d}} + \sum_{n=0}^{\infty} b^{-(n+2)} a(a+b)^n (a+b)^\pi - b^{\mathrm{d}} a(a+b)^{\mathrm{d}}.$$

**证明** 类似定理 2.10.1～定理 2.10.3, 由 $ab^2 = 0$, 得 $a_2 b_2^2 = 0$, 且

$$a = \begin{pmatrix} 0 & a_1 \\ 0 & a_2 \end{pmatrix}_p, \qquad b = \begin{pmatrix} b_1 & 0 \\ 0 & b_2 \end{pmatrix}_p,$$

其中 $b_1$ 和 $b_2$ 分别可逆和拟幂零. 因此, 有

$$(a+b)^{\mathrm{d}} = \begin{pmatrix} b_1^{-1} & u \\ 0 & (a_2+b_2)^{\mathrm{d}} \end{pmatrix}_p,$$

其中

$$u = \sum_{n=0}^{\infty} b_1^{-(n+2)} a_1 (a_2+b_2)^n (a_2+b_2)^\pi - b_1^{-1} a_1 (a_2+b_2)^{\mathrm{d}}.$$

由 $b^\pi a^2 = 0$, 有 $a_2^2 = 0$. 由引理 1.2.5, 得

$$(a_2+b_2)^{\mathrm{d}} = 0. \tag{2.10.17}$$

**推论 2.10.1** 设 $a,b \in \mathcal{A}$, $a$ 为广义 Drazin 可逆且 $b$ 为群可逆且满足 $ab^2 = 0$, 则

$$(a+b)^{\mathrm{d}} = b^\sharp + a^{\mathrm{d}} + \sum_{n=0}^{\infty} (b^{\mathrm{d}})^{(n+2)} ab^\pi a^n a^\pi - b^{\mathrm{d}} aa^{\mathrm{d}}.$$

**证明** 类似定理 2.10.4 的证明, 由 $ab^2 = 0$, 得

$$(a+b) = \begin{pmatrix} b_1 & a_1 \\ 0 & a_2 \end{pmatrix}_p.$$

由引理 1.2.5, 则结论成立.

**定理 2.10.5** 设 $a,b \in \mathcal{A}$ 为广义 Drazin 可逆且满足 $aba = 0, ab^2 = 0$, 则

$$(a+b)^{\mathrm{d}} = b^\pi \sum_{n=0}^{\infty} b^n (a^{\mathrm{d}})^{n+1} + \sum_{n=0}^{\infty} (b^{\mathrm{d}})^{n+1} a^n a^\pi + b^\pi \sum_{n=0}^{\infty} b^n (a^{\mathrm{d}})^{n+2} b$$

$$+ \sum_{n=0}^{\infty} (b^{\mathrm{d}})^{n+3} a^{n+1} a^\pi b - b^{\mathrm{d}} a^{\mathrm{d}} b - (b^{\mathrm{d}})^2 aa^{\mathrm{d}} b.$$

**证明** 因为 $ab^2 = 0$ 且 $a, b$ 有矩阵形式如 (2.10.2), 则

$$(a+b)^{\mathrm{d}} = \begin{pmatrix} b_1^{-1} & u \\ 0 & (a_2 + b_2)^{\mathrm{d}} \end{pmatrix}_p.$$

其中 $u$ 如定理 2.10.2 中所取.

由 $aba = 0$, 有 $a_2 b_2 b_2 = 0$. 若

$$a_2 = \begin{pmatrix} a_{11} & 0 \\ 0 & a_{22} \end{pmatrix}_q, \quad b_2 = \begin{pmatrix} b_{11} & b_{12} \\ b_{21} & b_{22} \end{pmatrix}_q,$$

其中 $q = a_2 a_2^{\mathrm{d}}$, $a_{11}$ 可逆和 $a_{22}$ 是拟幂零的. 由 $a_2 b_2 b_2 = 0$, 容易得 $b_{11} = 0, b_{12} a_{22} = 0$. 利用 $ab^2 = 0$, 即 $a_2 b_2^2 = 0$, 则 $b_{12} b_{21} = 0$ 和 $b_{12} b_{22} = 0$. 对于

$$\begin{aligned} (a_2 + b_2) &= \begin{pmatrix} a_{11} & b_{12} \\ b_{21} & a_{22} + b_{22} \end{pmatrix}_q \\ &= \begin{pmatrix} 0 & b_{12} \\ 0 & 0 \end{pmatrix}_q + \begin{pmatrix} a_{11} & 0 \\ b_{21} & a_{22} + b_{22} \end{pmatrix}_q = x + y, \end{aligned}$$

然而 $xy = 0$, 则得证.

## 2.11 Banach 代数上 $a_1 + a_2 + \cdots + a_n$ 的群逆表示

在 [19] 中有如下结果: 若 $T_1, T_2 \in \mathbb{C}^{n \times n}$ 是 $k$ 次幂等矩阵, $k > 1$, 且 $T_1 T_2 = 0$, $c_1, c_2$ 为非零复数, 则 $c_1 T_1 + c_2 T_2$ 群可逆且

$$(c_1 T_1 + c_2 T_2)^{\sharp} = c_1^{-1}(I_n - T_2^{k-1}) T_1^{k-2} + c_2^{-1} T_2^{k-2}(I_n - T_1^{k-1}). \tag{2.11.1}$$

在证明过程中作者用了分块矩阵和对角矩阵的谱理论. 在无限维空间推广了 (2.11.1) 的结果, 先给出下面定理:

**定理 2.11.1** 设 $\mathcal{A}$ 是单位为 1 的 Banach 代数, $a \in \mathcal{A}$, 则下面条件等价:

(i) 存在唯一的幂等元 $p$ 满足 $a + p \in \mathcal{A}^{-\infty}$ 且 $ap = pa = 0$.

(ii) $a \in \mathcal{A}^{\sharp}$.

我们将满足定理 2.11.1(i) 中条件的唯一幂等元记为 $a^{\pi}$, 对任意 $a \in \mathcal{A}^{\sharp}$, 有 $aa^{\pi} = a^{\pi}a = 0$ 且

$$a^{\pi} = 1 - aa^{\sharp} = 1 - a^{\sharp}a, \quad a^{\sharp} = (a + a^{\pi})^{-1} - a^{\pi}, \tag{2.11.2}$$

$a^{\pi}$ 称为 $a$ 的谱幂等.

注意到若 $T \in \mathbb{C}^{n \times n}$ 是 $k$ 次幂等矩阵, $k > 1$, 则 $T$ 是群可逆的且 $T^\sharp = T^{k-2}$, 另外由 (2.11.2) 有 $T^{k-1} = TT^{k-2} = TT^\sharp = I_n - T^\pi$, 容易验证若 $A$ 群可逆, $c$ 是非零复数, 则 $(cA)^\sharp = c^{-1}A^\sharp$, 所以 (2.11.1) 可以写成

$$(c_1T_1 + c_2T_2)^\sharp = T_2^\pi(c_1T_1)^\sharp + (c_2T_2)^\sharp T_1^\pi.$$

**定理 2.11.2**　设 $\mathcal{A}$ 是单位为 1 的 Banach 代数, 若 $a, b \in \mathcal{A}^\sharp$ 满足 $ab = 0$, 则 $a + b \in \mathcal{A}^\sharp$ 且

$$(a + b)^\sharp = b^\pi a^\sharp + b^\sharp a^\pi.$$

**证明**　令 $x = b^\pi a^\sharp + b^\sharp a^\pi$, 下面只需证 $(a+b)x = x(a+b), (a+b)x(a+b) = a+b$, 及 $x(a+b)x = x$. 首先注意到 $a^\sharp b = 0$(因为 $a^\sharp b = a^\sharp aa^\sharp b = (a^\sharp)^2 ab = 0$), $a^\pi b = b$(因为 $a^\pi b = (1 - aa^\sharp)b = b$), $ab^\sharp = 0$(因为 $ab^\sharp = ab^\sharp bb^\sharp = ab(b^\sharp)^2 = 0$) 和 $ab^\pi = a$(因为 $ab^\pi = a(1 - bb^\sharp) = a$)

所以

$$(a + b)x = (a + b)(b^\pi a^\sharp + b^\sharp a^\pi) = ab^\pi a^\sharp + ab^\sharp a^\pi + bb^\pi a^\sharp + bb^\sharp a^\pi = aa^\sharp + bb^\sharp a^\pi,$$

且

$$x(a + b) = (b^\pi a^\sharp + b^\sharp a^\pi)(a + b) = b^\pi a^\sharp a + b^\pi a^\sharp b + b^\sharp a^\pi a + b^\sharp a^\pi b$$
$$= b^\pi a^\sharp a + b^\sharp b = (1 - bb^\sharp)a^\sharp a + b^\sharp b = a^\sharp a + bb^\sharp(1 - a^\sharp a) = a^\sharp a + bb^\sharp a^\pi.$$

于是证得 $(a + b)x = x(a + b)$. 另外,

$$(a + b)x(a + b) = (a^\sharp a + bb^\sharp a^\pi)(a + b) = a^\sharp a^2 + a^\sharp ab + bb^\sharp a^\pi a + bb^\sharp a^\pi b = a + b$$

及

$$x(a + b)x = (b^\pi a^\sharp + b^\sharp a^\pi)(a^\sharp a + bb^\sharp a^\pi)$$
$$= b^\pi(a^\sharp)^2 a + b^\pi a^\sharp bb^\sharp a^\pi + b^\sharp a^\pi a^\sharp a + b^\sharp a^\pi bb^\sharp a^\pi = b^\pi a^\sharp + b^\sharp a^\pi.$$

**推论 2.11.1**　设 $\mathcal{A}$ 是单位为 1 的 Banach 代数, 若 $a, b \in \mathcal{A}^\sharp$ 满足 $ab = 0$, 则 $a + b \in \mathcal{A}^\sharp$ 且

$$(a + b)^\sharp = a^\sharp + b^\sharp.$$

**证明**　由定理 2.11.2 可得 $a + b \in \mathcal{A}^\sharp$, 且

$$(a + b)^\sharp = b^\pi a^\sharp + b^\sharp a^\pi,$$

另外由 $ba = 0$ 有 $ba^\sharp = ba^\sharp aa^\sharp = ba(a^\sharp)^2 = 0, b^\sharp a = 0$, 于是 $b^\pi a^\sharp = (1 - b^\sharp b)a^\sharp = a^\sharp$, $b^\sharp a^\pi = b^\sharp(1 - aa^\sharp) = b^\sharp$. 所以推论成立.

利用归纳法我们有

**定理 2.11.3**  设 $a_1, a_2, \cdots, a_n$ 为一个代数中的群可逆元, 若 $a_i a_j = 0$, 对 $i < j$ 和 $i, j \in \{1, 2, \cdots, n\}$ 成立, 则 $a_1 + \cdots + a_n \in \mathcal{A}^\sharp$ 且

$$(a_1 + \cdots + a_n)^\sharp = a_n^\pi \cdots a_2^\pi a_1^\sharp + a_n^\pi \cdots a_3^\pi a_2^\sharp a_1^\pi + \cdots + a_n^\pi a_{n-1}^\sharp a_{n-2}^\pi \cdots a_1^\pi + a_n^\sharp a_{n-1}^\pi \cdots a_1^\pi.$$

**推论 2.11.2**  设 $a_1, a_2, \cdots, a_n$ 为 Banach 代数的群可逆元, 若对 $i \neq j, i, j \in \{1, 2, \cdots, n\}$, 有 $a_i a_j = 0$, 则 $a_1 + \cdots + a_n \in \mathcal{A}^\sharp$ 且

$$(a_1 + \cdots + a_n)^\sharp = a_1^\sharp + a_2^\sharp + \cdots + a_{n-1}^\sharp + a_n^\sharp.$$

## 2.12  Banach 空间上 $A - CB$ 的广义 Drazin 逆

邓春源在 [83] 中得到了 $A - XB$ 的 Moore-Penrose 逆和广义 Drazin 逆的表示: 若 $A$ 广义 Drazin 可逆, 存在一个幂等算子 $P$ 使得 $AP = PA$ 且 $PX = 0$, 则 $A - XB$ 广义 Drazin 可逆且

$$(A - XB)^{\mathrm{d}} = R^{\mathrm{d}} + PA^{\mathrm{d}} + R^{\mathrm{d}} XBPA^{\mathrm{d}} - R^\pi \sum_{n=0}^{\infty} (A - CB)^n XBP(A^{\mathrm{d}})^{n+2}$$

$$+ \sum_{n=0}^{\infty} (R^{\mathrm{d}})^{n+2} XBPA^n A^\pi.$$

Djordjević 和魏益民在 [99] 中给出了 $A - H$ 的广义 Drazin 逆的表示: 若 $A$ 是广义 Drazin 可逆的, 存在一个幂等算子 $F$ 使得 $FH = H$, 若 $R = (A - H)F$ 广义 Drazin 可逆, 则 $A - H$ 广义 Drazin 可逆且

$$(A - H)^{\mathrm{d}} = R^{\mathrm{d}} + (I + R^{\mathrm{d}} H)(I - F)A^{\mathrm{d}} + \sum_{n=0}^{\infty} (R^{\mathrm{d}})^{n+2} HA^n A^\pi$$

$$+ R^\pi \sum_{n=0}^{\infty} (A - H)^n H(I - F)(A^{\mathrm{d}})^{n+2}.$$

上述两位作者给出的 $F$ 和 $P$ 都必须幂等, 而本节我们将给出存在任意一个 $P \in \mathcal{B}(\mathcal{X})$ 使得 $AP = PAP$ 和 $BP = 0$. 若 $R = (I - P)(A - CB)$ 和 $AP$ 广义 Drazin 可逆, 则 $A - CB$ 广义 Drazin 可逆, 并且得到 $(A - CB)^{\mathrm{d}}$ 的表示.

**定理 2.12.1**  设 $A \in \mathcal{B}(\mathcal{X})$ 广义 Drazin 可逆, $C \in \mathcal{B}(\mathcal{Y}, \mathcal{X})$ 和 $B \in \mathcal{B}(\mathcal{Y}, \mathcal{X})$. 若存在一个 $P \in \mathcal{B}(\mathcal{X})$ 使得 $AP = PAP$ 和 $BP = 0$. 若 $R = (I - P)(A - CB)$ 和

$AP$ 广义 Drazin 可逆, 则 $A - CB$ 广义 Drazin 可逆, 且

$$(A - CB)^{\mathrm{d}} = \left[ \sum_{n=0}^{\infty} ((AP)^{\mathrm{d}})^{n+1} (R^n + VR^{n-1} + V^2 R^{n-2}) \right] R^{\pi}$$
$$- (AP)^{\mathrm{d}} [VR^{\mathrm{d}} + V^2 (R^{\mathrm{d}})^2 + (AP)^{\mathrm{d}} V^2 R^{\mathrm{d}}]$$
$$+ (AP)^{\pi} \sum_{n=0}^{\infty} (AP)^n ((R^{\mathrm{d}})^{n+1} + V(R^{\mathrm{d}})^{n+2} + V^2 (R^{\mathrm{d}})^{n+3}), \quad (2.12.1)$$

其中 $V = PA - PCB - AP$, 当 $j < 0$ 时, $V^i R^j = 0, i = 1, 2$.

　　**证明**　令 $S := AP$, $T := (A - CB)(I - P)$. 则

$$TS = (A - CB)(I - P)AP = 0, \quad\quad\quad (2.12.2)$$
$$RP = (I - P)(A - CB)P = 0, \quad\quad\quad (2.12.3)$$
$$A - CXB = AP + A(I - P) - CB(I - P) = S + T. \quad\quad (2.12.4)$$

又 $AP = PAP, BP = 0$. 由引理 1.2.5 得

$$(T + S)^{\mathrm{d}} = S^{\pi} \sum_{n=0}^{\infty} S^n (T^{\mathrm{d}})^{n+1} + \sum_{n=0}^{\infty} (S^{\mathrm{d}})^{n+1} T^n T^{\pi}.$$

　　下面, 我们将先推出 $T^{\mathrm{d}}$, $T^n$ 和 $T^{\mathrm{d}^n}$ 的表示.

　　首先给出 $T^{\mathrm{d}}$, $T = R + PA - PCB - PAP = R + V$. 因为 $V = PA - CB - AP$, 则 $VP = PAP - AP^2 = PAP(I - P)$,

$$V^2 P = (PA - CB - AP)PAP(I - P) = (PAPAP - APPAP)(I - P) = 0,$$

$V^n = 0$, 其中 $n > 2$. 所以 $V^{\mathrm{d}}$ 存在且 $V^{\mathrm{d}} = 0$. 由 (2.12.3), $RV = RP(A - CB - AP) = 0$, 得 $R^{\mathrm{d}} V = R^{\mathrm{d}} R^{\mathrm{d}} RV = 0$. 由引理 1.2.5, 有

$$T^{\mathrm{d}} = (R + V)^{\mathrm{d}} = R^{\mathrm{d}} + V(R^{\mathrm{d}})^2 + V^2 (R^{\mathrm{d}})^3,$$
$$TT^{\mathrm{d}} = RR^{\mathrm{d}} + VR^{\mathrm{d}} + V^2 (R^{\mathrm{d}})^2.$$

当 $k \geqslant 1$, $R(R + V)^k = R^{k+1}$, $V^2 (R + V)^k = V^2 R^k$,

$$T^n = (R + V)^n = (R^2 + VR + V^2)(R + V)^{n-2} = R^n + VR^{n-1} + V^2 R^{n-2}, \ n \geqslant 2.$$

　　由 $R^{\mathrm{d}} V = 0$, 易得

$$(T^{\mathrm{d}})^n = [R^{\mathrm{d}} + V(R^{\mathrm{d}})^2 + V^2 (R^{\mathrm{d}})^3]^n = (R^{\mathrm{d}})^n + V(R^{\mathrm{d}})^{n+1} + V^2 (R^{\mathrm{d}})^{n+2}.$$

因此

$$\left(\sum_{n=0}^{\infty}(S^{\mathrm{d}})^{n+1}T^n\right)T^{\pi}$$

$$=(AP)^{\mathrm{d}}[I+(AP)^{\mathrm{d}}(R+V)+((AP)^{\mathrm{d}})^2(R^2+VR+V^2)]$$

$$\times(R^{\pi}-VR^{\mathrm{d}}-V^2(R^{\mathrm{d}})^2)+\sum_{n=3}^{\infty}((AP)^{\mathrm{d}})^{n+1}(R^n+VR^{n-1}+V^2R^{n-2})R^{\pi}$$

$$=(AP)^{\mathrm{d}}[I+(AP)^{\mathrm{d}}(R+V)+((AP)^{\mathrm{d}})^2(R^2+VR+V^2)]R^{\pi}-(AP)^{\mathrm{d}}(VR^{\mathrm{d}}$$

$$+V^2(R^{\mathrm{d}})^2+(AP)^{\mathrm{d}}V^2R^{\mathrm{d}})+\sum_{n=3}^{\infty}((AP)^{\mathrm{d}})^{n+1}(R^n+VR^{n-1}+V^2R^{n-2})R^{\pi}$$

和

$$S^{\pi}\sum_{n=0}^{\infty}S^n(T^{\mathrm{d}})^{n+1}=(AP)^{\pi}\sum_{n=0}^{\infty}(AP)^n((R^{\mathrm{d}})^{n+1}+V(R^{\mathrm{d}})^{n+2}+V^2(R^{\mathrm{d}})^{n+3}).$$

易得 (2.12.1).

当 $\mathrm{ind}(AP), \mathrm{ind}(R)<+\infty$, 我们可得下面推论.

**推论 2.12.1** 设 $A\in\mathcal{B}(\mathcal{X})$ 广义 Drazin 可逆, $C\in\mathcal{B}(\mathcal{Y},\mathcal{X})$ 和 $B\in\mathcal{B}(\mathcal{Y},\mathcal{X})$. 若存在一个 $P\in\mathcal{B}(\mathcal{X})$ 使得 $AP=PAP$ 和 $BP=0$. 若 $R=(I-P)(A-CB)$ 和 $AP$ 广义 Drazin 可逆, $\mathrm{ind}(R)=k<+\infty$ 且 $\mathrm{ind}(AP)=h<+\infty$, 则 $A-CB$ 广义 Drazin 可逆, 且

$$(A-CB)^{\mathrm{d}}=\left[\sum_{n=0}^{k-1}((AP)^{\mathrm{d}})^{n+1}(R^n+VR^{n-1}+V^2R^{n-2})\right]R^{\pi}-(AP)^{\mathrm{d}}[VR^{\mathrm{d}}+V^2(R^{\mathrm{d}})^2$$

$$+(AP)^{\mathrm{d}}V^2R^{\mathrm{d}}]+(AP)^{\pi}\sum_{n=0}^{h-1}(AP)^n[(R^{\mathrm{d}})^{n+1}+V(R^{\mathrm{d}})^{n+2}+V^2(R^{\mathrm{d}})^{n+3}]$$

$$(2.12.5)$$

其中 $V=PA-PCB-AP$, 当 $j<0$ 时, $V^iR^j=0, i=1,2$.

当 $T$ 拟幂零时, 则 $T^{\mathrm{d}}=0, T^{\pi}=I$. 由定理 2.12.1, 可得如下推论.

**推论 2.12.2** 设 $A\in\mathcal{B}(\mathcal{X})$ 广义 Drazin 可逆, $C\in\mathcal{B}(\mathcal{Y},\mathcal{X})$ 和 $B\in\mathcal{B}(\mathcal{Y},\mathcal{X})$. 若存在一个 $P\in\mathcal{B}(\mathcal{X})$ 使得 $AP=PAP$ 和 $BP=0$. 若 $R=(I-P)(A-CB)$ 和 $AP$ 广义 Drazin 可逆, $AP$ 拟幂零, 则 $A-CB$ 广义 Drazin 可逆, 且

$$(A-CB)^{\mathrm{d}}=\sum_{n=0}^{\infty}(AP)^n((R^{\mathrm{d}})^{n+1}+V(R^{\mathrm{d}})^{n+2}+V^2(R^{\mathrm{d}})^{n+3}), \qquad (2.12.6)$$

其中 $V=PA-PCB-AP$.

**定理 2.12.2** 设 $A \in \mathcal{B}(\mathcal{X})$ 广义 Drazin 可逆, $C \in \mathcal{B}(\mathcal{Y}, \mathcal{X})$ 和 $B \in \mathcal{B}(\mathcal{Y}, \mathcal{X})$. 若存在一个幂等算子 $P \in \mathcal{B}(\mathcal{X})$ 使得 $PA = PAP$ 和 $BP = B$. 若 $R = P(A - CB)$ 广义 Drazin 可逆, 则 $A - CB$ 广义 Drazin 可逆, 且

$$
(A - CB)^{\mathrm{d}}
$$
$$
= R^{\mathrm{d}} + A^{\mathrm{d}}(I - P) + \sum_{n=0}^{\infty} (A^{\mathrm{d}})^{n+2}(I - P)(A - CB)P(A - CB)^n R^{\pi}
$$
$$
+ A^{\pi} \sum_{n=0}^{\infty} A^n(I - P)(A - CB)P(R^{\mathrm{d}})^{n+2} - A^{\mathrm{d}}(I - P)(A - CB)R^{\mathrm{d}}. \qquad (2.12.7)
$$

**证明** 因为 $P^2 = P$, 我们有 $\mathcal{X} = \mathcal{R}(P) \oplus \mathcal{N}(P)$, $P$ 可写为

$$
P = \begin{pmatrix} I & 0 \\ 0 & 0 \end{pmatrix}.
$$

又 $PA = PAP$, 所以, $A$ 为

$$
A = \begin{pmatrix} A_1 & 0 \\ A_3 & A_2 \end{pmatrix}.
$$

由 $\sigma(A) = \sigma(A_1) \cup \sigma(A_2)$ 以及假设 $A^{\mathrm{d}}$ 存在, 因为 $0 \notin \mathrm{acc}(\sigma(A))$ 的充要条件是 $0 \notin \mathrm{acc}(\sigma(A_1))$ 且 $0 \notin \mathrm{acc}(\sigma(A_2))$. 所以 $A_1 \in \mathcal{B}(\mathcal{R}(P))$ 且 $A_2 \in \mathcal{B}(\mathcal{N}(P))$ 是广义 Drazin 可逆的. 由引理 1.2.8, 有

$$
A^{\mathrm{d}} = \begin{pmatrix} A_1^{\mathrm{d}} & 0 \\ W & A_2^{\mathrm{d}} \end{pmatrix},
$$

其中 $W$ 为一个算子. 因为

$$
A(I - P) = \begin{pmatrix} 0 & 0 \\ 0 & A_2 \end{pmatrix},
$$

则 $(A(I - P))^{\mathrm{d}}$ 存在且

$$
(A(I - P))^{\mathrm{d}} = \begin{pmatrix} 0 & 0 \\ 0 & A_2^{\mathrm{d}} \end{pmatrix} = A^{\mathrm{d}}(I - P).
$$

令 $Q = (I - P)$, $R = (I - Q)(A - CB)$ 且 $AQ$ 是广义 Drazin 可逆的. 由条件

$PA = PAP, BP = B$, 可得 $AQ = QAQ, BQ = 0$. 由定理 2.12.1, 有

$$(A - CB)^{\mathrm{d}}$$

$$= (AQ)^{\mathrm{d}} R^{\pi} + ((AQ)^{\mathrm{d}})^2 (R + V) R^{\pi} + \left[ \sum_{n=2}^{\infty} ((AQ)^{\mathrm{d}})^{n+1} (R^n + V R^{n-1} + V^2 R^{n-2}) \right] R^{\pi}$$

$$- (AQ)^{\mathrm{d}} [V R^{\mathrm{d}} + V^2 (R^{\mathrm{d}})^2 + (AQ)^{\mathrm{d}} V^2 R^{\mathrm{d}}] + (AQ)^{\pi} (R^{\mathrm{d}} + V(R^{\mathrm{d}})^2 + V^2 (R^{\mathrm{d}})^3)$$

$$+ (AQ)^{\pi} \sum_{n=1}^{\infty} (AP)^n ((R^{\mathrm{d}})^{n+1} + V(R^{\mathrm{d}})^{n+2} + V^2 (R^{\mathrm{d}})^{n+3}), \qquad (2.12.8)$$

其中 $V = QA - QCB - AQ$.

又因为 $P^2 = P, Q^2 = Q$ 可得 $VQ = 0, V = QV$, 所以 $V^2 = 0$. 由 $QR = 0$ 可知 $QR^{\mathrm{d}} = 0$, $(AQ)^{\mathrm{d}} R = 0$. 根据 (2.12.8) 可得

$$(A - CB)^{\mathrm{d}}$$

$$= (AQ)^{\mathrm{d}} + ((AQ)^{\mathrm{d}})^2 V R^{\pi} + \left[ \sum_{n=2}^{\infty} ((AQ)^{\mathrm{d}})^{n+1} V R^{n-1} \right] R^{\pi} - (AQ)^{\mathrm{d}} V R^{\mathrm{d}}$$

$$+ R^{\mathrm{d}} + (AQ)^{\pi} V (R^{\mathrm{d}})^2 + (AQ)^{\pi} \sum_{n=1}^{\infty} (AQ)^n V (R^{\mathrm{d}})^{n+2}$$

$$= (AQ)^{\mathrm{d}} + \left[ \sum_{n=0}^{\infty} ((AQ)^{\mathrm{d}})^{n+2} V R^n \right] R^{\pi} - (AQ)^{\mathrm{d}} V R^{\mathrm{d}} + R^{\mathrm{d}}$$

$$+ (AQ)^{\pi} \sum_{n=0}^{\infty} (AQ)^n V (R^{\mathrm{d}})^{n+2}. \qquad (2.12.9)$$

由 $V = Q(A - CB) - (A - CB)Q = (A - CB)(I - Q) - (I - Q)(A - CB), VR = Q(A - CB)R$ 且 $QV = Q(A - CB)(I - Q)$, 可知 $R^n = P(A - CB)^n, (AQ)^n = A^n Q$. 由 (2.12.9) 易得 (2.12.7).

在定理 2.12.2 中加入条件 $PC = C$, 得下面结果.

**推论 2.12.3** 设 $A \in \mathcal{B}(\mathcal{X})$ 广义 Drazin 可逆, $C \in \mathcal{B}(\mathcal{Y}, \mathcal{X})$ 和 $B \in \mathcal{B}(\mathcal{Y}, \mathcal{X})$. 若存在一个幂等算子 $P \in \mathcal{B}(\mathcal{X})$ 使得 $PA = PAP, BP = 0$ 和 $PC = C$. 若 $R = P(A - CB)$ 广义 Drazin 可逆, 则 $A - CB$ 广义 Drazin 可逆, 且

$$(A - CB)^{\mathrm{d}} = R^{\mathrm{d}} + A^{\mathrm{d}} (I - P) + \sum_{n=0}^{\infty} (A^{\mathrm{d}})^{n+2} (I - P) A P (A - CB)^n R^{\pi}$$

$$+ A^{\pi} \sum_{n=0}^{\infty} A^n (I - P) A P (R^{\mathrm{d}})^{n+2} - A^{\mathrm{d}} (I - P) A R^{\mathrm{d}}. \qquad (2.12.10)$$

在定理 2.2.2 中加入条件 $PC = 0$, 知 $R = PA$. 类似定理 2.12.2 的证明, 其中 $(A(I - P))^{\mathrm{d}} = A^{\mathrm{d}} (I - P)$, 得 $(PA)^{\mathrm{d}} = PA^{\mathrm{d}}$.

**推论 2.12.4**　设 $A \in \mathcal{B}(\mathcal{X})$ 广义 Drazin 可逆, $C \in \mathcal{B}(\mathcal{Y}, \mathcal{X})$ 和 $B \in \mathcal{B}(\mathcal{Y}, \mathcal{X})$. 若存在一个幂等算子 $P \in \mathcal{B}(\mathcal{X})$ 使得 $PA = PAP$, $BP = B$ 和 $PC = 0$, 则 $A - CB$ 是广义 Drazin 可逆的, 且

$$(A - CB)^{\mathrm{d}} = A^{\mathrm{d}} + \sum_{n=0}^{\infty} (A^{\mathrm{d}})^{n+2} (I - P)(A - CB) P A^n A^{\pi}$$

$$+ A^{\pi} \sum_{n=0}^{\infty} A^n (I - P)(A - CB) P A^{\mathrm{d}^{n+2}}$$

$$- A^{\mathrm{d}}(I - P)(A - CB) P A^{\mathrm{d}}. \tag{2.12.11}$$

若 $A^2 = A$, 可知 $A^{\mathrm{d}} = A$, 由定理 2.12.2 可得下面推论.

**推论 2.12.5**　设 $A \in \mathcal{B}(\mathcal{X})$ 广义 Drazin 可逆, $C \in \mathcal{B}(\mathcal{Y}, \mathcal{X})$ 和 $B \in \mathcal{B}(\mathcal{Y}, \mathcal{X})$. 若存在一个幂等算子 $P \in \mathcal{B}(\mathcal{X})$ 使得 $PA = PAP$, $BP = B$. 若 $A^2 = A$, $R = P(A - CB)$ 广义 Drazin 可逆, 则 $A - CB$ 广义 Drazin 可逆, 且

$$(A - CB)^{\mathrm{d}} = R^{\mathrm{d}} + A(I - P) + A(I - P)(A - CB) P \sum_{n=0}^{\infty} (A - CB)^n R^{\pi}$$

$$+ (I - A)(I - P)(A - CB) P \sum_{n=0}^{\infty} (R^{\mathrm{d}})^{n+2} - A(I - P)(A - CB) R^{\mathrm{d}}.$$

若 $A^k = 0$, 可知 $A^{\mathrm{d}} = 0$, 得下面推论.

**推论 2.12.6**　设 $A \in \mathcal{B}(\mathcal{X})$ 广义 Drazin 可逆, $C \in \mathcal{B}(\mathcal{Y}, \mathcal{X})$ 和 $B \in \mathcal{B}(\mathcal{Y}, \mathcal{X})$. 若存在一个幂等算子 $P \in \mathcal{B}(\mathcal{X})$ 使得 $PA = PAP$, $BP = B$. 若 $A^k = 0$, $R = P(A - CB)$ 广义 Drazin 可逆, 则 $A - CB$ 广义 Drazin 可逆, 且

$$(A - CB)^{\mathrm{d}} = R^{\mathrm{d}} + \sum_{n=0}^{k-1} A^n (I - P)(A - CB) P (R^{\mathrm{d}})^{n+2}. \tag{2.12.12}$$

**定理 2.12.3**　设 $A \in \mathcal{B}(\mathcal{X})$ 广义 Drazin 可逆, $C \in \mathcal{B}(\mathcal{Y}, \mathcal{X})$ 和 $B \in \mathcal{B}(\mathcal{Y}, \mathcal{X})$. 若存在一个算子 $P \in \mathcal{B}(\mathcal{X})$ 使得 $PA = PAP$ 和 $PC = 0$. 若 $R = (A - CB)(I - P)$ 和 $PA$ 广义 Drazin 可逆, 则 $A - CB$ 广义 Drazin 可逆, 且

$$(A - CB)^{\mathrm{d}} = R^{\pi} \sum_{n=0}^{\infty} (R^n + R^{n-1}V + R^{n-2}V^2)((PA)^{\mathrm{d}})^{n+1}$$

$$- [R^{\mathrm{d}}V + (R^{\mathrm{d}})^2 V^2 + R^{\mathrm{d}} V^2 (PA)^{\mathrm{d}}](PA)^{\mathrm{d}}$$

$$+ \left[ \sum_{n=0}^{\infty} ((R^{\mathrm{d}})^{n+1} + (R^{\mathrm{d}})^{n+2} V + (R^{\mathrm{d}})^{n+3} V^2)(PA)^n \right] (PA)^{\pi}, \tag{2.12.13}$$

其中 $V = AP - CBP - PA$, 当 $i < 0$ 时, $R^i V^j = 0, j = 1, 2$.

**推论 2.12.7** 设 $A \in \mathcal{B}(\mathcal{X})$ 广义 Drazin 可逆, $C \in \mathcal{B}(\mathcal{Y}, \mathcal{X})$ 和 $B \in \mathcal{B}(\mathcal{Y}, \mathcal{X})$. 若存在一个 $P \in \mathcal{B}(\mathcal{X})$ 使得 $PA = PAP$, $PC = 0$. 若 $R = (A - CB)(I - P)$ 和 $PA$ 广义 Drazin 可逆, 且 $\mathrm{ind}(R) = k < +\infty$, $\mathrm{ind}(PA) = h < +\infty$, 则 $A - CB$ 广义 Drazin 可逆, 且

$$
\begin{aligned}
(A - CB)^{\mathrm{d}} = {} & R^{\pi} \sum_{n=0}^{k-1} (R^n + R^{n-1}V + R^{n-2}V^2)((PA)^{\mathrm{d}})^{n+1} \\
& - [R^{\mathrm{d}}V + (R^{\mathrm{d}})^2 V^2 + R^{\mathrm{d}}V^2(PA)^{\mathrm{d}}](PA)^{\mathrm{d}} \\
& + \left[ \sum_{n=0}^{h-1} ((R^{\mathrm{d}})^{n+1} + (R^{\mathrm{d}})^{n+2}V + (R^{\mathrm{d}})^{n+3}V^2)(PA)^n \right](PA)^{\pi}, \quad (2.12.14)
\end{aligned}
$$

其中 $V = AP - CBP - PA$, 当 $i < 0$ 时, $R^i V^j = 0, j = 1, 2$.

**推论 2.12.8** [83,定理4.3] 设 $A \in \mathcal{B}(\mathcal{X})$ 广义 Drazin 可逆, $C \in \mathcal{B}(\mathcal{Y}, \mathcal{X})$ 和 $B \in \mathcal{B}(\mathcal{Y}, \mathcal{X})$. 若存在一个幂等算子 $P \in \mathcal{B}(\mathcal{X})$ 使得 $PA = AP$, $PC = 0$. 若 $R = (A - CB)(I - P)$ 广义 Drazin 可逆, 则 $A - CB$ 广义 Drazin 可逆, 且

$$
\begin{aligned}
(A - CB)^{\mathrm{d}} = {} & R^{\mathrm{d}} + PA^{\mathrm{d}} - R^{\mathrm{d}}VA^{\mathrm{d}} + R^{\pi} \sum_{n=0}^{\infty} (A - CB)^n V(A^{\mathrm{d}})^{n+2} \\
& + \sum_{n=0}^{\infty} (R^{\mathrm{d}})^{n+2} V A^n A^{\pi}, \quad (2.12.15)
\end{aligned}
$$

其中 $V = -CBP$.

当 $PA = \lambda AP$, $\lambda \neq 0$, 由定理 2.12.1, 得到更为一般情形的定理.

**定理 2.12.4** 设 $A \in \mathcal{B}(\mathcal{X})$ 广义 Drazin 可逆, $C \in \mathcal{B}(\mathcal{Y}, \mathcal{X})$ 和 $B \in \mathcal{B}(\mathcal{Y}, \mathcal{X})$. 若存在一个 $P \in \mathcal{B}(\mathcal{X})$ 使得 $AP = \lambda PAP$, $\lambda \neq 0$ 和 $BP = 0$. 若 $R = (I - \lambda P)(A - CB)$ 和 $AP$ 广义 Drazin 可逆, 则 $A - CB$ 广义 Drazin 可逆, 且

$$
\begin{aligned}
(A - CB)^{\mathrm{d}} = {} & \lambda^{-1}(AP)^{\mathrm{d}}[I + \lambda^{-1}(AP)^{\mathrm{d}}(R + V) + \lambda^{-2}((AP)^{\mathrm{d}})^2(R^2 + VR + V^2)]R^{\pi} \\
& - \lambda^{-1}(AP)^{\mathrm{d}}(VR^{\mathrm{d}} + V^2(R^{\mathrm{d}})^2 + \lambda^{-1}(AP)^{\mathrm{d}}V^2 R^{\mathrm{d}}) \\
& + \sum_{n=3}^{\infty} \lambda^{-(n+1)}((AP)^{\mathrm{d}})^{n+1}(R^n + VR^{n-1} + V^2 R^{n-2})R^{\pi} \\
& + (AP)^{\pi} \sum_{n=0}^{\infty} \lambda^n (AP)^n ((R^{\mathrm{d}})^{n+1} + V(R^{\mathrm{d}})^{n+2} + V^2(R^{\mathrm{d}})^{n+3}). \quad (2.12.16)
\end{aligned}
$$

其中 $V = \lambda PA - \lambda PCB - \lambda AP$, 当 $j < 0$ 时, $V^i R^j = 0, i = 1, 2$.

下面介绍 Banach 空间上 $A - CB$ 广义 Drazin 逆的一种新的表示.

**定理 2.12.5** 设 $A \in \mathcal{B}(\mathcal{X})$ 广义 Drazin 可逆, $C \in \mathcal{B}(\mathcal{Y}, \mathcal{X})$ 和 $B \in \mathcal{B}(\mathcal{Y}, \mathcal{X})$. 若 $A^{\pi}C = 0$, $BA^{\pi} = 0$, $BCA^{\mathrm{d}} = A^{\mathrm{d}}BC$, $BA^{\mathrm{d}}C = I$, 则 $A - CB$ 广义 Drazin 可逆,

且

$$(A - CB)^{\mathrm{d}} = A^{\mathrm{d}} + A^{\mathrm{d}}CBA^{\mathrm{d}}.$$

**证明**　令 $Y = A^{\mathrm{d}} + A^{\mathrm{d}}CBA^{\mathrm{d}}$, 因为

$$
\begin{aligned}
(A - CB)Y &= (A - CB)(A^{\mathrm{d}} + A^{\mathrm{d}}CBA^{\mathrm{d}}) \\
&= AA^{\mathrm{d}} + AA^{\mathrm{d}}CBA^{\mathrm{d}} - CBA^{\mathrm{d}} - CBA^{\mathrm{d}}CBA^{\mathrm{d}} \\
&= AA^{\mathrm{d}} - CBA^{\mathrm{d}}
\end{aligned}
$$

和

$$
\begin{aligned}
Y(A - CB) &= (A^{\mathrm{d}} + A^{\mathrm{d}}CBA^{\mathrm{d}})(A - CB) \\
&= A^{\mathrm{d}}A - A^{\mathrm{d}}CB + A^{\mathrm{d}}CBA^{\mathrm{d}}A - A^{\mathrm{d}}CBA^{\mathrm{d}}CB \\
&= A^{\mathrm{d}}A - A^{\mathrm{d}}CB,
\end{aligned}
$$

所以 $(A - CB)Y = Y(A - CB)$. 同理,

$$
\begin{aligned}
Y(A - CB)Y &= (A^{\mathrm{d}} + A^{\mathrm{d}}CBA^{\mathrm{d}})(A - CB)(A^{\mathrm{d}} + A^{\mathrm{d}}CBA^{\mathrm{d}}) \\
&= (A^{\mathrm{d}}A - A^{\mathrm{d}}CB)(A^{\mathrm{d}} + A^{\mathrm{d}}CBA^{\mathrm{d}}) \\
&= A^{\mathrm{d}} + A^{\mathrm{d}}CBA^{\mathrm{d}} - A^{\mathrm{d}}CBA^{\mathrm{d}} - A^{\mathrm{d}}CBA^{\mathrm{d}}CBA^{\mathrm{d}} \\
&= A^{\mathrm{d}} + A^{\mathrm{d}}CBA^{\mathrm{d}},
\end{aligned}
$$

则 $Y(A - CB)Y = Y$.

$$
\begin{aligned}
(A - CB) - (A - CB)^2 Y &= (A - CB) - (A - CB)(AA^{\mathrm{d}} - CBA^{\mathrm{d}}) \\
&= A - CB - AA^{\mathrm{d}}A + CBAA^{\mathrm{d}} + CBAA^{\mathrm{d}} \\
&\quad - CBA^{\mathrm{d}}CB \\
&= A - AA^{\mathrm{d}}A
\end{aligned}
$$

是拟幂零的.

下面讨论满足定理 2.12.5 条件下, 当 $B = A + E$, $E = E_1 E_2$ 时, $A$ 广义 Drazin 逆的扰动界.

**定理 2.12.6**　设 $A \in \mathcal{B}(\mathcal{X})$ 是广义 Drazin 可逆的, $C \in \mathcal{B}(\mathcal{Y}, \mathcal{X})$ 和 $B \in \mathcal{B}(\mathcal{Y}, \mathcal{X})$. 若 $B = A - E$, $E = E_1 E_2$, $A^\pi E_1 = 0$, $E_2 A^\pi = 0$, $EA^{\mathrm{d}} = A^{\mathrm{d}}E$, $E_2 A^{\mathrm{d}} E_1 = I$, 则 $B$ 广义 Drazin 可逆, 且

$$\|A^{\mathrm{d}}\|(1 - \|EA^{\mathrm{d}}\|) \leqslant \|B^{\mathrm{d}}\| \leqslant \|A^{\mathrm{d}}\|(1 + \|EA^{\mathrm{d}}\|).$$

**证明** 由定理 2.12.5 知

$$B^{\mathrm{d}} = A^{\mathrm{d}} + A^{\mathrm{d}}EA^{\mathrm{d}} = A^{\mathrm{d}}(I + EA^{\mathrm{d}}),$$

因此

$$A^{\mathrm{d}} = B^{\mathrm{d}} - A^{\mathrm{d}}EA^{\mathrm{d}} = A^{\mathrm{d}}(I - EA^{\mathrm{d}}),$$

故

$$\|B^{\mathrm{d}}\| \leqslant \|A^{\mathrm{d}}\|(1 + \|EA^{\mathrm{d}}\|),$$
$$\|A^{\mathrm{d}}\|(1 - \|EA^{\mathrm{d}}\|) \leqslant \|B^{\mathrm{d}}\|.$$

**推论 2.12.9** 设 $A \in \mathcal{B}(\mathcal{X})$ 广义 Drazin 可逆, $C \in \mathcal{B}(\mathcal{Y}, \mathcal{X})$ 和 $B \in \mathcal{B}(\mathcal{Y}, \mathcal{X})$. 若 $B = A - E$, $E = E_1 E_2$, $A^{\pi}E_1 = 0$, $E_2 A^{\pi} = 0$, $EA^{\mathrm{d}} = A^{\mathrm{d}}E$, $E_2 A^{\mathrm{d}} E_1 = I$, $0 \leqslant \|EA^{\mathrm{d}}\| \leqslant 1$, 则 $B$ 是广义 Drazin 可逆的, 且

$$\frac{\|B^{\mathrm{d}} - A^{\mathrm{d}}\|}{\|A^{\mathrm{d}}\|} \leqslant \frac{\|A - B\|K^{\mathrm{d}}(A)}{\|A\|},$$

其中 $K^{\mathrm{d}}(A) = \|A^{\mathrm{d}}\|\|A\|$ 为 $A$ 的广义 Drazin 逆条件数.

**证明** 由定理 2.12.5 知

$$B^{\mathrm{d}} = A^{\mathrm{d}} + A^{\mathrm{d}}EA^{\mathrm{d}} = A^{\mathrm{d}}(I + EA^{\mathrm{d}}),$$

因此

$$B^{\mathrm{d}} - A^{\mathrm{d}} = A^{\mathrm{d}}EA^{\mathrm{d}},$$

故

$$\frac{\|B^{\mathrm{d}} - A^{\mathrm{d}}\|}{\|A^{\mathrm{d}}\|} \leqslant \frac{\|E\|\|A^{\mathrm{d}}\|\|A\|}{\|A\|},$$

又 $K^{\mathrm{d}}(A) = \|A^{\mathrm{d}}\|\|A\|$, $0 < \|EA^{\mathrm{d}}\| < 1$, 故

$$\frac{\|B^{\mathrm{d}} - A^{\mathrm{d}}\|}{\|A^{\mathrm{d}}\|} \leqslant \frac{\|A - B\|K^{\mathrm{d}}(A)}{\|A\|}.$$

最后给出一个实例.

**例 2.12.1** 令

$$A = \begin{pmatrix} 1 & 2 & 4 & 1 \\ 0 & -1 & 1 & 0 \\ 0 & -1 & 1 & 0 \\ 0 & 0 & 0 & 0 \end{pmatrix}, \quad B = \begin{pmatrix} 0 & 0 & 0 & 1 \end{pmatrix}, \quad C = \begin{pmatrix} 1 \\ -1 \\ 0 \\ 0 \end{pmatrix}.$$

则

$$CB = \begin{pmatrix} 0 & 0 & 0 & 1 \\ 0 & 0 & 0 & -1 \\ 0 & 0 & 0 & 0 \\ 0 & 0 & 0 & 0 \end{pmatrix}, \quad A - CB = \begin{pmatrix} 1 & 2 & 4 & 0 \\ 0 & -1 & 1 & 1 \\ 0 & -1 & 1 & 0 \\ 0 & 0 & 0 & 0 \end{pmatrix}.$$

我们将求 $A - CB$ 的广义 Drazin 逆, 首先必须选择合适的 $P$.

$$P = \begin{pmatrix} 1 & 0 & 0 & 0 \\ 0 & 1 & 0 & 0 \\ 0 & -1 & 2 & 0 \\ 0 & 0 & 0 & 0 \end{pmatrix},$$

可知 $P$ 不是幂等算子且 $PA \neq AP$. 但是 $BP = 0$ 且

$$AP = PAP = \begin{pmatrix} 1 & -2 & 8 & 0 \\ 0 & -2 & 2 & 0 \\ 0 & -2 & 2 & 0 \\ 0 & 0 & 0 & 0 \end{pmatrix}.$$

$\operatorname{ind}(AP) = 2$. 计算可得

$$R = (I - P)(A - CB) = \begin{pmatrix} 0 & 0 & 0 & 0 \\ 0 & 0 & 0 & 0 \\ 0 & 0 & 0 & 1 \\ 0 & 0 & 0 & 0 \end{pmatrix}, \quad R^{\mathrm{d}} = \begin{pmatrix} 0 & 0 & 0 & 0 \\ 0 & 0 & 0 & 0 \\ 0 & 0 & 0 & 0 \\ 0 & 0 & 0 & 0 \end{pmatrix},$$

$$V = PA - PCB - AP = \begin{pmatrix} 0 & 4 & -4 & 0 \\ 0 & 1 & -1 & 1 \\ 0 & 1 & -1 & -1 \\ 0 & 0 & 0 & 0 \end{pmatrix}.$$

我们有 $\operatorname{ind}(R) = 2$. 所以

$$(A - CB)^{\mathrm{d}} = \begin{pmatrix} 1 & -4 & 10 & -4 \\ 0 & 0 & 0 & 0 \\ 0 & 0 & 0 & 0 \\ 0 & 0 & 0 & 0 \end{pmatrix}.$$

## 2.13　Banach 空间上算子 Drazin 逆的表示

本节讨论算子 Drazin 逆在 $P^2Q = P^2 + Q$, $Q^2P = Q^2 + P$ 下的表示, 并得到了一些等价条件.

**定理 2.13.1**　设 $P, Q \in \mathcal{B}(X)$, $P^2Q = P^2 + Q$, 则

(i)若 $\pm 1 \notin \sigma(P)$, 则 $1 \notin \sigma(Q)$;

(ii)若 $Q$ 是一个幂零算子, 则 $P$ 为幂零算子;

(iii)若 $Q, P$ 均为幂零算子, 且 $Q^2P = Q^2 + P$, 则 $P \pm Q$ 是幂零算子;

(iv)若 $Q$ 是一个幂零算子, 则 $P^2Q$ 是幂零算子.

**证明**　(i)首先, 等式 $P^2Q = P^2 + Q$ 蕴含着 $P^2(Q-I) = Q, (P^2-I)(Q-I) = I$. 于是, $P \pm I$ 和 $Q - I$ 均为可逆算子, 即 $\pm 1 \notin \sigma(P), 1 \notin \sigma(Q)$.

(ii)因为 $P^2Q = P^2 + Q$ 且 $Q$ 是一个幂零算子, 那么 $P^2(Q-I) = Q$, 即

$$(Q-I)^{-1}P^2(Q-I) = (Q-I)^{-1}Q = -\sum_{k=0}^{\infty} Q^k Q = Q(Q-I)^{-1}.$$

根据 $Q$ 是幂零算子和等式 $(Q-I)^{-1}Q = Q(Q-I)^{-1}$ 知 $(Q-I)^{-1}Q$ 是幂零算子. 由(i)和 $Q - I$ 是可逆算子得 $\sigma(P) = \{0\}$.

(iii)因为 $Q^2P = Q^2 + P, Q^2(P-I) = P$, $P - I$ 的可逆性由(i)可得到. 所以

$$Q^2 = P(P-I)^{-1} = -P(I-P)^{-1} = -P\sum_{k=0}^{\infty} P^k = -\sum_{k=1}^{\infty} P^k - I + I. \quad (2.13.1)$$

因此, 根据 (2.13.1) 得

$$Q^2 - I = -\left(\sum_{k=1}^{\infty} P^k + I\right) = -\sum_{k=0}^{\infty} P^k = -(I-P)^{-1}. \quad (2.13.2)$$

即

$$-(I-P)^{-1}(P-Q) = -(I-P)^{-1}(P-I+I-Q)$$
$$= [I - (I-P)^{-1}(I-Q)]. \quad (2.13.3)$$

将 (2.13.2) 代入 (2.13.3) 得

$$-(I-P)^{-1}(P-Q) = [I + (Q^2-I)(I-Q)] = Q + Q^2 - Q^3. \quad (2.13.4)$$

根据 (2.13.4) 得

$$
\begin{aligned}
&-(I-P)^{-1}(P-Q)(I-P)\\
&=(Q+Q^2-Q^3)(I-P)\\
&=(Q+Q^2-Q^3)(I-Q^2)^{-1}\\
&=(Q+Q^2-Q^3)\sum_{k=0}^{\infty}Q^{2k}\\
&=\sum_{k=0}^{\infty}Q^{2k}(Q+Q^2-Q^3)\\
&=(I-Q^2)^{-1}(I+Q-Q^2)Q.
\end{aligned}
\tag{2.13.5}
$$

事实上, 可证 $(I-Q^2)^{-1}(I+Q-Q^2)Q$ 是幂零算子. 因为 $Q$ 是幂零算子, 算子 $Q, (I+Q-Q^2), (I-Q^2)^{-1}$ 两两可交换. 因此, $(I-Q^2)^{-1}(I+Q-Q^2)Q$ 是幂零算子. 由 (2.13.5) 可得 $\sigma(P-Q)=\{0\}$. 所以, $P-Q$ 是幂零算子.

类似地, 可证明 $P+Q$ 是幂零算子.

**定理 2.13.2**　设 $P,Q\in\mathbb{C}^{n\times n}$, $\mathrm{ind}(Q)=s$. 若 $PQ=P$, $P$ 是指标为 $t$ 的幂零矩阵, 则

$$
(P-Q)^{\mathrm{d}}=\sum_{n=0}^{s-1}\sum_{i=0}^{t-2}(a_i^{[n+2]}I-a_i^{[n+1]}Q^{\mathrm{d}})Q^nP^{i+1}-Q^{\mathrm{d}}Q^s\sum_{i=0}^{t-2}a_i^{[s+1]}P^{i+1}-Q^{\mathrm{d}}.
$$

$$
\tag{2.13.6}
$$

**证明**　如果 $t=1$, 显然, (2.13.6) 成立. 下面假设 $t>1$. 因为 $s=\mathrm{ind}(Q)$, 故存在非奇异矩阵 $W_1$ 使得

$$
Q=W_1\begin{bmatrix}Q_1&0\\0&Q_2\end{bmatrix}W_1^{-1},\quad Q^{\mathrm{d}}=W_1\begin{bmatrix}Q_1^{-1}&0\\0&0\end{bmatrix}W_1^{-1},
\tag{2.13.7}
$$

其中 $Q_1$ 是非奇异矩阵, $Q_2$ 是指标为 $s$ 的幂零矩阵. 将 $W_1^{-1}PW_1$ 按 $W_1^{-1}QW_1$ 作相应的分解, 于是

$$
P=W_1\begin{bmatrix}P_1&P_4\\P_3&P_2\end{bmatrix}W_1^{-1}.
$$

根据引理 1.2.9 和 $PQ=P$, 则 $PQ^{\mathrm{d}}=P$. 因此, $P_2=0, P_4=0, P_iQ_1=P_i, i=1,3$. 设 $t$ 为幂零矩阵 $P$ 的指标, 则

$$
P^t=W_1\begin{bmatrix}P_1^t&0\\P_3P_1^{t-1}&0\end{bmatrix}W_1^{-1}=0,
$$

且 $P_1$ 也是幂零矩阵, $(P_1 - I)^{-1} = -\sum_{i=0}^{t-1} P_1^i$. 于是

$$P - Q = W_1 \begin{bmatrix} P_1 - Q_1 & 0 \\ P_3 & -Q_2 \end{bmatrix} W_1^{-1} = W_1 \begin{bmatrix} (P_1 - I)Q_1 & 0 \\ P_3 & -Q_2 \end{bmatrix} W_1^{-1}. \quad (2.13.8)$$

根据引理 1.2.9 得

$$(P - Q)^d = W_1 \begin{bmatrix} Q_1^{-1}(P_1 - I)^{-1} & 0 \\ X & 0 \end{bmatrix} W_1^{-1} = W_1 \begin{bmatrix} -Q_1^{-1}\sum_{i=0}^{t-1} P_1^i & 0 \\ X & 0 \end{bmatrix} W_1^{-1}, \quad (2.13.9)$$

其中

$$X = \sum_{n=0}^{s-1} (-1)^n Q_2^n P_3 [(P_1 - I)Q_1]^{-(n+2)}.$$

由引理 1.2.14 得

$$(-1)^n P_3[(P_1 - I)Q_1]^{-(n+2)} = P_3 \left( Q_1^{-1}\sum_{i=0}^{t-1} P_1^i \right)^{n+2} = P_3 \left( \sum_{i=0}^{t-1} P_1^i \right)^{n+2}$$

$$= P_3 \sum_{i=0}^{t-1} a_i^{(n+2)} P_1^i = \sum_{i=0}^{t-2} a_i^{(n+2)} P_3 P_1^i.$$

所以

$$W_1 \begin{bmatrix} 0 & 0 \\ X & 0 \end{bmatrix} W_1^{-1} = \sum_{n=0}^{s-1}\sum_{i=0}^{t-2} W_1 \begin{bmatrix} 0 & 0 \\ a_i^{(n+2)} Q_2^n P_3 P_1^i & 0 \end{bmatrix} W_1^{-1}$$

$$= \sum_{n=0}^{s-1}\sum_{i=0}^{t-2} a_i^{(n+2)} Q^\pi Q^n P^{i+1}.$$

故根据 (2.13.9) 得

$$(P - Q)^d = -\sum_{i=0}^{t-1} Q^d P^i + Q^\pi \sum_{n=0}^{s-1}\sum_{i=0}^{t-2} a_i^{(n+2)} Q^n P^{i+1}$$

$$= -\sum_{i=0}^{t-2} Q^d P^{i+1} - Q^d + \sum_{n=0}^{s-1}\sum_{i=0}^{t-2} a_i^{(n+2)} Q^n P^{i+1} - Q^d \sum_{n=1}^{s}\sum_{i=0}^{t-2} a_i^{(n+1)} Q^n P^{i+1}$$

$$= -Q^d + \sum_{n=0}^{s-1}\sum_{i=0}^{t-2} a_i^{(n+2)} Q^n P^{i+1} - Q^d \sum_{n=0}^{s}\sum_{i=0}^{t-2} a_i^{(n+1)} Q^n P^{i+1}$$

$$= \sum_{n=0}^{s-1}\sum_{i=0}^{t-2} [a_i^{(n+2)} I - a_i^{(n+1)} Q^d] Q^n P^{i+1} - Q^d Q^s \sum_{i=0}^{t-2} a_i^{(s+1)} P^{i+1} - Q^d.$$

**定理 2.13.3**　设 $P, Q \in \mathcal{B}(X)$, $P^2Q = P^2 + Q$, $Q^2P = Q^2 + P$. 如果 $\|P^dQ^2Q^d\| < 1$, 则

(i) $(P - Q)^d = \sum\limits_{k=0}^{\infty} (P^dQ^dQ^2)^k P^d$;

(ii) $\|(P - Q)^d\| \leqslant \dfrac{P^d}{1 - \|P^dQ^2Q^d\|}$.

**证明**　设 $P, Q$ 的分块与第 1 章的分块一样, 根据 $P^2Q = P^2 + Q$ 得

$$\begin{pmatrix} P_1^2Q_1 & P_1^2Q_3 \\ P_2^2Q_4 & P_2^2Q_2 \end{pmatrix} = \begin{pmatrix} P_1^2 + Q_1 & Q_3 \\ Q_4 & P_2^2 + Q_2 \end{pmatrix}.$$

由(i)和 $P_2$ 是幂零算子易知 $Q_3 = Q_4 = 0$. $P_2$ 是幂零算子以及 $Q^2P = Q^2 + P$, 由(ii)得 $Q_2$ 是幂零算子. 从定理 2.13.2 知 $(P_2 - Q_2)^d = 0$. 因为 $Q^2P = Q^2 + P$, 所以 $Q_1^2P = Q_1^2 + P_1$, $Q_1^2(P_1 - I) = P_1$. 根据定理 2.13.1 可知 $(P_1 - I)$ 是可逆算子. 那么, $Q_1$ 是可逆算子. 于是

$$P - Q = \begin{pmatrix} P_1 - Q_1 & 0 \\ 0 & P_2 - Q_2 \end{pmatrix},$$

其中, $P_1, Q_1$ 是可逆算子, $P_2, Q_2$ 是幂零算子.

由 $\|P^dQ^2Q^d\| < 1$ 得知 $\|P_1^{-1}Q_1\| < 1$. 于是

$$(P_1 - Q_1)^{-1} = \sum_{k=0}^{\infty} (P_1^{-1}Q_1)^k P_1^{-1} = \sum_{k=0}^{\infty} (P^dQ^dQ^2)^k P^d,$$

$$\|(P - Q)^d\| \leqslant \frac{P^d}{1 - \|P^dQ^2Q^d\|}.$$

**推论 2.13.1**　设 $P, Q \in \mathcal{B}(X)$, $P^2Q = P^2 + Q$, $Q^2P = Q^2 + P$. 如果 $\|P^dQ^2Q^d\| < 1$, 则

$$(P + Q)^d = -\sum_{k=0}^{\infty} (P^dQ^dQ^2)^k P^d.$$

**定理 2.13.4**　设 $P, Q \in \mathcal{L}(X)$, 且 $P^2Q = P^2 + Q$, $Q^2P = Q^2 + P$, 则

(i) $[(I - QQ^d)(P - Q)]^d = 0$;

(ii) $(P^2Q)^d = Q^d(P^2)^d$;

(iii) $P^dQ^d = (Q^2P)^dQ$;

(iv) $(P - PQ)^d = QQ^d(I - Q)^dP^d$.

**证明**　由定理 2.13.3 的证明过程可得 $P, Q$ 形如下面的矩阵分块形式:

$$P = \begin{pmatrix} P_1 & 0 \\ 0 & P_2 \end{pmatrix}, \quad Q = \begin{pmatrix} Q_1 & 0 \\ 0 & Q_2 \end{pmatrix}, \tag{2.13.10}$$

其中 $P_1, Q_1$ 是可逆算子, $P_2, Q_2$ 是幂零算子.

(i) 因为

$$I - QQ^{\mathrm{d}} = I - \begin{pmatrix} I & 0 \\ 0 & 0 \end{pmatrix} = \begin{pmatrix} 0 & 0 \\ 0 & I \end{pmatrix},$$

于是

$$[(I - QQ^{\mathrm{d}})(P - Q)]^{\mathrm{d}} = \begin{pmatrix} 0 & 0 \\ 0 & (P_2 - Q_2)^{\mathrm{d}} \end{pmatrix}.$$

又根据定理 2.13.1 可知 $P_2 - Q_2$ 是幂零算子. 因此, $[(I - QQ^{\mathrm{d}})(P - Q)]^{\mathrm{d}} = 0$.

(ii) 根据定理 2.13.1 可知 $P_2^2 Q_2$ 是个幂零算子, 则

$$(P^2 Q)^{\mathrm{d}} = \begin{pmatrix} P_1^2 Q_1 & 0 \\ 0 & P_2^2 Q_2 \end{pmatrix}^{\mathrm{d}} = \begin{pmatrix} Q_1^{-1} P_1^{-2} & 0 \\ 0 & 0 \end{pmatrix} = Q^{\mathrm{d}} (P^2)^{\mathrm{d}}.$$

(iii) 通过 (2.13.10) 得

$$P^{\mathrm{d}} Q^{\mathrm{d}} = \begin{pmatrix} P_1^{-1} & 0 \\ 0 & 0 \end{pmatrix} \begin{pmatrix} Q_1^{-1} & 0 \\ 0 & 0 \end{pmatrix} = \begin{pmatrix} P_1^{-1} Q_1^{-1} & 0 \\ 0 & 0 \end{pmatrix}. \tag{2.13.11}$$

因为

$$(Q^2 P)^{\mathrm{d}} Q = \begin{pmatrix} Q_1^2 P_1 & 0 \\ 0 & Q_2^2 P_2 \end{pmatrix}^{\mathrm{d}} \begin{pmatrix} Q_1 & 0 \\ 0 & Q_2 \end{pmatrix} = \begin{pmatrix} P_1^{-1} Q_1^{-1} & 0 \\ 0 & 0 \end{pmatrix}. \tag{2.13.12}$$

根据 (2.13.11) 和 (2.13.12) 得 $P^{\mathrm{d}} Q^{\mathrm{d}} = (Q^2 P)^{\mathrm{d}} Q$.

(iv) 根据定理 2.13.1, $I - Q_2 = (I - P_2^2)^{-1} = \sum\limits_{k=0}^{\infty} P^{2k}$, $P^2$ 是一个幂零算子, 得 $P_2(I - Q_2) = (I - Q_2)P_2$ 是一个幂零算子. 通过计算可知

$$(P - PQ)^{\mathrm{d}} = \begin{pmatrix} P_1 - P_1 Q_1 & 0 \\ 0 & P_2 - P_2 Q_2 \end{pmatrix}^{\mathrm{d}} = \begin{pmatrix} P_1(I - Q_1) & 0 \\ 0 & P_2(I - Q_2) \end{pmatrix}^{\mathrm{d}}$$

$$= \begin{pmatrix} (I - Q_1)^{-1} P_1^{-1} & 0 \\ 0 & 0 \end{pmatrix}, \tag{2.13.13}$$

$$QQ^{\mathrm{d}}(I - Q)^{\mathrm{d}} P^{\mathrm{d}} = \begin{pmatrix} I & 0 \\ 0 & 0 \end{pmatrix} \begin{pmatrix} I - Q_1 & 0 \\ 0 & I - Q_2 \end{pmatrix}^{\mathrm{d}} \begin{pmatrix} P_1^{-1} & 0 \\ 0 & 0 \end{pmatrix}$$

$$= \begin{pmatrix} (I - Q_1)^{-1} P_1^{-1} & 0 \\ 0 & 0 \end{pmatrix}. \tag{2.13.14}$$

根据 (2.13.13) 和 (2.13.14) 得 $(P - PQ)^{\mathrm{d}} = QQ^{\mathrm{d}}(I - Q)^{\mathrm{d}} P^{\mathrm{d}}$.

# 第 3 章 线性组合广义 Drazin 逆的应用

## 3.1 广义 Drazin 逆的高阶迭代格式

**引理 3.1.1** [97]  设 $a, p \in \mathcal{A}$, 且有 $p^2 = p$, $ap = pa$. 则 $a$ 在 $\mathcal{A}$ 中可逆当且仅当 $ap$ 和 $a(1-p)$ 分别在 $p\mathcal{A}p$ 和 $(1-p)\mathcal{A}(1-p)$ 中可逆. 此时有

$$a^{-1} = [ap]_{p\mathcal{A}p}^{-1} + [a(1-p)]_{(1-p)\mathcal{A}(1-p)}^{-1}.$$

首先, 给出计算 Banach 代数元素广义 Drazin 逆的迭代公式. 我们只需证明定理 3.1.1, 其余定理可类似证明.

**定理 3.1.1**  设 $a \in \mathcal{A}$, 且 $a^{\mathrm{d}}$ 存在, $x_0 \in \mathcal{A}$. 定义迭代公式为

$$\begin{cases} r_k = aa^{\mathrm{d}} - aa^{\mathrm{d}}ax_k, \\ x_{k+1} = x_k(1 + r_k + \cdots + r_k^{p-1}), \quad p \geqslant 2, k = 0, 1, 2, \cdots. \end{cases} \tag{3.1.1}$$

如果 $aa^{\mathrm{d}}x_0 = x_0aa^{\mathrm{d}} = x_0$, $\rho(r_0) < 1$, 则 $x_k \to a^{\mathrm{d}}$. 而且, 若 $\|r_0\| = q < 1$, 则

$$\|a^{\mathrm{d}} - x_k\| \leqslant q^{p^k}(1-q)^{-1}\|x_0\|. \tag{3.1.2}$$

**证明**  显然 $aa^{\mathrm{d}}r_k = r_k$. 从而

$$\begin{aligned} r_{k+1} &= aa^{\mathrm{d}} - aa^{\mathrm{d}}ax_{k+1} \\ &= aa^{\mathrm{d}} - aa^{\mathrm{d}}ax_k(1 + r_k + \cdots + r_k^{p-1}) \\ &= r_k - aa^{\mathrm{d}}ax_k r_k(1 + r_k + \cdots + r_k^{p-2}) \\ &= r_k^2 - aa^{\mathrm{d}}ax_k r_k^2(1 + r_k + \cdots + r_k^{p-3}) \\ &= \cdots = r_k^{p-1} - aa^{\mathrm{d}}ax_k r_k^{p-1} = r_k^p. \end{aligned}$$

再由递推法可得

$$r_k = r_{k-1}^p = r_{k-2}^{p^2} = \cdots = r_0^{p^k}, \tag{3.1.3}$$

且

$$\begin{aligned} x_{k+1} &= x_k(1 + r_k + \cdots + r_k^{p-1}) \\ &= x_{k-1}(1 + r_{k-1} + \cdots + r_{k-1}^{p-1})(1 + r_k + \cdots + r_k^{p-1}) \\ &= \cdots = x_0(1 + r_0 + \cdots + r_0^{p-1}) \cdots (1 + r_k + \cdots + r_k^{p-1}) \\ &= x_0(1 + r_0 + \cdots + r_0^{p^{k+1}-1}). \end{aligned}$$

因此

$$x_{k+1}(1 - r_0) = x_0(1 - r_0^{p^{k+1}}).  \tag{3.1.4}$$

如果 $\rho(r_0) < 1$, 则 $r_0^{p^{k+1}} \to 0 \ (k \to \infty)$, $1 - r_0$ 可逆. 由 (3.1.4) 可得 $x_\infty(1 - r_0) = x_0$. 因此, $x_\infty = x_0(1 - r_0)^{-1}$.

注意到, $aa^d$ 与 $1 - aa^d + aa^dax_0$ 可交换. 利用引理 3.1.1 及 $aa^dx_0 = x_0aa^d = x_0$, 由计算可得

$$(1 - r_0)^{-1}$$

$$= (1 - aa^d + aa^dax_0)^{-1}aa^d + (1 - aa^d + aa^dax_0)^{-1}(1 - aa^d)$$

$$= [(1 - aa^d + aa^dax_0)aa^d]^{-1}_{aa^d\mathcal{A}aa^d} + [(1 - aa^d + aa^dax_0)(1 - aa^d)]^{-1}_{(1-aa^d)\mathcal{A}(1-aa^d)}$$

$$= [ax_0]^{-1}_{aa^d\mathcal{A}aa^d} + 1 - aa^d.$$

从而

$$x_\infty = x_0(1 - r_0)^{-1} = x_0\{[ax_0]^{-1}_{aa^d\mathcal{A}aa^d} + 1 - aa^d\}$$

$$= x_0[ax_0]^{-1}_{aa^d\mathcal{A}aa^d} = a^dax_0[ax_0]^{-1}_{aa^d\mathcal{A}aa^d}$$

$$= a^daa^d = a^d.$$

**定理 3.1.2** *设 $a \in \mathcal{A}$, 且 $a^d$ 存在, $x_0 \in \mathcal{A}$. 定义迭代公式为*

$$\begin{cases} r_k = aa^d - aa^dax_k, \\ x_{k+1} = x_0r_k + x_k, \quad k = 0, 1, 2, \cdots. \end{cases}  \tag{3.1.5}$$

如果 $aa^dx_0 = x_0aa^d = x_0$, $\rho(r_0) < 1$, 则 $x_k \to a^d$. 而且, 若 $\|r_0\| = q < 1$, 则

$$\|a^d - x_k\| \leqslant q^{k+1}(1 - q)^{-1}\|x_0\|.  \tag{3.1.6}$$

**定理 3.1.3** *设 $a \in \mathcal{A}$, 且 $a^d$ 存在, $x_0 \in \mathcal{A}$. 定义迭代公式为*

$$\begin{cases} r_k = aa^d - x_kaa^da, \\ x_{k+1} = (1 + r_k + \cdots + r_k^{p-1})x_k, \quad p \geqslant 2, k = 0, 1, 2, \cdots. \end{cases}  \tag{3.1.7}$$

如果 $aa^dx_0 = x_0aa^d = x_0$, $\rho(r_0) < 1$, 则 $x_k \to a^d$. 而且, 若 $\|r_0\| = q < 1$, 则

$$\|a^d - x_k\| \leqslant q^{p^k}(1 - q)^{-1}\|x_0\|.  \tag{3.1.8}$$

**定理 3.1.4** *设 $a \in \mathcal{A}$, 且 $a^d$ 存在, $x_0 \in \mathcal{A}$. 定义迭代公式为*

$$\begin{cases} r_k = aa^d - x_kaa^da, \\ x_{k+1} = r_kx_0 + x_k, \quad k = 0, 1, 2, \cdots. \end{cases}  \tag{3.1.9}$$

如果 $aa^{\mathrm{d}}x_0 = x_0aa^{\mathrm{d}} = x_0, \rho(r_0) < 1$, 则 $x_k \to a^{\mathrm{d}}$. 而且, 若 $\|r_0\| = q < 1$, 则

$$\|a^{\mathrm{d}} - x_k\| \leqslant q^{k+1}(1-q)^{-1}\|x_0\|. \tag{3.1.10}$$

下面, 给出计算 Banach 代数元素广义 Drazin 逆的另一个迭代格式.

**定理 3.1.5**　设 $a, p, y \in \mathcal{A}$, 且 $p^2 = p, pa = ap, (1-p)y = y(1-p) = y$. 定义迭代公式为

$$x_k = x_{k-1} + \beta y(1 - ax_{k-1}), \quad k = 1, 2, \cdots, \tag{3.1.11}$$

其中 $\beta \in \mathbb{C} \setminus \{0\}$, $x_0 \in \mathcal{A}$ 且 $y \neq yax_0$. 则 (3.1.11) 收敛当且仅当 $\rho(1-p-\beta ay) < 1$, 等价于 $\rho(1-p-\beta ya) < 1$.

此时, (i) 若 $(1-p)x_0 = x_0$, 则 $a^{\mathrm{d}}$ 存在且 (3.1.11) 收敛到 $a^{\mathrm{d}}$ 当且仅当 $ap$ 拟幂零, 且

$$a^{\mathrm{d}} = \beta(p + \beta ya)^{-1}y \tag{3.1.12}$$

$$= \beta y(p + \beta ay)^{-1}. \tag{3.1.13}$$

(ii) 如果 $q = \min\{\|1-p-\beta ay\|, \|1-p-\beta ya\|\} < 1$,

$$\|a^{\mathrm{d}} - x_k\| \leqslant \frac{|\beta|q^k}{1-q}\|y\|\,\|r_0\|, \tag{3.1.14}$$

其中 $r_0 = (1-p)(1-ax_0)$.

**证明**　记 $r_k = (1-p)(1-ax_k), k = 0, 1, 2, \cdots$, 显然 $(1-p)r_k = r_k$ 且

$$r_k = (1-p)[1 - ax_{k-1} - \beta ay(1 - ax_{k-1})]$$
$$= (1-p)(1 - ax_{k-1}) - \beta(1-p)ay(1 - ax_{k-1})$$
$$= (1-p-\beta ay)r_{k-1}.$$

由递推法可得

$$r_k = (1-p-\beta ay)^k r_0,$$

且

$$x_k = x_{k-1} + \beta y(1 - ax_{k-1})$$
$$= x_{k-1} + \beta y(1-p)(1 - ax_{k-1})$$
$$= x_{k-1} + \beta y r_{k-1}$$
$$= \cdots = x_0 + \beta y(r_0 + r_1 + \cdots + r_{k-1})$$
$$= x_0 + \beta y[1 + (1-p-\beta ay) + \cdots + (1-p-\beta ay)^{k-1}]r_0$$
$$= x_0 + \beta[1 + (1-p-\beta ya) + \cdots + (1-p-\beta ya)^{k-1}]yr_0.$$

令

$$f_k = 1 + (1 - p - \beta ay) + \cdots + (1 - p - \beta ay)^{k-1},$$
$$h_k = 1 + (1 - p - \beta ya) + \cdots + (1 - p - \beta ya)^{k-1}.$$

则

$$x_k = x_0 + \beta y f_k r_0 \tag{3.1.15}$$
$$= x_0 + \beta h_k y r_0. \tag{3.1.16}$$

从而

$$(p + \beta ay) f_k = 1 - (1 - p - \beta ay)^k, \tag{3.1.17}$$
$$(p + \beta ya) h_k = 1 - (1 - p - \beta ya)^k. \tag{3.1.18}$$

由 $(3.1.15) \sim (3.1.18)$, $\{x_k\}$ 收敛当且仅当 $\{f_k\}(\{h_k\})$ 收敛当且仅当 $(1 - p - \beta ay)^k \to 0((1 - p - \beta ya)^k \to 0)$ 当且仅当 $\rho(1 - p - \beta ay) < 1(\rho(1 - p - \beta ya) < 1)$.

(i) 若 $\rho(1 - p - \beta ay) < 1$(或 $\rho(1 - p - \beta ya) < 1$), 则 $p + \beta ay$ 和 $p + \beta ya$ 可逆, 再由 $(1 - p)y = y = y(1 - p)$, 有

$$y(p + \beta ay)^{-1} = (p + \beta ya)^{-1}y. \tag{3.1.19}$$

由 $(3.1.16), (3.1.18)$ 及 $(1 - p)x_0 = x_0$ 可得

$$\begin{aligned}
x_\infty &= x_0 + \beta(p + \beta ya)^{-1}y(1 - p)(1 - ax_0) \\
&= x_0 + \beta(p + \beta ya)^{-1}y - \beta(p + \beta ya)^{-1}yax_0 \\
&= x_0 + \beta(p + \beta ya)^{-1}y - (p + \beta ya)^{-1}[(p + \beta ya) - p]x_0 \\
&= x_0 + \beta(p + \beta ya)^{-1}y - (p + \beta ya)^{-1}(p + \beta ya)x_0 \\
&= \beta(p + \beta ya)^{-1}y \tag{3.1.20} \\
&= \beta y(p + \beta ay)^{-1} \tag{3.1.21}
\end{aligned}$$

和

$$p(p + \beta ay) = p + \beta pay = p = p + \beta yap = (p + \beta ya)p. \tag{3.1.22}$$

又由 $(3.1.20) \sim (3.1.22)$, 有

$$\begin{aligned}
x_\infty a &= (p + \beta ya)^{-1}[(p + \beta ya) - p] \\
&= 1 - (p + \beta ya)^{-1}p \\
&= 1 - p(p + \beta ay)^{-1} \\
&= [(p + \beta ay) - p](p + \beta ay)^{-1} \\
&= ax_\infty,
\end{aligned}$$

$$x_\infty a x_\infty = (1-p)\beta y(p+\beta ay)^{-1}$$
$$= x_\infty,$$
$$a - a^2 x_\infty = a - a(1-p)$$
$$= ap.$$

因此, $x_\infty = a^{\mathrm{d}}$ 当且仅当 $ap$ 拟幂零.

(ii) 类似于 (3.5.34) 的证明, 我们可利用 (3.1.15) $\sim$ (3.1.18), (3.1.20) 及 (3.1.21) 来证明 (3.1.14).

**注记 3.1.1**　与 [94] 不同的是, [94] 中考虑的是元素 $a$ 的关于0的谱投影, 即一个特殊的与 $a$ 可交换的幂等元素. 而本节中研究的是一般的与 $a$ 可交换的幂等元素, 因而, 本节结论更具有一般性.

对偶地, 我们有以下结果.

**定理 3.1.6**　设 $a, p, y \in \mathcal{A}$, 且 $p^2 = p, pa = ap, (1-p)y = y(1-p) = y$. 定义迭代公式为

$$x_k = x_{k-1} + \beta(1 - x_{k-1}a)y, \quad k = 1, 2, \cdots, \tag{3.1.23}$$

其中 $\beta \in \mathbb{C} \setminus \{0\}$, $x_0 \in \mathcal{A}$ 且 $y \neq x_0 ay$. 则 (3.1.23) 收敛当且仅当 $\rho(1-p-\beta ya) < 1$, 等价于 $\rho(1-p-\beta ay) < 1$. 此时,

(i) 若 $x_0(1-p) = x_0$, 则 $a^{\mathrm{d}}$ 存在且 (3.1.23) 收敛到 $a^{\mathrm{d}}$ 当且仅当 $pa$ 拟幂零, 且有

$$a^{\mathrm{d}} = \beta(p+\beta ya)^{-1}y \tag{3.1.24}$$
$$= \beta y(p+\beta ay)^{-1}. \tag{3.1.25}$$

(ii) 如果 $q = \min\{\|1-p-\beta ay\|, \|1-p-\beta ya\|\} < 1$,

$$\|a^{\mathrm{d}} - x_k\| \leqslant \frac{|\beta|q^k}{1-q}\|y\|\,\|r_0\|, \tag{3.1.26}$$

其中 $r_0 = (1-x_0 a)(1-p)$.

**注记 3.1.2**　下面我们考虑 (3.1.11) 和 (3.1.23) 中 $\beta$ 的取值. 由 [156, 推论 1.30], 有

$$\rho(1-\beta ay) = \max_{\lambda \in \sigma(ay)} |1-\beta\lambda| = \max_{\mu \in \sigma(ya)} |1-\beta\mu| = \rho(1-\beta ya),$$

则存在 $\lambda_0 \in \sigma(ay)$ 及 $\mu_0 \in \sigma(ya)$ 使得

$$\rho(1-\beta ay) = |1-\beta\lambda_0| = |1-\beta\mu_0|.$$

类似于注记 3.1.1, 当 $\beta$ 满足

$$0 < |\beta| < \frac{2\cos(\theta+\varphi)}{\rho(ay)}, \tag{3.1.27}$$

则有 $\rho(1-\beta ay) = \rho(1-\beta ya) < 1$, 其中 $\lambda_0 \in \sigma(ay)$, $|\lambda_0| = \rho(ay)$.

**引理 3.1.2** [98]   设 $X$ 和 $Y$ 是 Banach 空间, $A \in \mathscr{B}(\mathscr{X},\mathscr{Y})$. $T$ 和 $S$ 分别是 $X$ 和 $Y$ 的闭子空间, 则下列叙述等价:

(i) $A$ 有一个 $\{2\}$-逆 $B \in B(Y,X)$, 使得 $\mathcal{R}(B) = T$, $\mathcal{N}(B) = S$;

(ii) $T$ 是 $X$ 的完备子空间. $A(T)$ 是闭的, $A|_T : T \to A(T)$ 可逆, $A(T) \oplus S = Y$.

当 (i) 或 (ii) 成立时, $B$ 是唯一的, 用 $A_{T,S}^{(2)}$ 表示.

接下来, 用高阶迭代来计算 Banach 代数上的广义 Drazin 逆, 得到广义 Drazin 逆 $a^{\mathrm{d}}$ 关于迭代格式的误差界.

**定理 3.1.7**   设 $a \in \mathcal{A}, p \in \mathcal{A}$ 是幂等的, $ap = pa$, $y \in \mathcal{A}$, $(1-p)y = y(1-p) = y$. 定义 $\mathcal{A}$ 中的数列 $\{x_k\}$ 使得

$$\begin{cases} x_0 = \alpha y, \quad \forall x_0 \in \mathcal{A}, \\ x_k = [\mathrm{C}_t^1 - \mathrm{C}_t^2 x_{k-1} a + \cdots + (-1)^{t-1}\mathrm{C}_t^t (x_{k-1}a)^{t-1}]x_{k-1}, \end{cases} \tag{3.1.28}$$

其中 $\alpha \in \mathbb{C} \backslash \{0\}$, $t \geqslant 2$. 则 (3.1.28) 迭代收敛于 $\lim x_k$, $px_0 = 0$ 当且仅当 $\rho(1-p-\alpha ya) < 1$. 此时如果 $\mathrm{ann}^l(y) \cap (1-p)\mathcal{A}(1-p) = \{0\}$. 则

(i) $a^{\mathrm{d}}$ 存在, (3.1.28) 迭代收敛于 $a^{\mathrm{d}}$ 当且仅当在 $\mathcal{A}$ 中 $ap$ 是拟幂零的.

(ii) 如果 $q = (1-p-\alpha ya) < 1$, 则 $\|a^{\mathrm{d}} - x_k\| \leqslant \dfrac{q^{t^k}\|y\| \cdot \|\alpha\|}{\|p + \alpha ya\|}$.

**证明**   (i) $(1-p)y = y(1-p) = y$ 和 $x_0 = \alpha y$, 蕴含 $(1-p)x_0 = x_0$. 对 $k$ 采用归纳法, 有

$$(1-p)x_k = (1-p)[\mathrm{C}_t^1 - \mathrm{C}_t^2 x_{k-1} a + \cdots + (-1)^{t-1}\mathrm{C}_t^t (x_{k-1}a)^{t-1}]x_{k-1} = x_k. \tag{3.1.29}$$

由 (3.1.28) 得到

$$x_k a - 1 = (-1)^{t-1}(x_{k-1}a - 1)^t = (-1)^{(t-1)k}(x_0 a - 1)^{t^k}. \tag{3.1.30}$$

由 (3.1.29), (3.1.30) 可得

$$(1-p)(x_k a - 1) = x_k a - (1-p) = (-1)^{(t-1)k}(x_0 a - (1-p))^{t^k}. \tag{3.1.31}$$

(3.1.31) 中右边的最后一个等式蕴含着

$$0 = \lim_{t \to \infty} (-1)^{t-1}(x_0 a - (1-p))^{t^k}, \tag{3.1.32}$$

由 (3.1.32), 易得 $\rho(x_0a - (1-p)) = \rho(1-p-\alpha ya) < 1$.

反之, 假设 $\rho(1-p-\alpha ya) < 1$. 因为 $pa = ap$, $(1-p)y = y(1-p) = y$, $(1-p-\alpha ya) \in (1-p)\mathcal{A}(1-p)$, 则在 $(1-p)\mathcal{A}(1-p)$ 中 $ya$ 是可逆的. 下面我们将证明在 $(1-p)\mathcal{A}(1-p)$ 中 $ay$ 是可逆的. 在 $ay \in (1-p)\mathcal{A}(1-p)$, 如果对一些 $c \in (1-p)\mathcal{A}(1-p), ayc = 0$. $yc = [(ya)]^{-1}_{(1-p)\mathcal{A}}yac$. 因此 $c \in \mathrm{ann}^r(y) \cap (1-p)\mathcal{A}(1-p) = \{0\}$, $c = 0$. 所以 $0 \notin [(ay)]_{(1-p)\mathcal{A}(1-p)}$, 在 $(1-p)\mathcal{A}(1-p)$ 中 $ay$ 是可逆的.

(i) 下面我们将考虑 (i) 的结果. 把 (3.1.28) 写成

$$x_ka = (1-p) + (-1)^{t-1}(x_0a - (1-p))^{t^k},\qquad(3.1.33)$$

因此 (3.1.33) 右乘 $y$, 得

$$x_kay = (1-p)y + (-1)^{t-1}(x_0a - (1-p))^{t^k}y.\qquad(3.1.34)$$

由引理 3.1.2 和 (3.1.34), 得到 $x_k$ 收敛于 $y[(ay)]^{-1}_{(1-p)\mathcal{A}(1-p)}$, 用 $x_\infty = y[(ay)]^{-1}_{(1p)\mathcal{A}(1-p)}$ 表示. 所以在 $(1-p)\mathcal{A}(1-p)$ 中, $y[(ay)]^{-1} = [(ya)]^{-1}y$, 有

$$x_\infty a = y[(ay)]^{-1}_{(1-p)\mathcal{A}(1-p)}a.$$

因此得到 $a - a^2x_\infty = ap$. 由 $x_\infty ax_\infty = ay[(ay)]^{-1}_{(1-p)\mathcal{A}(1-p)}x_\infty = x_\infty$, 得到 $x_\infty = a^{\mathrm{d}}$ 当且仅当在 $\mathcal{A}$ 中, $ap$ 是拟幂零的.

(ii) 因为 $p$ 是幂等的, 且 $ap = pa$,

$$(1-p)y = y(1-p) = y, \quad p(p+\alpha ay)ay = p(p+\alpha ya),$$

则

$$\alpha(p+\alpha ay)^{-1}ay = 1 - (p+\alpha ay)^{-1}p = 1 - p$$
$$= 1 - p(p+\alpha ay)$$
$$= \alpha ay(p+\alpha ay)^{-1}.$$

因此得到, 在 $(1-p)\mathcal{A}(1-p)$ 中 $(ay)^{-1} = \alpha(p+\alpha ay)^{-1}$. 即

$$x_kay = [(1-p) + (-1)^{t+1}[\alpha ay - (1-p)]^{t^k}]y.\qquad(3.1.35)$$

因此由(i)和 (3.1.35), 有

$$a^{\mathrm{d}} - x_k = x_\infty - x_k$$
$$= y[(ay)]^{-1}_{(1-p)\mathcal{A}(1-p)} - [(1-p) + (-1)^{t+1}[\alpha ay - (1-p)]^{t^k}]y[(ay)]^{-1}_{(1-p)\mathcal{A}(1-p)}$$
$$= (-1)^{t+2}[\alpha ay - (1-p)]^{t^k}y[(ay)]^{-1}_{(1-p)\mathcal{A}(1-p)}.\qquad(3.1.36)$$

取 (3.1.36) 的极限, 得到(ii).

相似地我们有下面的定理:

**定理 3.1.8** 设 $a \in \mathcal{A}, p \in \mathcal{A}$ 是幂等的,$ap = pa, y \in \mathcal{A}, (1-p)y = y(1-p) = y$. 定义 $\mathcal{A}$ 中的数列 $\{x_k\}$ 使得

$$\begin{cases} x_0 = \alpha y, \quad \forall x_0 \in \mathcal{A}, \\ x_k = x_{k-1}[\mathrm{C}_t^1 - \mathrm{C}_t^2 ax_{k-1} + \cdots + (-1)^{t-1}\mathrm{C}_t^t(ax_{k-1})^{t-1}], \end{cases} \tag{3.1.37}$$

其中 $\alpha \in \mathbb{C}\backslash\{0\}, t \geqslant 2$. 则(3.1.37)迭代式收敛于 $\lim x_k, px_0 = 0$ 当且仅当 $\rho(1 - p - a\alpha y) < 1$. 此时, 如果 $\mathrm{ann}^l(y) \cap (1-p)\mathcal{A}(1-p) = \{0\}$. 则

(i) $a^{\mathrm{d}}$ 存在, (3.1.37) 迭代式收敛于 $a^{\mathrm{d}}$ 当且仅当在 $\mathcal{A}$ 中 $ap$ 是拟幂零的.

(ii) 若 $q = (1 - p - \alpha ya) < 1$, 则 $\|a^{\mathrm{d}} - x_k\| \leqslant \dfrac{q^{t^k}\|y\| \cdot \|\alpha\|}{\|p + \alpha ya\|}$.

## 3.2 算子分块矩阵的群逆

下面我们将应用定理 2.11.2 求分块矩阵

$$M = \begin{pmatrix} A & B \\ C & D \end{pmatrix} \tag{3.2.1}$$

在 $A, B, C, D$ 满足一定条件下的群逆表示, 主要方法是将 $M$ 分解成 $M = M_1 + M_2$, 其中 $M_1, M_2$ 包含 $M$ 的一些元且 $M_1, M_2$ 群可逆且 $M_1M_2 = 0$.

记 $\overline{p} = 1 - p$, 显然 $\overline{p}$ 也是幂等的且 $p\overline{p} = \overline{p}p = 0$, 于是对任意 $a \in \mathcal{A}$ 有如下矩阵分解[39]:

$$a = \begin{pmatrix} pap & pa\overline{p} \\ \overline{p}ap & \overline{p}a\overline{p} \end{pmatrix}. \tag{3.2.2}$$

注意到 $p$ 是幂等的, 则 $p\mathcal{A}p, \overline{p}\mathcal{A}\overline{p}$ 为单位 $p, \overline{p}$ 的 Banach 代数.

若 $P, M \in \mathbb{C}^{n \times n}$ 为幂等矩阵, $P = S(I_r \oplus 0)S^{-1}$, 其中 $S \in \mathbb{C}^{n \times n}$ 非奇异, 则由 (3.2.2), $M$ 可以写成

$$M = S\begin{pmatrix} A & B \\ C & D \end{pmatrix}S^{-1}, \quad A \in \mathbb{C}^{r \times r}, D \in \mathbb{C}^{(n-r) \times (n-r)}. \tag{3.2.3}$$

于是有

$$PMP = S\begin{pmatrix} I_r & 0 \\ 0 & 0 \end{pmatrix}\begin{pmatrix} A & B \\ C & D \end{pmatrix}\begin{pmatrix} I_r & 0 \\ 0 & 0 \end{pmatrix}S^{-1} = S\begin{pmatrix} A & 0 \\ 0 & 0 \end{pmatrix}S^{-1},$$

则 (3.2.3) 中的 $A$ 可由 $PMP$ 确定, 类似地, 其余各块可分别由 $PM\overline{P}, \overline{P}MP, \overline{P}M\overline{P}$ 确定.

　　记 $P : \mathcal{X} \times \mathcal{Y} \to \mathcal{X} \times \mathcal{Y}$ 由 $P(x,y) = (x,0)$ 确定的投影. 由于 $M \in \mathcal{B}(\mathcal{X}, \mathcal{Y})$ 可以表示为 $M(x,y) = (M_1(x,y), M_2(x,y))$, 于是,

$$PMP(x,y) = PM(x,0) = P(M_1(x,0), M_2(x,0)) = (M_1(x,0),0),$$

则 $PMP$ 可由 $\mathcal{B}(\mathcal{X})$ 中的算子 $x \mapsto M_1(x,0)$ 确定; 类似地, $PM\overline{P}$ 可由 $\mathcal{B}(\mathcal{Y}, \mathcal{X})$ 中的算子 $y \mapsto M_1(0,y)$ 确定.

　　我们将在子代数 $p\mathcal{A}p$ 中描述可逆或群可逆元, 其中 $p$ 是 $\mathcal{A}$ 中的非平凡幂等元, 若对 $\forall a \in \mathcal{A}$, 在 $\mathcal{A}$ 中 $pap$ 是可逆的, 即存在 $x \in \mathcal{A}$ 满足 $papx = 1$, 左乘 $\overline{p}$ 可得 $0 = \overline{p}$, 这与 $p$ 是非平凡的矛盾. 然而群逆则不同, 首先在 Banach 子代数 $\mathcal{B} \subset \mathcal{A}$ 中分别记 $\mathrm{inv}(a, \mathcal{B})$ 与 $\sharp(a, \mathcal{B})$ 为可逆和群可逆.

　　**定理 3.2.1**　设 $\mathcal{A}$ 为含有单位的代数, $p \in \mathcal{A}$ 为幂等元, $a \in \mathcal{A}$, 则

(i) $pap \in (p\mathcal{A}p)^{-1}$ 当且仅当 $pap + \overline{p} \in \mathcal{A}^{-1}$. 此时有

$$\mathrm{inv}(pap, p\mathcal{A}p) = (pap + \overline{p})^{-1} - \overline{p}.$$

(ii) 如果 $pap \in \mathcal{A}^{\sharp}$, 则 $(pap)^{\sharp} \in p\mathcal{A}p$.

(iii) $pap \in (p\mathcal{A}p)^{\sharp}$ 当且仅当 $pap \in \mathcal{A}^{\sharp}$. 此时有 $\sharp(pap, p\mathcal{A}p) = (pap)^{\sharp}$.

　　**证明**　(i) 设 $pap \in (p\mathcal{A}p)^{-1}$, $p$ 是子代数 $p\mathcal{A}p$ 的单位, 即存在 $b \in \mathcal{A}$ 满足 $(pap)(pbp) = p, (pbp)(pap) = p$, 即 $papbp = p$ 且 $pbpap = p$, 则

$$(pap + \overline{p})(pbp + \overline{p}) = papbp + pap\overline{p} + \overline{p}pbp + \overline{p}^2 = p + \overline{p} = 1.$$

类似地 $(pbp + \overline{p})(pap + \overline{p}) = 1$ 成立, 这就证得 $pap + \overline{p} \in \mathcal{A}^{-1}$ 和 $(pap + \overline{p})^{-1} = pbp + \overline{p} = \mathrm{inv}(pap, p\mathcal{A}p) + \overline{p}$.

　　下面假设存在 $x \in \mathcal{A}$ 满足 $(pap + \overline{p})x = 1$ 和 $x(pap + \overline{p}) = 1$, 即 $papx + \overline{p}x = 1, xpap + x\overline{p} = 1$, 则有

$$(pap)(pxp) = (papx)p = (1 - \overline{p}x)p = p - \overline{p}xp.$$

左乘 $p$ 可得 $(pap)(pxp) = p$, 类似地可得 $(pxp)(pap) = p$.

　　(ii) 因为 $pap \in \mathcal{A}^{\sharp}$, 则存在 $x \in \mathcal{A}$ 满足 $x = (pap)^{\sharp}$, 即

$$papx = xpap, \quad papxpap = pap, \quad xpapx = x.$$

下证 $x \in p\mathcal{A}p$, 因为 $\overline{p}x = \overline{p}xpapx = \overline{p}papx^2 = 0$, 得到 $x = px$, 类似地 $x\overline{p} = xpapx\overline{p} = x^2pap\overline{p} = 0$. 得到 $x = xp$, 所以 $x = pxp$.

(iii) 由群逆的定义, 显然 $pap \in (pAp)^\sharp$ 得到 $pap \in \mathcal{A}^\sharp$ 和 $\sharp(pap, pAp) = (pap)^\sharp$. 设 $pap \in \mathcal{A}^\sharp$, 则存在 $b \in \mathcal{A}$ 使得

$$(pap)b = b(pap), \quad (pap)b(pap) = pap, \quad b(pap)b = b.$$

分别对上式左乘及右乘 $p$ 且 $p^2 = p$ 可得

$$(pap)(pbp) = (pbp)(pap), \quad (pap)b(pap) = pap, \quad pb(pap)bp = pbp,$$

这等式意味着 $pap \in (pAp)^\sharp$.

**引理 3.2.1** 设 $\mathcal{A}$ 为有单位的 Banach 代数, $q \in \mathcal{A}$ 为幂等元, $a \in \mathcal{A}$ 满足 $qa = a$, 则以下条件等价:

(i) $qaq \in \mathcal{A}^\sharp$ 和 $[1 - a(qaq)^\sharp]a\bar{q} = 0$;

(ii) $a \in \mathcal{A}^\sharp$.

此时有

$$a^\sharp = (qaq)^\sharp + ((qaq)^\sharp)^2 a\bar{q}. \tag{3.2.4}$$

**证明** (i)$\Rightarrow$(ii) 设 $b = (qaq)^\sharp$, 由群逆的定义有

$$bqaqb = b, \quad qaqbqaq = qaq, \quad qaqb = bqaq. \tag{3.2.5}$$

由定理 3.2.1, 则存在 $x \in \mathcal{A}$ 满足 $b = qxq$, 令由 $q^2 = q$ 可得 $bq = b = qb$, 所以由 $qa = a$, 由 (3.2.5) 可以推出

$$bab = b, \quad abaq = aq, \quad ab = baq. \tag{3.2.6}$$

设 $c = b + b^2 a\bar{q}$, 下面将由群逆定义来证 $a^\sharp = c$, 首先,

$$
\begin{aligned}
ac &= a(b + b^2 a\bar{q}) = ab + ab^2 a\bar{q} \\
&= ab + (ab)(ba) - (ab)(baq) = ab + (baq)(ba) - (ab)(ab) \\
&= ab + ba(qb)a - a(bab) = ab + baba - ab = ba.
\end{aligned}
$$

由 $qa = a$, 所以 $\bar{q}a = 0$, 于是有

$$ca = (b + b^2 a\bar{q})a = ba,$$

所以 $ac = ca$, 另外,

$$cac = (ca)c = (ba)(b + b^2 a\bar{q}) = bab(1 + ba\bar{q}) = b(1 + ba\bar{q}) = c.$$

下证 $aca = a$, 由 $(1-ab)a\bar{q} = 0$ 及 (3.2.6) 第二式可得 $aba = a$, 所以

$$aca = a(ca) = a(ba) = aba = a.$$

于是证得 $a^\sharp = c$.

(ii)⇒(i)　首先注意到 $qa^\sharp = qa^\sharp aa^\sharp = qa(a^\sharp)^2 = a(a^\sharp)^2 = a^\sharp$, 下面用群逆定义证 $qa^\sharp q = (qaq)^\sharp$, 显然 $(qaq)(qa^\sharp q) = aa^\sharp = a^\sharp aq = (qa^\sharp q)(qaq)$, 另外,

$$(qaq)(qa^\sharp q)(qaq) = aa^\sharp aq = aq = qaq.$$

同理有 $(qa^\sharp q)(qaq)(qa^\sharp q) = qa^\sharp q$, 最后证 $[1-a(qaq)^\sharp]a\bar{q} = 0$, 事实上,

$$[1-a(qaq)^\sharp]a\bar{q} = a\bar{q} - a(qa^\sharp q)a\bar{q} = a\bar{q} - aqa^\sharp qa\bar{q} = a\bar{q} - a\bar{q} = 0.$$

**定理 3.2.2**　设 $\mathcal{A}$ 为有单位的 Banach 代数, $a \in \mathcal{A}, q \in \mathcal{A}$ 为幂等, 设 $pap$ 与 $\bar{q}a\bar{q}$ 群可逆且

$$pa\bar{q}a = 0, \quad (1-pa(pap)^\sharp)pa\bar{q} = 0, \quad (1-\bar{q}a(\bar{q}a\bar{q})^\sharp)\bar{q}ap = 0,$$

则

$$a^\sharp = (1-ca)(b+b^2pa\bar{p}) + (c+c^2\bar{p}ap)(1-ba).$$

**证明**　设 $a_1 = pa, a_2 = \bar{p}a$, 由假设有 $a_1a_2 = pa\bar{p}a = 0$, 下面利用引理 3.2.1 证 $a_1$ 群可逆, 因为 $pa_1 = p(pa) = pa = a_1, pa_1p = pap \in \mathcal{A}^\sharp$ 及 $(1-a_1(pa_1p)^\sharp)a_1\bar{q} = (1-pa(pap)^\sharp)pa\bar{q} = 0$ 有 $a_1 \in \mathcal{A}^\sharp$ 且

$$a_1^\sharp = (pa_1p)^\sharp + ((pa_1p)^\sharp)^2 a_1\bar{p} = (pap)^\sharp + ((pap)^\sharp)^2 pa\bar{p}.$$

同理利用引理 3.2.1 证 $a_2$ 群可逆, 用 $\bar{p}$ 代替 $p$, 事实上 $\bar{p}a_2 = a_2, \bar{p}a_2\bar{p} = \bar{p}a\bar{p} \in \mathcal{A}^\sharp$ 且

$$(1-a_2(\bar{p}a_2\bar{p})^\sharp)a_2p = (1-\bar{p}a(\bar{p}a\bar{p})^\sharp)\bar{p}ap = 0.$$

于是

$$a_2^\sharp = (\bar{p}a\bar{p})^\sharp + ((\bar{p}a\bar{p})^\sharp)^2 \bar{p}ap.$$

由定理 2.11.2 有
$$a^\sharp = (a_1+a_2)^\sharp = a_2^\pi a_1^\sharp + a_2^\sharp a_1^\pi,$$

下面给出 $a_1^\pi$ 与 $a_2^\pi$ 的表示, 令 $b = (pap)^\sharp$, 有

$$a_1^\pi = 1 - a_1a_1^\sharp = 1 - pa(b+b^2pa\bar{p}) = 1 - pab + pab^2pa\bar{p}.$$

但是由于 $b = (pap)^\sharp \in (p\mathcal{A}p)^\sharp$, 由定理 3.2.1(ii) 得 $bp = b = pb$, 类似于引理 3.2.1 的证明, (3.2.6) 的等式也是成立的, 所以 $pab = pbap = bap$, $pab^2 = bapb = bab = b$, 于是

$$a_1^\pi = 1 - pab - pab^2 pa\bar{p} = 1 - bap - bpa\bar{p} = 1 - bap - ba\bar{p} = 1 - ba.$$

同理 $a_2^\pi = 1 - ca$, 其中 $c = (\bar{p}a\bar{p})^\sharp$, 于是

$$a^\sharp = a_2^\pi a_1^\sharp + a_2^\sharp a_1^\pi = (1 - ca)(b + b^2 pa\bar{p}) = (c + c^2 \bar{p}ap)(1 - ba).$$

接下来我们将应用定理 3.2.2 给出算子分块矩阵 $M \in \mathcal{B}(X \times Y)$ 表示如下:

$$M = \begin{pmatrix} A & B \\ C & D \end{pmatrix}, \tag{3.2.7}$$

其中 $X, Y$ 是 Banach 空间, $A \in \mathcal{B}(X), B \in \mathcal{B}(Y \times X), C \in \mathcal{B}(X \times Y), D \in \mathcal{B}(Y)$.

**定理 3.2.3** 设 $M$ 为 (3.2.7) 的算子矩阵, 若 $A, D$ 群可逆, $BC = 0, BD = 0, A^\pi B = 0, D^\pi C = 0$, 则 $M$ 群可逆且

$$M^\sharp = \begin{pmatrix} A^\sharp & (A^\sharp)^2 B \\ -D^\sharp C A^\sharp + (D^\sharp)^2 C A^\pi & D^\sharp - D^\sharp C (A^\sharp)^2 B - (D^\sharp)^2 C A^\sharp B \end{pmatrix}.$$

**证明** 应用定理 3.2.2, 确定 $M \leftrightarrow a$, 幂等

$$P = \begin{pmatrix} I_X & 0 \\ 0 & 0 \end{pmatrix} \leftrightarrow p,$$

其中 $I_X$ 为 Banach 空间 $X$ 的单位算子, 因为 $A$ 在 $\mathcal{B}(X)$ 群可逆, 且由 $PMP = A \oplus 0$, 可得 $PMP$ 在 $\mathcal{B}(X \times Y)$ 群可逆, 且 $(PMP)^\sharp = A^\sharp \oplus 0$; 同理 $\bar{P}M\bar{P}$ 群可逆且 $(\bar{P}M\bar{P})^\sharp = D^\sharp \oplus 0$, 由 $BC = 0$ 与 $BD = 0$ 可得 $PM\bar{P}M = 0$. 计算可得

$$[I_{X \times Y} - PM(PMP)^\sharp]PM\bar{P} = \begin{pmatrix} 0 & A^\pi B \\ 0 & 0 \end{pmatrix},$$

所以由定理假设可得 $[I_{X \times Y} - PM(PMP)^\sharp]PM\bar{P} = 0$.

类似地, 由 $D^\pi C = 0$ 可得 $[I_{X \times Y} - \bar{P}M(\bar{P}M\bar{P})^\sharp]\bar{P}MP = 0$. 应用定理 3.2.2 就可以得到本定理的等式.

**定理 3.2.4** 设 $M$ 为 (3.2.7) 的算子矩阵, 若 $A, D$ 群可逆, $CA = 0, CB = 0, A^\pi B = 0, D^\pi C = 0$, 则 $M$ 群可逆且

$$M^\sharp = \begin{pmatrix} A^\sharp - (A^\sharp)^2 BD^\sharp C - A^\sharp B(D^\sharp)^2 C & (A^\sharp)^2 BD^\pi - A^\sharp BD^\sharp \\ (D^\sharp)^2 C & D^\sharp \end{pmatrix}.$$

**证明**　类似于定理 3.2.3 的方法, 只是定义 $M \leftrightarrow a$ 及幂等 $P = 0 \oplus I_Y \leftrightarrow p$.

**定理 3.2.5**　设 $M$ 为 (3.2.7) 的算子矩阵, 若 $A, D$ 群可逆, $BC = 0, DC = 0, CA^\pi = 0, BD^\pi = 0$, 则 $M$ 群可逆且

$$M^\sharp = \begin{pmatrix} A^\sharp & A^\sharp BD^\sharp + A^\pi B(D^\sharp)^2 \\ C(A^\sharp)^2 & C(A^\sharp)^2 BD^\sharp - CA^\sharp B(D^\sharp)^2 + D^\sharp \end{pmatrix}.$$

**定理 3.2.6**　设 $M$ 为 (3.2.7) 的算子矩阵, 若 $A, D$ 群可逆, $AB = 0, CB = 0, CA^\pi = 0, BD^\pi = 0$, 则 $M$ 群可逆且

$$M^\sharp = \begin{pmatrix} A^\sharp - BD^\sharp C(A^\sharp)^2 - B(D^\sharp)^2 CA^\sharp & B(D^\sharp)^2 \\ D^\pi C(A^\sharp)^2 - D^\# CA^\# & D^\sharp \end{pmatrix}.$$

## 3.3　$2 \times 2$ 算子矩阵的广义 Drazin 逆

**定理 3.3.1**　令 $A$ 和 $D$ 是广义 Drazin 逆的和 $M$ 是形为 (1.2.10) 的矩阵. 若 $AA^\pi B = BD, DC = D^\pi CAA^\pi$ 和 $BC = 0$, 则

$$M^d = \begin{pmatrix} A^d & (A^d)^2 B + \sum_{n=0}^{\infty} A^n B(D^d)^{n+2} \\ C(A^d)^2 & D^d + C(A^d)^3 B + \sum_{n=1}^{\infty}\sum_{i=1}^{n} D^{i-1} CA^{n-i} B(D^d)^{n+2} \end{pmatrix}. \tag{3.3.1}$$

**证明**　令 $M$ 为 $M = P + Q$, 其中

$$P = \begin{pmatrix} AA^\pi & 0 \\ 0 & D \end{pmatrix}, \qquad Q = \begin{pmatrix} A^2 A^d & B \\ C & 0 \end{pmatrix}$$

和

$$P^d = \begin{pmatrix} 0 & 0 \\ 0 & D^d \end{pmatrix}, \qquad P^\pi = \begin{pmatrix} I & 0 \\ 0 & D^\pi \end{pmatrix}.$$

由 $DC = D^\pi CAA^\pi$ 和 $AA^\pi B = BD$, 得到

$$D^d C = (D^d)^2 DC = (D^d)^2 D^\pi CAA^\pi = 0, \qquad DCA^d = D^\pi CAA^\pi A^d = 0$$

和

$$A^d BD = A^d AA^\pi B = 0.$$

从 $BC = 0$, 通过引理 1.2.11, 我们得到

$$(Q^{\mathrm{d}})^i = \begin{pmatrix} (A^{\mathrm{d}})^i & (A^{\mathrm{d}})^{i+1}B \\ X_{i-1} & X_i B \end{pmatrix},$$

其中 $X_n$ 在 (1.2.12) 中被定义. 因为 $D^{\mathrm{d}}C = 0$ 和 $DCA^{\mathrm{d}} = 0$, 故有

$$X_n = C(A^{\mathrm{d}})^{n+2}, \quad n \geqslant 0$$

和

$$Q^{\pi} = \begin{pmatrix} A^{\pi} & -A^{\mathrm{d}}B \\ -CA^{\mathrm{d}} & I - C(A^{\mathrm{d}})^2 B \end{pmatrix}.$$

因为 $AA^{\pi}B = BD$ 和 $DC = D^{\pi}CAA^{\pi}$, 我们得到 $PQ = P^{\pi}QPQ^{\pi}$. 应用定理 2.5.2, 得到

$$(P + Q)^{\mathrm{d}} = Q^{\pi}P^{\mathrm{d}} + Q^{\mathrm{d}}P^{\pi} + \sum_{n=0}^{\infty}(Q^{\mathrm{d}})^{n+2}P(P+Q)^n P^{\pi} + Q^{\pi}\sum_{n=0}^{\infty}(P+Q)^n Q(P^{\mathrm{d}})^{n+2}$$

$$- \sum_{n=0}^{\infty}\sum_{k=0}^{\infty}(Q^{\mathrm{d}})^{k+1}P(P+Q)^{n+k}Q(P^{\mathrm{d}})^{n+2} - \sum_{n=0}^{\infty}(Q^{\mathrm{d}})^{n+2}P(P+Q)^n QP^{\mathrm{d}}.$$

$$(3.3.2)$$

从 $A^{\mathrm{d}}BD = 0$ 得到

$$Q^{\pi}P^{\mathrm{d}} = P^{\mathrm{d}}, \qquad Q^{\mathrm{d}}P^{\pi} = Q^{\mathrm{d}} \tag{3.3.3}$$

和

$$Q^{\mathrm{d}}P = \begin{pmatrix} A^{\mathrm{d}} & (A^{\mathrm{d}})^2 B \\ C(A^{\mathrm{d}})^2 & C(A^{\mathrm{d}})^3 B \end{pmatrix}\begin{pmatrix} AA^{\pi} & 0 \\ 0 & D \end{pmatrix} = \begin{pmatrix} 0 & (A^{\mathrm{d}})^2 BD \\ 0 & C(A^{\mathrm{d}})^3 BD \end{pmatrix} = \begin{pmatrix} 0 & 0 \\ 0 & 0 \end{pmatrix}.$$

因此从 (3.3.2) 得到

$$(P + Q)^{\mathrm{d}} = P^{\mathrm{d}} + Q^{\mathrm{d}} + Q^{\pi}\sum_{n=0}^{\infty}(P+Q)^n Q(P^{\mathrm{d}})^{n+2}.$$

因为 $A^{\mathrm{d}}BD = 0$, 故有

$$Q^{\pi}Q(P^{\mathrm{d}})^2 = \begin{pmatrix} 0 & A^{\pi}B(D^{\mathrm{d}})^2 \\ 0 & -CA^{\mathrm{d}}B(D^{\mathrm{d}})^2 \end{pmatrix} = \begin{pmatrix} 0 & A^{\pi}B(D^{\mathrm{d}})^2 \\ 0 & 0 \end{pmatrix} = \begin{pmatrix} 0 & B(D^{\mathrm{d}})^2 \\ 0 & 0 \end{pmatrix}.$$

$$(3.3.4)$$

这个条件 $BC = 0$ 和 $DC = D^\pi CAA^\pi$ 隐含着 $BD^nC = 0$. 从 $BD^nC = 0$ 和 $A^dBD = 0$, 故有

$$Q^\pi \sum_{n=0}^\infty (P+Q)^n Q(P^d)^{n+2}$$

$$= \begin{pmatrix} 0 & \sum_{n=1}^\infty A^n B(D^d)^{n+2} \\ 0 & \sum_{n=1}^\infty \sum_{i=1}^n D^{i-1}CA^{n-i}B(D^d)^{n+2} \end{pmatrix}, \quad n \geqslant 1. \tag{3.3.5}$$

从 (3.3.3)~(3.3.5) 得到 (3.3.1).

**定理 3.3.2**　令 $A$ 和 $D$ 是广义 Drazin 逆和 $M$ 是形为 (1.2.10) 的矩阵. 若 $DD^\pi C = CA$, $AB = A^\pi BDD^\pi$ 和 $CB = 0$, 则

$$M^d = \begin{pmatrix} A^d + B(D^d)^3 C + \sum_{n=1}^\infty \sum_{i=1}^n A^{n-i}BD^{i-1}C(A^d)^{n+2} & B(D^d)^2 \\ (D^d)^2 C + \sum_{n=0}^\infty D^n C(A^d)^{n+2} & D^d \end{pmatrix}. \tag{3.3.6}$$

**证明**　令 $M$ 为 $M = P + Q$, 其中

$$P = \begin{pmatrix} A & 0 \\ 0 & DD^\pi \end{pmatrix}, \qquad Q = \begin{pmatrix} 0 & B \\ C & D^2D^d \end{pmatrix}$$

和

$$P^d = \begin{pmatrix} A^d & 0 \\ 0 & 0 \end{pmatrix}, \qquad P^\pi = \begin{pmatrix} A^\pi & 0 \\ 0 & I \end{pmatrix}.$$

因为 $DD^\pi C = CA$ 和 $AB = A^\pi BDD^\pi$, 得到

$$A^dB = (A^d)^2 AB = (A^d)^2 A^\pi BDD^\pi = 0,$$

$$ABD^d = A^\pi BDD^\pi D^d = 0,$$

$$D^dCA = D^dDD^\pi C = 0.$$

由 $CB = 0$, 通过引理 1.2.12, 得到

$$(Q^d)^i = \begin{pmatrix} X_{i+1}C & X_i \\ (D^d)^{i+1}C & (D^d)^i \end{pmatrix},$$

其中在 (1.2.12) 中 $X_n$ 被定义. 因为 $A^dB = 0$ 和 $ABD^d = 0$, 得到

$$X_n = B(D^d)^{n+1}, \quad n \geqslant 1,$$

$$Q^\pi = \begin{pmatrix} I - B(D^d)^2C & -BD^d \\ -D^dC & D^\pi \end{pmatrix}.$$

因为 $DD^\pi C = CA$ 和 $AB = A^\pi BDD^\pi$, 我们得到 $PQ = P^\pi QPQ^\pi$. 应用定理 2.5.2, 得到 (3.3.2).

从 $D^d CA = 0$ 有

$$Q^d P = \begin{pmatrix} B(D^d)^3C & B(D^d)^2 \\ (D^d)^2C & D^d \end{pmatrix} \begin{pmatrix} A & 0 \\ 0 & DD^\pi \end{pmatrix}$$

$$= \begin{pmatrix} B(D^d)^3CA & B(D^d)^2DD^\pi \\ (D^d)^2CA & D^dDD^\pi \end{pmatrix} = \begin{pmatrix} 0 & 0 \\ 0 & 0 \end{pmatrix}.$$

因此得到

$$(P+Q)^d = Q^\pi P^d + Q^d P^\pi + Q^\pi \sum_{n=0}^{\infty} (P+Q)^n Q(P^d)^{n+2}.$$

从 $D^d CA = 0$ 得到

$$Q^\pi P^d = P^d, \qquad Q^d P^\pi = Q^d \tag{3.3.7}$$

和

$$Q^\pi Q(P^d)^2 = \begin{pmatrix} I - B(D^d)^2C & -BD^d \\ -D^dC & D^\pi \end{pmatrix} \begin{pmatrix} 0 & 0 \\ C(A^d)^2 & 0 \end{pmatrix}$$

$$= \begin{pmatrix} 0 & 0 \\ D^\pi C(A^d)^2 & 0 \end{pmatrix} = \begin{pmatrix} 0 & 0 \\ C(A^d)^2 & 0 \end{pmatrix}. \tag{3.3.8}$$

这个条件 $DD^\pi C = CA$ 和 $CB = 0$ 隐含着 $CA^iB = 0$. 从 $CB = 0$ 和 $CA^iB = 0$, 得到

$$Q^\pi \sum_{n=0}^{\infty} (P+Q)^n Q(P^d)^{n+2}$$

$$= \begin{pmatrix} \displaystyle\sum_{n=1}^{\infty} \sum_{i=1}^{n} A^{n-i}BD^{i-1}C(A^d)^{n+2} & 0 \\ \displaystyle\sum_{n=1}^{\infty} D^n C(A^d)^{n+2} & 0 \end{pmatrix}, \quad n \geqslant 1. \tag{3.3.9}$$

从 (3.3.7)~(3.3.9) 得到 (3.3.6).

**定理 3.3.3**　令 $A$, $D$, $BC$ 和 $CB$ 是广义 Drazin 逆和 $M$ 是形为 (1.2.10) 的矩阵. 若 $AB = A^\pi BD$, $DC = D^\pi CA$ 和 $BC = 0$, 则

$$M^d = \begin{pmatrix} A^d & 0 \\ 0 & D^d \end{pmatrix} + \sum_{n=0}^{\infty} \begin{pmatrix} A & B \\ C & D \end{pmatrix}^n \begin{pmatrix} 0 & B(D^d)^{n+2} \\ C(A^d)^{n+2} & 0 \end{pmatrix}. \quad (3.3.10)$$

**证明**　令 $M$ 为 $M = P + Q$, 其中

$$P = \begin{pmatrix} A & 0 \\ 0 & D \end{pmatrix}, \qquad Q = \begin{pmatrix} 0 & B \\ C & 0 \end{pmatrix}$$

和

$$P^d = \begin{pmatrix} A^d & 0 \\ 0 & D^d \end{pmatrix}, \qquad P^\pi = \begin{pmatrix} A^\pi & 0 \\ 0 & D^\pi \end{pmatrix}. \quad (3.3.11)$$

从 $BC = 0$, 容易得到 $Q^3 = 0$. 通过引理 1.2.10 有

$$Q^d = \begin{pmatrix} 0 & (BC)^d B \\ C(BC)^d & 0 \end{pmatrix} = 0 \quad (3.3.12)$$

和 $Q^\pi = I$.

因为 $AB = A^\pi BD$ 和 $DC = D^\pi CA$, 我们得到 $PQ = P^\pi QPQ^\pi$. 应用定理 2.5.2 得到 (3.3.2).

注意到由 (3.3.12), 得

$$(P + Q)^d = P^d + \sum_{n=0}^{\infty} (P + Q)^n Q(P^d)^{n+2}. \quad (3.3.13)$$

因此从 (3.3.11) 得到

$$\sum_{n=0}^{\infty} (P + Q)^n Q(P^d)^{n+2}$$
$$= \sum_{n=0}^{\infty} \begin{pmatrix} A & B \\ C & D \end{pmatrix}^n \begin{pmatrix} 0 & B(D^d)^{n+2} \\ C(A^d)^{n+2} & 0 \end{pmatrix}. \quad (3.3.14)$$

从 (3.3.11) 和 (3.3.14) 得到 (3.3.10).

**定理 3.3.4**　$A$ 和 $D$ 是广义 Drazin 逆和 $M$ 形为 (1.2.10) 的矩阵. 对于任何非负整数 $i$ 来说, 若 $AA^\pi B = BD^2 D^d$, $D^2 D^d C = D^\pi CAA^\pi$ 和 $BD^n C = 0$, 则

$$M^d = \begin{pmatrix} A^d & \Gamma \\ \Delta & D^d + \Delta A\Gamma \end{pmatrix} + \begin{pmatrix} A^\pi & -A\Gamma \\ -CA^d - D\Delta & I - C\Gamma - D\Delta A\Gamma \end{pmatrix}$$
$$\times \sum_{n=0}^{\infty} \begin{pmatrix} A & B \\ C & D \end{pmatrix}^n \begin{pmatrix} 0 & B(D^d)^{n+2} \\ 0 & 0 \end{pmatrix}, \quad (3.3.15)$$

其中

$$\Gamma = \sum_{n=0}^{\infty} (A^{\mathrm{d}})^{n+2} B D^n \quad \text{和} \quad \Delta = \sum_{n=0}^{\infty} D^n C (A^{\mathrm{d}})^{n+2}.$$

**证明** 令 $M$ 为 $M = P + Q$, 其中

$$P = \begin{pmatrix} AA^{\pi} & 0 \\ 0 & D^2 D^{\mathrm{d}} \end{pmatrix}, \quad Q = \begin{pmatrix} A^2 A^{\mathrm{d}} & B \\ C & DD^{\pi} \end{pmatrix}$$

和

$$P^{\mathrm{d}} = \begin{pmatrix} 0 & 0 \\ 0 & D^{\mathrm{d}} \end{pmatrix}, \quad P^{\pi} = \begin{pmatrix} I & 0 \\ 0 & D^{\pi} \end{pmatrix}.$$

从 $AA^{\pi}B = BD^2D^{\mathrm{d}}$ 和 $D^2D^{\mathrm{d}}C = D^{\pi}CAA^{\pi}$ 有

$$D^{\mathrm{d}}C = (D^{\mathrm{d}})^3 D^2 C = (D^{\mathrm{d}})^2 D^2 D^{\mathrm{d}} C = (D^{\mathrm{d}})^2 D^{\pi} CAA^{\pi} = 0 \tag{3.3.16}$$

和

$$A^{\mathrm{d}}BD^{\mathrm{d}} = A^{\mathrm{d}}BD^2(D^{\mathrm{d}})^3 = A^{\mathrm{d}}BD^2D^{\mathrm{d}}(D^{\mathrm{d}})^2 = A^{\mathrm{d}}AA^{\pi}B(D^{\mathrm{d}})^2 = 0, \tag{3.3.17}$$

所以得到 $D^{\pi}C = C$.

注意到 $DD^{\pi}$ 是拟幂零的, $D^{\pi}C = C$ 和 $B(DD^{\pi})^i C = BD^i D^{\pi} C = BD^i C = 0$ 对于任何非负整数 $i$, 我们应用引理 1.2.13 到 $Q$, $D$ 被 $DD^{\pi}$ 代替, 有

$$Q^{\mathrm{d}} = \begin{pmatrix} A^{\mathrm{d}} & \Gamma \\ \Delta & \Delta A \Gamma \end{pmatrix},$$

其中

$$\Gamma = \sum_{n=0}^{\infty} (A^{\mathrm{d}})^{n+2} B D^n D^{\pi} \quad \text{和} \quad \Delta = \sum_{n=0}^{\infty} D^n D^{\pi} C (A^{\mathrm{d}})^{n+2}.$$

观察到 (3.3.16) 和 (3.3.17) 产生

$$\Gamma = \sum_{n=0}^{\infty} (A^{\mathrm{d}})^{n+2} B D^n \quad \text{和} \quad \Delta = \sum_{n=0}^{\infty} D^n C (A^{\mathrm{d}})^{n+2}.$$

这个条件 $BD^i C = 0$ 隐含着

$$B\Delta = B \sum_{n=0}^{\infty} D^n C (A^{\mathrm{d}})^{n+2} = 0.$$

因此有

$$Q^{\pi} = \begin{pmatrix} A^{\pi} & -A\Gamma \\ -CA^{\mathrm{d}} - D\Delta & I - C\Gamma - D\Delta A\Gamma \end{pmatrix}.$$

从 $AA^\pi B = BD^2 D^d$ 和 $D^2 D^d C = D^\pi CAA^\pi$, 得到 $PQ = P^\pi QPQ^\pi$. 应用定理 2.5.2, 得到 (3.3.2). 其中

$$\Gamma D^2 D^d = \sum_{n=0}^{\infty} (A^d)^{n+2} BD^n D^\pi D^2 D^d = 0$$

和

$$\Delta AA^\pi = \sum_{n=0}^{\infty} D^n D^\pi C (A^d)^{n+2} AA^\pi = 0.$$

所以得到

$$Q^d P = \begin{pmatrix} A^d & \Gamma \\ \Delta & \Delta A\Gamma \end{pmatrix} \begin{pmatrix} AA^\pi & 0 \\ 0 & D^2 D^d \end{pmatrix} = \begin{pmatrix} A^d AA^\pi & \Gamma D^2 D^d \\ \Delta AA^\pi & \Delta A\Gamma D^2 D^d \end{pmatrix} = \begin{pmatrix} 0 & 0 \\ 0 & 0 \end{pmatrix}. \tag{3.3.18}$$

因此从 (3.3.18) 得到

$$(P+Q)^d = Q^\pi P^d + Q^d P^\pi + Q^\pi \sum_{n=0}^{\infty} (P+Q)^n Q (P^d)^{n+2}.$$

通过直接计算可证明

$$Q^\pi P^d = P^d, \qquad Q^d P^\pi = Q^d \tag{3.3.19}$$

和

$$Q^\pi \sum_{n=0}^{\infty} (P+Q)^n Q (P^d)^{n+2}$$
$$= \begin{pmatrix} A^\pi & -A\Gamma \\ -CA^d - D\Delta & I - C\Gamma - D\Delta A\Gamma \end{pmatrix} \sum_{n=0}^{\infty} \begin{pmatrix} A & B \\ C & D \end{pmatrix}^n \begin{pmatrix} 0 & B(D^d)^{n+2} \\ 0 & 0 \end{pmatrix}. \tag{3.3.20}$$

从 (3.3.19) 和 (3.3.20) 得到 (3.3.15).

这个证明是完整的.

**定理 3.3.5** 令 $A$ 和 $D$ 是广义 Drazin 逆和 $M$ 是形为 (1.2.10) 的矩阵.

(1) 若 $AA^\pi BD^\pi = BD$, $BC = 0$, $CA^2 A^d = 0$ 和 $CBD^\pi = 0$, 则

$$M^d = \begin{pmatrix} A^d & (A^d)^2 B \\ X_0 & D^d + \sum_{n=0}^{\infty} X_{n+1} BD^n \end{pmatrix}, \tag{3.3.21}$$

其中

$$X_n = \sum_{i=0}^{\infty} (D^{\mathrm{d}})^{i+n+2} C A^i, \quad n \geqslant 0.$$

(2) 若 $CA = D^\pi DCA^\pi$, $BD^2 D^{\mathrm{d}} = 0$, $CB = 0$ 和 $BCA^\pi = 0$, 则

$$M^{\mathrm{d}} = \begin{pmatrix} A^{\mathrm{d}} + \sum_{n=0}^{\infty} X_{n+2} CA^n & X_1 \\ (D^{\mathrm{d}})^2 C & D^{\mathrm{d}} \end{pmatrix}, \tag{3.3.22}$$

其中

$$X_n = \sum_{i=0}^{\infty} (A^{\mathrm{d}})^{i+n+1} BD^i, \quad n \geqslant 1.$$

**证明** (1) 令 $M$ 为 $M = P + Q$, 其中

$$P = \begin{pmatrix} A^2 A^{\mathrm{d}} & B \\ 0 & 0 \end{pmatrix}, \qquad Q = \begin{pmatrix} AA^\pi & 0 \\ C & D \end{pmatrix}$$

和

$$P^{\mathrm{d}} = \begin{pmatrix} A^{\mathrm{d}} & (A^{\mathrm{d}})^2 B \\ 0 & 0 \end{pmatrix}, \qquad P^\pi = \begin{pmatrix} A^\pi & -A^{\mathrm{d}} B \\ 0 & I \end{pmatrix}.$$

通过引理 1.2.11, 得到

$$(Q^{\mathrm{d}})^i = \begin{pmatrix} 0 & 0 \\ X_{i-1} & (D^{\mathrm{d}})^i \end{pmatrix},$$

其中 $X_n$ 在 (3.3.21) 中被定义. 因为 $CA^2 A^{\mathrm{d}} = 0$, 故有 $CA^{\mathrm{d}} = CA^2 A^{\mathrm{d}} (A^{\mathrm{d}})^2 = 0$ 和

$$X_n = \sum_{i=0}^{\infty} (D^{\mathrm{d}})^{i+n+2} C A^i A^\pi = \sum_{i=0}^{\infty} (D^{\mathrm{d}})^{i+n+2} C A^i, \quad n \geqslant 0,$$

所以得到

$$Q^\pi = \begin{pmatrix} I & 0 \\ -DX_0 & D^\pi \end{pmatrix}.$$

因为 $AA^\pi BD^\pi = BD$, $BC = 0$, $CBD^\pi = 0$ 和 $CA^2 A^{\mathrm{d}} = 0$, 故有 $PQ = P^\pi QPQ^\pi$. 应用定理 2.5.2, 得到

$$(P+Q)^{\mathrm{d}} = Q^\pi P^{\mathrm{d}} + Q^{\mathrm{d}} P^\pi + \sum_{n=0}^{\infty} (Q^{\mathrm{d}})^{n+2} P (P+Q)^n P^\pi + Q^\pi \sum_{n=0}^{\infty} (P+Q)^n Q (P^{\mathrm{d}})^{n+2}$$

$$- \sum_{n=0}^{\infty} \sum_{k=0}^{\infty} (Q^{\mathrm{d}})^{k+1} P (P+Q)^{n+k} Q (P^{\mathrm{d}})^{n+2} - \sum_{n=0}^{\infty} (Q^{\mathrm{d}})^{n+2} P (P+Q)^n Q P^{\mathrm{d}}.$$

$$\tag{3.3.23}$$

从 $CA^d = 0$ 得到

$$QP^d = \begin{pmatrix} AA^\pi & 0 \\ C & D \end{pmatrix} \begin{pmatrix} A^d & (A^d)^2 B \\ 0 & 0 \end{pmatrix} = \begin{pmatrix} 0 & 0 \\ CA^d & C(A^d)^2 B \end{pmatrix} = \begin{pmatrix} 0 & 0 \\ 0 & 0 \end{pmatrix}.$$

因此从 (3.3.23) 得到

$$(P + Q)^d = Q^\pi P^d + Q^d P^\pi + \sum_{n=0}^{\infty} (Q^d)^{n+2} P(P+Q)^n P^\pi,$$

其中

$$X_n A^d = \sum_{i=0}^{\infty} (D^d)^{i+n+2} CA^i A^\pi A^d = 0, \quad n \geqslant 0,$$

故有

$$Q^\pi P^d = P^d, \qquad Q^d P^\pi = Q^d \tag{3.3.24}$$

和

$$(Q^d)^2 PP^\pi = \begin{pmatrix} 0 & 0 \\ X_1 & (D^d)^2 \end{pmatrix} \begin{pmatrix} A^2 A^d & B \\ 0 & 0 \end{pmatrix} \begin{pmatrix} A^\pi & -A^d B \\ 0 & I \end{pmatrix} = \begin{pmatrix} 0 & 0 \\ 0 & X_1 B \end{pmatrix}. \tag{3.3.25}$$

这个条件 $AA^\pi BD^\pi = BD$ 和 $BC = 0$ 隐含着 $BD^i C = 0$. 所以

$$\sum_{n=0}^{\infty} (Q^d)^{n+2} P(P+Q)^n P^\pi$$

$$= \begin{pmatrix} 0 & 0 \\ 0 & \sum_{n=1}^{\infty} X_{n+1} BD^n \end{pmatrix}, \quad n \geqslant 1. \tag{3.3.26}$$

从 (3.3.24)~(3.3.26) 得到 (3.3.21).

(2) 把矩阵 $M$ 分裂为 $M = P + Q$, 其中

$$P = \begin{pmatrix} 0 & 0 \\ C & D^2 D^d \end{pmatrix}, \qquad Q = \begin{pmatrix} A & B \\ 0 & DD^\pi \end{pmatrix}$$

和

$$P^d = \begin{pmatrix} 0 & 0 \\ (D^d)^2 C & D^d \end{pmatrix}, \qquad P^\pi = \begin{pmatrix} I & 0 \\ -D^d C & D^\pi \end{pmatrix}.$$

通过引理 1.2.12, 有

$$(Q^d)^n = \begin{pmatrix} (A^d)^n & X_n \\ 0 & 0 \end{pmatrix},$$

其中 $X_n$ 在 (3.3.21) 中被定义. 因为 $BD^2D^{\rm d} = 0$, 故有 $BD^{\rm d} = BD^2(D^{\rm d})^3 = BD^2D^{\rm d}(D^{\rm d})^2 = 0$ 和

$$X_n = \sum_{i=0}^{\infty}(A^{\rm d})^{i+n+1}BD^iD^\pi = \sum_{i=0}^{\infty}(A^{\rm d})^{i+n+1}BD^i, \quad n \geqslant 1,$$

所以

$$Q^\pi = \begin{pmatrix} A^\pi & -AX_1 \\ 0 & I \end{pmatrix}.$$

因为 $CA = D^\pi DCA^\pi$, $BD^2D^{\rm d} = 0$, $CB = 0$ 和 $BCA^\pi = 0$, 我们得到 $PQ = P^\pi QPQ^\pi$. 应用定理 2.5.2, 得到 (3.3.2).

从 $BD^{\rm d} = 0$ 得到

$$QP^{\rm d} = \begin{pmatrix} A & B \\ 0 & DD^\pi \end{pmatrix}\begin{pmatrix} 0 & 0 \\ (D^{\rm d})^2C & D^{\rm d} \end{pmatrix} = \begin{pmatrix} B(D^{\rm d})^2C & BD^{\rm d} \\ 0 & 0 \end{pmatrix} = \begin{pmatrix} 0 & 0 \\ 0 & 0 \end{pmatrix}.$$

因此得到

$$(P + Q)^{\rm d} = Q^\pi P^{\rm d} + Q^{\rm d} P^\pi + \sum_{n=0}^{\infty}(Q^{\rm d})^{n+2}P(P+Q)^nP^\pi.$$

其中

$$X_nD^{\rm d} = \sum_{i=0}^{\infty}(A^{\rm d})^{i+n+1}BD^iD^\pi D^{\rm d} = 0, \quad n \geqslant 1.$$

因此有

$$Q^\pi P^{\rm d} = P^{\rm d}, \qquad Q^{\rm d} P^\pi = Q^{\rm d}. \tag{3.3.27}$$

条件 $CA = D^\pi DCA^\pi$ 和 $CB = 0$ 隐含着 $CA^iB = 0$. 所以

$$\sum_{n=0}^{\infty}(Q^{\rm d})^{n+2}P(P+Q)^nP^\pi$$

$$= \begin{pmatrix} \sum_{n=1}^{\infty}X_{n+2}CA^n & 0 \\ 0 & 0 \end{pmatrix}, \quad n \geqslant 1. \tag{3.3.28}$$

从 (3.3.27) 和 (3.3.28) 得到 (3.3.22).

**定理 3.3.6** 令 $A$ 和 $D$ 是广义 Drazin 逆和 $M$ 是形为 (1.2.10) 的矩阵. 若 $A^\pi BDD^\pi = A^2A^{\rm d}B$, $BC = 0$, $CA^2A^{\rm d} = DD^\pi C$ 和 $BD^2D^{\rm d} = 0$, 则

$$M^{\rm d} = \begin{pmatrix} A^{\rm d} & 0 \\ X_0 + \sum_{n=0}^{\infty}D^nC(A^{\rm d})^{n+2} & D^{\rm d} + X_1B \end{pmatrix}, \tag{3.3.29}$$

其中

$$X_n = \sum_{i=0}^{\infty} (D^d)^{i+n+2} C A^i, \qquad n \geqslant 0.$$

**证明**　令 $M$ 为 $M = P + Q$, 其中

$$P = \begin{pmatrix} A^2 A^d & 0 \\ 0 & DD^\pi \end{pmatrix}, \qquad Q = \begin{pmatrix} AA^\pi & B \\ C & D^2 D^d \end{pmatrix}$$

和

$$P^d = \begin{pmatrix} A^d & 0 \\ 0 & 0 \end{pmatrix}, \qquad P^\pi = \begin{pmatrix} A^\pi & 0 \\ 0 & I \end{pmatrix}.$$

从 $CA^2 A^d = DD^\pi C$ 和 $A^\pi B DD^\pi = A^2 A^d B$, 有

$$D^d C A^d = D^d C A^2 (A^d)^3 = D^d DD^\pi C (A^d)^2 = 0,$$

$$A^d B = (A^d)^3 A^2 B = (A^d)^2 A^2 A^d B = (A^d)^2 A^\pi B DD^\pi = 0$$

和

$$A^\pi B DD^\pi = A^2 A^d B = 0. \tag{3.3.30}$$

从 $BC = 0$ 和 $BD^2 D^d = 0$, 矩阵 $Q$ 满足引理 1.2.11, 所以得到

$$(Q^d)^n = \begin{pmatrix} 0 & 0 \\ X_{n-1} & (D^d)^n + X_n B \end{pmatrix},$$

其中在 (3.3.21) 中 $X_n$ 被定义. 由 $D^d C A^d = 0$ 有

$$X_n = \sum_{i=0}^{\infty} (D^d)^{i+n+2} C A^i A^\pi = \sum_{i=0}^{\infty} (D^d)^{i+n+2} C A^i, \quad n \geqslant 0.$$

条件 $BD^2 D^d = 0$ 隐含着

$$BD^d = BD^2 (D^d)^3 = BD^2 D^d (D^d)^2 = 0$$

和

$$BX_n = B \sum_{i=0}^{\infty} (D^d)^{i+n+2} C A^i = 0, \quad n \geqslant 0.$$

因此有

$$Q^\pi = \begin{pmatrix} I & 0 \\ -D^2 D^d X_0 & D^\pi - D^2 D^d X_1 B \end{pmatrix}.$$

因为 $A^\pi BDD^\pi = A^2 A^{\mathrm{d}} B$ 和 $CA^2 A^{\mathrm{d}} = DD^\pi C$, 得到 $PQ = P^\pi QPQ^\pi$. 应用定理 2.5.2, 得到 (3.3.2). 因此有

$$X_n BDD^\pi = \sum_{i=0}^\infty (D^{\mathrm{d}})^{i+n+2} CA^i A^\pi BDD^\pi = 0, \quad n \geqslant 0$$

和

$$X_n A^{\mathrm{d}} = \sum_{i=0}^\infty (D^{\mathrm{d}})^{i+n+2} CA^i A^\pi A^{\mathrm{d}} = 0, \quad n \geqslant 0.$$

因此有

$$Q^\pi P^{\mathrm{d}} = P^{\mathrm{d}}, \quad Q^{\mathrm{d}} P^\pi = Q^{\mathrm{d}} \tag{3.3.31}$$

和

$$
\begin{aligned}
Q^{\mathrm{d}} P &= \begin{pmatrix} 0 & 0 \\ X_0 & D^{\mathrm{d}} + X_1 B \end{pmatrix} \begin{pmatrix} A^2 A^{\mathrm{d}} & 0 \\ 0 & DD^\pi \end{pmatrix} \\
&= \begin{pmatrix} 0 & 0 \\ X_0 A^2 A^{\mathrm{d}} & D^{\mathrm{d}} DD^\pi + X_1 BDD^\pi \end{pmatrix} = \begin{pmatrix} 0 & 0 \\ 0 & 0 \end{pmatrix}.
\end{aligned}
$$

从 (3.3.2) 得到

$$(P+Q)^{\mathrm{d}} = Q^\pi P^{\mathrm{d}} + Q^{\mathrm{d}} P^\pi + Q^\pi \sum_{n=0}^\infty (P+Q)^n Q (P^{\mathrm{d}})^{n+2}.$$

其中

$$Q(P^{\mathrm{d}})^{n+2} = \begin{pmatrix} AA^\pi & B \\ C & D^2 D^{\mathrm{d}} \end{pmatrix} \begin{pmatrix} (A^{\mathrm{d}})^{n+2} & 0 \\ 0 & 0 \end{pmatrix} = \begin{pmatrix} 0 & 0 \\ C(A^{\mathrm{d}})^{n+2} & 0 \end{pmatrix}.$$

因为 $BC = 0$ 和 $D^{\mathrm{d}} CA^{\mathrm{d}} = 0$, 所以得到

$$
\begin{aligned}
Q^\pi Q(P^{\mathrm{d}})^2 &= \begin{pmatrix} I & 0 \\ -D^2 D^{\mathrm{d}} X_0 & D^\pi - D^2 D^{\mathrm{d}} X_1 B \end{pmatrix} \begin{pmatrix} 0 & 0 \\ C(A^{\mathrm{d}})^2 & 0 \end{pmatrix} \\
&= \begin{pmatrix} 0 & 0 \\ C(A^{\mathrm{d}})^2 & 0 \end{pmatrix}.
\end{aligned}
\tag{3.3.32}
$$

观察到 (3.3.30) 和 $BD^{\mathrm{d}} = 0$ 得到 $A^\pi BD = 0$.

条件 $A^{\mathrm{d}} B = 0$ 和 $A^\pi BD = 0$ 隐含着 $BD = AA^{\mathrm{d}} BD = 0$, 所以

$$
\begin{aligned}
& Q^\pi \sum_{n=0}^\infty (P+Q)^n Q (P^{\mathrm{d}})^{n+2} \\
&= \begin{pmatrix} 0 & 0 \\ \displaystyle\sum_{n=1}^\infty D^n C(A^{\mathrm{d}})^{n+2} & 0 \end{pmatrix}, \quad n \geqslant 1.
\end{aligned}
\tag{3.3.33}
$$

从 (3.3.31)~(3.3.33) 得到 (3.3.22).

利用定理 2.5.1, 得到

**定理 3.3.7**　令 $A$ 和 $D$ 是广义 Drazin 逆和 $M$ 一个形为 (1.2.10) 的矩阵.

(1) 若 $DCA^\pi = CA$, $ABD = 0$, $BC = 0$ 和 $CB = 0$, 则

$$M^d = \begin{pmatrix} A^d + \sum_{n=0}^{\infty} X_{n+2}CA^n & X_1 \\ \sum_{n=0}^{\infty} (D^d)^{n+2}CA^n & D^d \end{pmatrix}, \tag{3.3.34}$$

其中

$$X_n = (A^d)^{n+1}B + B(D^d)^{n+1}, \quad n \geqslant 1.$$

(2) 若 $ABD^\pi = BD$, $DCA = 0$, $BC = ABCA^d$ 和 $CB = 0$, 则

$$M^d = \begin{pmatrix} A^d & \sum_{n=0}^{\infty}(A^d)^{n+2}BD^n \\ X_0 & D^d + \sum_{n=0}^{\infty} X_{n+1}BD^n \end{pmatrix}, \tag{3.3.35}$$

其中

$$X_n = (D^d)^{n+2}C + C(A^d)^{n+2}, \quad n \geqslant 0.$$

**证明**　(1) 令 $M$ 为 $M = P + Q$, 其中

$$P = \begin{pmatrix} 0 & 0 \\ C & 0 \end{pmatrix}, \qquad Q = \begin{pmatrix} A & B \\ 0 & D \end{pmatrix}.$$

通过引理 1.2.12, 得到

$$(Q^d)^i = \begin{pmatrix} (A^d)^i & X_i \\ 0 & (D^d)^i \end{pmatrix}, \tag{3.3.36}$$

其中 $X_n$ 被定义在 (3.3.21) 中. 因为 $ABD = 0$, 故有

$$X_n = (A^d)^{n+1}B + B(D^d)^{n+1}, \quad n \geqslant 1$$

和

$$Q^\pi = \begin{pmatrix} A^\pi & -AX_1 - BD^d \\ 0 & D^\pi \end{pmatrix}.$$

注意到 $P$ 是拟幂零的, 因为 $DCA^\pi = CA$, $ABD = 0$, $BC = 0$ 和 $CB = 0$, 我们得到 $PQ = QPQ^\pi$. 应用定理 2.5.1, 得到

$$(P+Q)^{\mathrm{d}} = Q^{\mathrm{d}} + \sum_{n=0}^{\infty} (Q^d)^{n+2} P (P+Q)^n.$$

因此

$$(Q^{\mathrm{d}})^2 P = \begin{pmatrix} (A^{\mathrm{d}})^2 & X_2 \\ 0 & (D^{\mathrm{d}})^2 \end{pmatrix} \begin{pmatrix} 0 & 0 \\ C & 0 \end{pmatrix} = \begin{pmatrix} X_2 C & 0 \\ (D^{\mathrm{d}})^2 C & 0 \end{pmatrix}. \tag{3.3.37}$$

条件 $DCA^\pi = CA$ 和 $CB = 0$ 隐含着 $CA^i B = 0$.

从 $ABD = 0$, $CA^i B = 0$ 和 $BC = 0$, 得到

$$\sum_{n=0}^{\infty} (Q^d)^{n+2} P (P+Q)^n$$

$$= \begin{pmatrix} \sum_{n=1}^{\infty} X_{n+2} CA^n & \sum_{n=1}^{\infty} X_{n+2} CA^{n-1} B \\ \sum_{n=1}^{\infty} (D^{\mathrm{d}})^{n+2} CA^n & \sum_{n=1}^{\infty} (D^{\mathrm{d}})^{n+2} CA^{n-1} B \end{pmatrix}$$

$$= \begin{pmatrix} \sum_{n=1}^{\infty} X_{n+2} CA^n & 0 \\ \sum_{n=1}^{\infty} (D^{\mathrm{d}})^{n+2} CA^n & 0 \end{pmatrix}, \quad n \geqslant 1. \tag{3.3.38}$$

从 (3.3.36)~(3.3.38) 得到 (3.3.34).

(2) 令 $M$ 为 $M = P + Q$, 其中

$$P = \begin{pmatrix} 0 & B \\ 0 & 0 \end{pmatrix}, \qquad Q = \begin{pmatrix} A & 0 \\ C & D \end{pmatrix}.$$

从 $ABD^\pi = BD$, $DCA = 0$ 和 $BC = ABCA^{\mathrm{d}}$, 有

$$AB = BD + ABDD^{\mathrm{d}}$$

和

$$BC = ABCA^{\mathrm{d}} = (BD + ABDD^{\mathrm{d}})CA^{\mathrm{d}} = BDCA^{\mathrm{d}} + ABDD^{\mathrm{d}}CA^{\mathrm{d}} = 0.$$

从 $DCA = 0$, 通过引理 1.2.11, 有

$$(Q^{\mathrm{d}})^n = \begin{pmatrix} (A^{\mathrm{d}})^n & 0 \\ X_{n-1} & (D^{\mathrm{d}})^n \end{pmatrix}, \tag{3.3.39}$$

其中 $X_n$ 定义如 (3.3.21). 因为 $DCA = 0$, 故有

$$X_n = (D^d)^{n+2}C + C(A^d)^{n+2}, \quad n \geqslant 0$$

和

$$Q^\pi = \begin{pmatrix} A^\pi & 0 \\ -CA^d - DX_0 & D^\pi \end{pmatrix}.$$

注意到 $P$ 是拟幂零的, 因为 $ABD^\pi = BD$, $DCA = 0$, $BC = 0$ 和 $CB = 0$, 故有 $PQ = QPQ^\pi$. 应用定理 2.5.1, 得到

$$(P + Q)^d = Q^d + \sum_{n=0}^{\infty} (Q^d)^{n+2}P(P + Q)^n.$$

因此有

$$(Q^d)^2 P = \begin{pmatrix} (A^d)^2 & 0 \\ X_1 & (D^d)^2 \end{pmatrix} \begin{pmatrix} 0 & B \\ 0 & 0 \end{pmatrix} = \begin{pmatrix} 0 & (A^d)^2 B \\ 0 & X_1 B \end{pmatrix}. \tag{3.3.40}$$

条件 $ABD^\pi = BD$ 和 $BC = 0$ 隐含着 $BD^iC = 0$, 所以

$$\sum_{n=0}^{\infty} (Q^d)^{n+2}P(P + Q)^n$$

$$= \begin{pmatrix} \sum_{n=1}^{\infty}(A^d)^{n+2}BD^{n-1}C & \sum_{n=1}^{\infty}(A^d)^{n+2}BD^n \\ \sum_{n=1}^{\infty}X_{n+1}BD^{n-1}C & \sum_{n=1}^{\infty}X_{n+1}BD^n \end{pmatrix}$$

$$= \begin{pmatrix} 0 & \sum_{n=1}^{\infty}(A^d)^{n+2}BD^n \\ 0 & \sum_{n=1}^{\infty}X_{n+1}BD^n \end{pmatrix}, \quad n \geqslant 1. \tag{3.3.41}$$

从 (3.3.39)~(3.3.41) 它满足 (3.3.35).

## 3.4   广义 Drazin 逆的 Banachiewicz-Schur 型

本节给出广义 Drazin 逆 Banachiewicz-Schur 型以及如下分块矩阵的广义 Drazin 可逆的充要条件. 令

$$M = \begin{pmatrix} I & B \\ C & A \end{pmatrix}, \tag{3.4.1}$$

$Z = A - CB$ 是 $M$ 的 Banachiewicz-Schur 形式. 若满足定理 2.12.1 条件, 则 $Z^{\mathrm{d}}$ 存在, 且

$$Z^{\mathrm{d}} = \left[ \sum_{n=0}^{\infty} ((AP)^{\mathrm{d}})^{n+1} (R^n + VR^{n-1} + V^2 R^{n-2}) \right] R^{\pi}$$
$$-(AP)^{\mathrm{d}} [VR^{\mathrm{d}} + V^2 (R^{\mathrm{d}})^2 + (AP)^{\mathrm{d}} V^2 R^{\mathrm{d}}]$$
$$+(AP)^{\pi} \sum_{n=0}^{\infty} (AP)^n ((R^{\mathrm{d}})^{n+1} + V(R^{\mathrm{d}})^{n+2} + V^2 (R^{\mathrm{d}})^{n+3}).$$

**定理 3.4.1** 设 $M$ 形如 (3.4.1), $A$, $B$ 和 $C$ 满足定理 2.12.1 条件, 若 $R = (I-P)(A-CB)$ 和 $AP$ 广义 Drazin 可逆, 则 $M$ 广义 Drazin 可逆当且仅当 $BR^{\pi} = Z^{\pi}C = 0$, $AZ^{\pi}$ 拟幂零. 此时

$$M^{\mathrm{d}} = \begin{pmatrix} M_{11} & M_{12} \\ M_{21} & M_{22} \end{pmatrix}, \tag{3.4.2}$$

当 $j < 0$ 时, $V^i R^j = 0, i = 1, 2$, 其中

$$M_{11} = I + BR^{\mathrm{d}}C, \quad M_{12} = -BR^{\mathrm{d}}, \quad M_{21} = -Z^{\mathrm{d}}C, \quad M_{22} = Z^{\mathrm{d}},$$

且 $V = PA - PCB - AP$. 当 $j < 0$ 时, $V^i R^j = 0, i = 1, 2$.

**证明** 由定理 2.12.1 知, $BP = RP = RV = BV = 0$, 所以 $BZ^{\mathrm{d}} = B(R^{\mathrm{d}} + V(R^{\mathrm{d}})^2 + V^2(R^{\mathrm{d}})^3) = BR^{\mathrm{d}}$, $BZ^{\pi} = B - BR^{\mathrm{d}}(AP + R + V) = BR^{\pi}$, 令 (3.4.2) 右边等于 $Y$, 则

$$MY = \begin{pmatrix} I & -BR^{\mathrm{d}} + BZ^{\mathrm{d}} \\ C + CBR^{\mathrm{d}}C - AZ^{\mathrm{d}}C & ZZ^{\mathrm{d}} \end{pmatrix} = \begin{pmatrix} I & 0 \\ 0 & ZZ^{\mathrm{d}} \end{pmatrix},$$

$$YM = \begin{pmatrix} I + BR^{\mathrm{d}}C - BZ^{\mathrm{d}}C & B + BR^{\mathrm{d}}CB - BR^{\mathrm{d}}A \\ 0 & ZZ^{\mathrm{d}} \end{pmatrix} = \begin{pmatrix} I & 0 \\ 0 & ZZ^{\mathrm{d}} \end{pmatrix},$$

$$YMY = \begin{pmatrix} I & 0 \\ 0 & ZZ^{\mathrm{d}} \end{pmatrix} \begin{pmatrix} I + BR^{\mathrm{d}}C & -BR^{\mathrm{d}} \\ -Z^{\mathrm{d}}C & Z^{\mathrm{d}} \end{pmatrix}$$
$$= \begin{pmatrix} I + BR^{\mathrm{d}}C & -BR^{\mathrm{d}} \\ -Z^{\mathrm{d}}C & Z^{\mathrm{d}} \end{pmatrix},$$

故 $MY = YM$, $YMY = Y$. 又

$$M - M^2 Y = \begin{pmatrix} 0 & 0 \\ 0 & AZ^{\pi} \end{pmatrix},$$

由 $AZ^\pi$ 拟幂零, 可知 $M - M^2Y$ 也拟幂零. 故 $Y = M^{\mathrm{d}}$.

下面讨论一种特殊情形. 令

$$H = \begin{pmatrix} 0 & B \\ C & A \end{pmatrix}, \tag{3.4.3}$$

$Z = A$ 是 $H$ 的 Banachiewicz-Schur 形式.

**定理 3.4.2**   设 $H$ 形如 (3.4.3), 若 $A$ 广义 Drazin 可逆, 则 $M$ 广义 Drazin 可逆当且仅当

$$BA^{\mathrm{d}} = A^{\mathrm{d}}C = 0,$$

$$\begin{pmatrix} 0 & B \\ C & AA^\pi \end{pmatrix},$$

拟幂零. 此时

$$H^{\mathrm{d}} = \begin{pmatrix} 0 & 0 \\ 0 & A^{\mathrm{d}} \end{pmatrix}. \tag{3.4.4}$$

**证明**   令 (3.4.4) 右边等于 $X$, 则

$$HX = \begin{pmatrix} 0 & 0 \\ 0 & AA^{\mathrm{d}} \end{pmatrix} = XH,$$

$$XHX = \begin{pmatrix} 0 & 0 \\ 0 & A^{\mathrm{d}} \end{pmatrix} = X.$$

故 $HX = XH$, $XHX = X$. 由

$$H - H^2X = \begin{pmatrix} 0 & B \\ C & AA^\pi \end{pmatrix},$$

拟幂零, 可知 $H - H^2X$ 也拟幂零. 故 $X = H^{\mathrm{d}}$.

## 3.5   Banach 代数上群逆的扰动界

设 $a \in \mathcal{A}^{\mathrm{d}}$, $p = aa^{\mathrm{d}}$ 和 $p \in \mathcal{A}^\bullet$, 见 [53]

$$a = \begin{pmatrix} a_1 & 0 \\ 0 & a_2 \end{pmatrix}_p, \quad a^{\mathrm{d}} = \begin{pmatrix} a_1^{-1} & 0 \\ 0 & 0 \end{pmatrix}_p, \quad a^\pi = 1 - p = \begin{pmatrix} 0 & 0 \\ 0 & 1-p \end{pmatrix}_p, \tag{3.5.1}$$

其中 $a_1 \in p\mathcal{A}p$ 是可逆的, $a_2 \in (1-p)\mathcal{A}(1-p)$ 是拟幂零的.

**引理 3.5.1**  设 $a, b \in \mathcal{A}^{\mathrm{d}}$ 使得 $ab = ba$. 则 $a + b \in \mathcal{A}^{\mathrm{d}}$ 当且仅当 $1 + a^{\mathrm{d}}b \in \mathcal{A}^{\mathrm{d}}$. 这样

$$(a+b)^{\mathrm{d}} = a^{\mathrm{d}}(1 + a^{\mathrm{d}}b)^{\mathrm{d}}bb^{\mathrm{d}} + \sum_{n=0}^{\infty} b^{\pi}(-b)^n (a^{\mathrm{d}})^{n+1} + \sum_{n=0}^{\infty} (b^{\mathrm{d}})^{n+1}(-a)^n a^{\pi}.$$

现在陈述一个引理是有关一个在 Banach 代数上有 $2 \times 2$ 分块的元素 $a \in \mathcal{A}^{\mathrm{d}}$ 群逆的表示, 见 [40] 的定理 7.7.7 和 [66] 的定理 2.2, 且分别是在有限维空间中和分块算子矩阵上.

**引理 3.5.2**  设 $z \in \mathcal{A}$ 且它的分块形式如 $z = \begin{pmatrix} z_1 & z_{12} \\ z_{21} & z_2 \end{pmatrix}_p$, 其中 $p \in \mathcal{A}^{\bullet}$ 是一个幂等元, $z_1$ 是可逆的在 $pAp$ 和 $z_2 = z_{21}z_1^{-1}z_{12}$. 设 $\delta = p + z_1^{-1}z_{12}z_{21}z_1^{-1}$. 则 $z$ 是群逆当且仅当 $\delta$ 是可逆元在 $pAp$. 因此

$$z^{\sharp} = \begin{pmatrix} (\delta z_1 \delta)^{-1} & (\delta z_1 \delta)^{-1} z_1^{-1} z_{12} \\ z_{21} z_1^{-1}(\delta z_1 \delta)^{-1} & z_{21} z_1^{-1}(\delta z_1 \delta)^{-1} z_1^{-1} z_{12} \end{pmatrix}_p \tag{3.5.2}$$

和

$$z^{\pi} = \begin{pmatrix} p - \delta^{-1} & -\delta^{-1} z_1^{-1} z_{12} \\ -z_{21} z_1^{-1} \delta^{-1} & 1 - p - z_{21} z_1^{-1} \delta^{-1} z_1^{-1} z_{12} \end{pmatrix}_p. \tag{3.5.3}$$

设 $b \in \mathcal{A}$ 是 $a$ 的一个扰动元素. 由 (3.5.1), 得到

$$b = \begin{pmatrix} b_1 & b_{12} \\ b_{21} & b_2 \end{pmatrix}_p, \quad a + b = \begin{pmatrix} a_1 + b_1 & b_{12} \\ b_{21} & a_2 + b_2 \end{pmatrix}_p, \tag{3.5.4}$$

其中 $p = aa^{\mathrm{d}}$.

**定理 3.5.1**  设 $a \in \mathcal{A}^{\mathrm{d}}$ 和 $b \in \mathcal{A}$ 分别是 $a$, $a$ 的扰动元素且 $a + b$ 定义如 (3.5.1) 和 (3.5.4). 如果 $\|a^{\mathrm{d}}baa^{\mathrm{d}}\| < 1$, 则在子代数 $pAp$ 中 $a_1 + b_1$ 是可逆的. 进一步设 $a_2 + b_2 = b_{21}(a_1 + b_1)^{-1}b_{12}$ 和 $\delta = p + [p(a+b)p]^{\mathrm{d}}b(1-p)b[p(a+b)p]^{\mathrm{d}} \in pAp$. 则 $a + b$ 是群可逆的当且仅当 $\delta \in pAp$ 是可逆的和 $\delta$ 是可逆的当且仅当 $[p(a+b)p]^2 + pb(1-p)bp \in pAp$ 是可逆的. 因此

$$\frac{\|(a+b)^{\sharp} - a^{\mathrm{d}}\|}{\|a^{\mathrm{d}}\|} \leqslant \frac{T_1^2}{1 - \|a_1^{-1}b_1\|}(\|b_{12}\| + \|b_{21}\|) + T_1^2 \frac{\|a_1^{-1}\|^3}{(1 - \|a_1^{-1}b_1\|)^4}\|b_{12}\|\|b_{21}\|$$

$$+ \left( T_1 T_2 + T_2 + \frac{\|a_1^{-1}b_1\|}{1 - \|a_1^{-1}b_1\|}T_1 \right) T_1, \tag{3.5.5}$$

其中

$$a_1 = pap, b_1 = pbp, b_{12} = pb(1-p), b_{21} = (1-p)bp,$$

$$T_1 = \|a_1 + b_1\|^2 \|((a_1 + b_1)^2 + b_{12}b_{21})^{-1}\|, \quad T_2 = \frac{\|a_1^{-1}\| \|b_{12}b_{21}\|}{1 - \|a_1^{-1}b_1\|}.$$

**证明**　设 $p = aa^{\mathrm{d}}$. 则 $a$, $a^{\mathrm{d}}$, $b$ 和 $a+b$ 有如(3.5.1) 和(3.5.4)中的矩阵形式, 其中 $a_1$ 在 $p\mathcal{A}p$ 是可逆的且 $a_2$ 在 $(1-p)\mathcal{A}(1-p)$ 是拟幂零的.

由下面假设 $\|a^{\mathrm{d}}baa^{\mathrm{d}}\| < 1$ 得 $\|a_1^{-1}b_1\| < 1$. 因此, 得到 $p + a_1^{-1}b_1 \in p\mathcal{A}p$ 是可逆的. 易得到 $(a_1+b_1)^{-1} = (p+a_1^{-1}b_1)^{-1}a_1^{-1}$. 设 $\delta = p + [p(a+b)p]^{\mathrm{d}}b(1-p)b[p(a+b)p]^{\mathrm{d}} \in p\mathcal{A}p$, 有 $\delta = p + (a_1+b_1)^{-1}b_{12}b_{21}(a_1+b_1)^{-1}$. 因此, 有

$$
\begin{aligned}
\delta &= (a_1+b_1)^{-1}\Big[(a_1+b_1)p(a_1+b_1) + b_{12}b_{21}\Big](a_1+b_1)^{-1} \\
&= (a_1+b_1)^{-1}\Big[(a_1+b_1)^2 + b_{12}b_{21}\Big](a_1+b_1)^{-1} \\
&= [p(a+b)p]^{\mathrm{d}}\Big[[p(a+b)p]^2 + pb(1-p)bp\Big][p(a+b)p]^{\mathrm{d}}.
\end{aligned}
$$

有上面的方程, 得 $\delta$ 是可逆的当且仅当 $[p(a+b)p]^2 + pb(1-p)bp$ 是可逆的. 因为 $a_2 + b_2 = b_{21}(a_1+b_1)^{-1}b_{12}$ 和引理 3.5.2, 得 $a+b$ 是群可逆的当且仅当 $\delta \in p\mathcal{A}p$ 是可逆的.

如下, 考虑 $\dfrac{\|(a+b)^{\sharp} - a^{\mathrm{d}}\|}{\|a^{\mathrm{d}}\|}$ 的上界.

利用引理 3.5.2, 得

$$(a+b)^{\sharp} = \begin{pmatrix} \eta & \eta(a_1+b_1)^{-1}b_{12} \\ b_{21}(a_1+b_1)^{-1}\eta & b_{21}(a_1+b_1)^{-1}\eta(a_1+b_1)^{-1}b_{12} \end{pmatrix}_p, \tag{3.5.6}$$

其中 $\eta = (\delta(a_1+b_1)\delta)^{-1}$.

注意到

$$
\begin{aligned}
\eta - a_1^{-1} &= (\delta(a_1+b_1)_1\delta)^{-1} - a_1^{-1} = \delta^{-1}(a_1+b_1)^{-1}\delta^{-1} - a_1^{-1} \\
&= \delta^{-1}a_1^{-1}\delta^{-1} + \delta^{-1}\sum_{n=1}^{\infty}(a_1^{-1}b_1)^n a_1^{-1}\delta^{-1} - a_1^{-1} \\
&= \delta^{-1}(a_1^{-1} - \delta a_1^{-1}\delta)\delta^{-1} + \delta^{-1}\sum_{n=1}^{\infty}(a_1^{-1}b_1)^n a_1^{-1}\delta^{-1} \\
&= \delta^{-1}(a_1^{-1} - (p+\theta)a_1^{-1}(p+\theta))\delta^{-1} + \delta^{-1}\sum_{n=1}^{\infty}(a_1^{-1}b_1)^n a_1^{-1}\delta^{-1} \\
&= \delta^{-1}\left(a_1^{-1} - (pa_1^{-1}p + \theta a_1^{-1}p + pa_1^{-1}\theta + \theta a_1^{-1}\theta)\right)\delta^{-1} + \delta^{-1}\sum_{n=1}^{\infty}(a_1^{-1}b_1)^n a_1^{-1}\delta^{-1} \\
&= -\delta^{-1}(\theta a_1^{-1}p + pa_1^{-1}\theta + \theta a_1^{-1}\theta)\delta^{-1} + \delta^{-1}\sum_{n=1}^{\infty}(a_1^{-1}b_1)^n a_1^{-1}\delta^{-1}
\end{aligned}
$$

$$= -\delta^{-1}(\theta a_1^{-1} p + \delta a_1^{-1}\theta)\delta^{-1} + \delta^{-1}\sum_{n=1}^{\infty}(a_1^{-1}b_1)^n a_1^{-1}\delta^{-1}$$

$$= -\delta^{-1}\theta a_1^{-1}\delta^{-1} - a_1^{-1}\theta\delta^{-1} + \delta^{-1}\sum_{n=1}^{\infty}(a_1^{-1}b_1)^n a_1^{-1}\delta^{-1} \qquad (3.5.7)$$

和

$$\begin{aligned}
\|\delta^{-1}\| &= \left\| \left(p + (a_1 + b_1)^{-1}b_{12}b_{21}(a_1 + b_1)^{-1}\right)^{-1} \right\| \\
&\leqslant \|a_1 + b_1\|^2 \left\| \left((a_1 + b_1)^2 + b_{12}b_{21}\right)^{-1} \right\| = T_1,
\end{aligned} \qquad (3.5.8)$$

其中 $\theta = (a_1 + b_1)^{-1}b_{12}b_{21}(a_1 + b_1)^{-1}$.

由 $\|a^{\mathrm{d}}baa^{\mathrm{d}}\| < 1$ (即 $\|a_1^{-1}b_1\| < 1$) 得

$$\begin{aligned}
\|\theta\| &= \|(a_1 + b_1)^{-1}b_{12}b_{21}(a_1 + b_1)^{-1}\| \\
&\leqslant \frac{\|a_1^{-1}\|\|b_{12}b_{21}\|}{1 - \|a_1^{-1}b_1\|} = T_2.
\end{aligned} \qquad (3.5.9)$$

由 $(3.5.7)\sim(3.5.9)$ 和 $\|a_1^{-1}b_1\| < 1$, 得

$$\begin{aligned}
\|\eta - a_1^{-1}\| &= \left\| -\delta^{-1}\theta a_1^{-1}\delta^{-1} - a_1^{-1}\theta\delta^{-1} + \delta^{-1}\sum_{n=1}^{\infty}(a_1^{-1}b_1)^n a_1^{-1}\delta^{-1} \right\| \\
&\leqslant \|\delta^{-1}\theta a_1^{-1}\delta^{-1}\| + \|a_1^{-1}\theta\delta^{-1}\| + \left\|\delta^{-1}\sum_{n=1}^{\infty}(a_1^{-1}b_1)^n a_1^{-1}\delta^{-1}\right\| \\
&\leqslant \left(T_1 T_2 + T_2 + \frac{\|a_1^{-1}b_1\|}{1 - \|a_1^{-1}b_1\|}T_1\right)T_1\|a_1^{-1}\|.
\end{aligned} \qquad (3.5.10)$$

由 $(3.5.6)$ 得

$$(a + b)^{\sharp} - a^{\mathrm{d}} = \begin{pmatrix} \eta - a_1^{-1} & \eta(a_1 + b_1)^{-1}b_{12} \\ b_{21}(a_1 + b_1)^{-1}\eta & b_{21}(a_1 + b_1)^{-1}\eta(a_1 + b_1)^{-1}b_{12} \end{pmatrix}_p. \qquad (3.5.11)$$

因此, 由 $(3.5.8)\sim(3.5.10)$, 得

$$\begin{aligned}
\|(a + b)^{\sharp} - a^{\mathrm{d}}\| &= \left\| \begin{pmatrix} \eta - a_1^{-1} & \eta(a_1 + b_1)^{-1}b_{12} \\ b_{21}(a_1 + b_1)^{-1}\eta & b_{21}(a_1 + b_1)^{-1}\eta(a_1 + b_1)^{-1}b_{12} \end{pmatrix}_p \right\| \\
&\leqslant \|\eta - a_1^{-1}\| + \|\eta(a_1 + b_1)^{-1}b_{12}\| + \|b_{21}(a_1 + b_1)^{-1}\eta\| \\
&\quad + \|b_{21}(a_1 + b_1)^{-1}\eta(a_1 + b_1)^{-1}b_{12}\| \\
&\leqslant \frac{\|a_1^{-1}\|T_1^2}{1 - \|a_1^{-1}b_1\|}(\|b_{12}\| + \|b_{21}\|) + T_1^2\left(\frac{\|a_1^{-1}\|}{1 - \|a_1^{-1}b_1\|}\right)^4\|b_{12}\|\|b_{21}\|
\end{aligned}$$

$$+ \left( T_1 T_2 + T_2 + \frac{\|a_1^{-1} b_1\|}{1 - \|a_1^{-1} b_1\|} T_1 \right) T_1 \|a_1^{-1}\|. \tag{3.5.12}$$

因为 $\|a_1^{-1}\| = \|a^d\|$ 和 (3.5.12), 容易得到结论. 因此, 得证.

设 $A, E \in B(X)$ 是 Banach 空间上有 $B = A + E$ 的界线性算子, 其中 $X$ 为 Banach 空间. 如果 $\|A^D E\| + \|B^\pi - A^\pi\| < 1$ 满足, (则有 $\|A^D E\| < 1$ 和 $\|A^D EAA^D\| < 1$) 则我们有以下注记.

**注记 3.5.1** [66,定理4.2]　设 $A, B \in B(X)$ 分别是 Drazin 可逆和群可逆. 如果 $\|A^D E\| + \|B^\pi - A^\pi\| < 1$, 则

$$\frac{\|B^\sharp - A^D\|}{\|A^D\|} \leqslant \frac{\|A^D E\| + 2\|B^\pi - A^\pi\|}{1 - \|A^D E\| - \|B^\pi - A^\pi\|}.$$

设 $a = a_1 \oplus a_2$ 和 $a^d = [a_1]_p^{-1} = a_1^{\#}$, 如果 $\delta a = b + a_2$, 当 $\|a^d baa^d\| < 1$, 则在 $\mathcal{A}$ 中 $1 + \delta aa$ 是可逆的. 由 [198] 中的条件 2.2 (5), 对于 $[a_1]_p [a_1]_p^{-1} = p = aa^d$. 当 $(a_1 + \delta a)\mathcal{A} \cap (1 - aa^d)\mathcal{A} = \{0\}$ 时, 有 $a_2 + b_2 = b_{21}(a_1 + b_1)^{-1} b_{12}$, 因此, 对于 $\|a_1^{\#}\| \|b + a_2\| < (1 + \|1 - aa^d\|)^{-1}$, 得 [198] 中定理 4.2 . 事实上, 下面的注记得到定理 3.5.1, 证明了 [198, 定理 4.2] 中 $\|(a + b)^{\#} - a^{\#}\|$ 的上界.

**注记 3.5.2** [198,定理4.2]　设 $a \in G(\mathcal{A})$ 和 $\bar{a} = a + \delta a \in \mathcal{A}$ 有 $\mathcal{K}_{\#} \epsilon_a < (1 + \|a^\pi\|)$. 假设 $\bar{a}\mathcal{A} \cap (1 - aa^{\#})\mathcal{A} = \{0\}$. 则 $\bar{a} \in G(\mathcal{A})$ 和

$$\|\bar{a}^{\#} - a^{\#}\| \leqslant \frac{(1 + 2\|a^\pi\|)\|a^{\#}\|\mathcal{K}_{\#}(a)\epsilon_a}{[1 - (1 + \|a^\pi\|)\|a^{\#}\|\mathcal{K}_{\#}(a)\epsilon_a]^2}$$

其中 $\mathcal{K}_{\#} = \|a\| \|a^{\#}\|$ 和 $\epsilon_a = \|\delta a\| \|a\|^{-1}$.

**定理 3.5.2**　设 $a, b \in \mathcal{A}$ 是广义 Drazin 逆且满足条件

$$\|a^d baa^d\| < 1, \quad a^\pi ba = 0. \tag{3.5.13}$$

则 $(a + b)^\sharp$ 存在当且仅当 $a^\pi(a + b)$ 是群可逆的. 因此

$$\frac{\|(a + b)^\sharp - a^d\|}{\|a^d\|} \leqslant \frac{\|a^d\|}{(1 - \|a^d b\|)^2} \left( \|b\| + \|ba^\pi\| \sum_{n=0}^{\infty} \|a^{n+1}\| \|(b^d)^{n+1}\| \right)$$
$$+ \left( \frac{\|a^d\|}{(1 - \|a^d b\|)^2} \|ba^\pi b\| + \frac{\|ba^\pi\|}{1 - \|a^d b\|} \right) \sum_{n=0}^{\infty} \|a^n\| \|(b^d)^{n+1}\|$$
$$+ \|a^\pi\| \|a^d\|^{-1} \sum_{n=0}^{\infty} \|a^n\| \|(b^d)^{n+1}\| + \frac{\|a^d b\|}{1 - \|a^d b\|}. \tag{3.5.14}$$

**证明**　因为 $a^d$ 存在, $a^d$ 定义为 (3.5.1) 中形式. 设 $b$ 是形如

$$b = \begin{pmatrix} b_1 & b_3 \\ b_4 & b_2 \end{pmatrix}_p. \tag{3.5.15}$$

的分块阵.

由条件 $a^\pi ba = 0$, 有 $b_2 a_2 = 0$ 和

$$a^\pi baa^\mathrm{d}a = \begin{pmatrix} 0 & 0 \\ b_4 a_1 & 0 \end{pmatrix}_p = 0. \tag{3.5.16}$$

由 (3.5.16) 则 $a_1 \in pAp$ 是可逆的, $b_4 = 0$ 和

$$b = \begin{pmatrix} b_1 & b_3 \\ 0 & b_2 \end{pmatrix}_p. \tag{3.5.17}$$

由 (3.5.1) 和 (3.5.17), 得到

$$a + b = \begin{pmatrix} a_1 + b_1 & b_3 \\ 0 & a_2 + b_2 \end{pmatrix}_p. \tag{3.5.18}$$

在子代数 $pAp$ 下由条件 $\|a^\mathrm{d}baa^\mathrm{d}\| < 1$ 得 $\|a_1^{-1}b_1\| < 1$. 因此, 得 $a_1 + b_1 \in pAp$ 是可逆的且 $\mathrm{ind}(a_1 + b_1) = 0$. 由 (3.5.18) 和引理 1.2.8, 得到 $(a+b)^\mathrm{d}$ 存在当且仅当 $(a_2 + b_2)^\mathrm{d}$. 因此, $(a+b)^\sharp$ 存在当且仅当 $a^\pi(a+b)$ 是群可逆.

如果 $a^\pi(a+b)$ 是群可逆且由引理 1.2.8, 得

$$(a+b)^\sharp = \begin{pmatrix} (a_1+b_1)^{-1} & x \\ 0 & (a_2+b_2)^\sharp \end{pmatrix}_p, \tag{3.5.19}$$

其中 $x = (a_1+b_1)^{-2}b_3(a_2+b_2)^\pi - (a_1+b_1)^{-1}b_3(a_2+b_2)^\sharp$.

因为 $b_2 a_2 = 0$ 和 $a_2$ 是拟幂零元, 由引理 1.2.7, 得

$$(a_2+b_2)^\sharp = \sum_{n=0}^\infty a_2^n(b_2^\mathrm{d})^{n+1} = a^\pi \sum_{n=0}^\infty a^n(b^\mathrm{d})^{n+1}. \tag{3.5.20}$$

由 $\|a^\mathrm{d}baa^\mathrm{d}\| < 1$, 易得

$$(a_1+b_1)^{-1} \oplus 0 = \sum_{n=0}^\infty (a_1^{-1}b_1)^n a_1^{-1} \oplus 0 = \sum_{n=0}^\infty (a^\mathrm{d}b)^n a^\mathrm{d}$$
$$= a_1^{-1}(1+b_1a_1^{-1})^{-1} \oplus 0 = a^\mathrm{d}\sum_{n=0}^\infty (ba^\mathrm{d})^n. \tag{3.5.21}$$

由 (3.5.19) 和 (3.5.21) 有

$$x = (a_1+b_1)^{-2}b_3(a_2+b_2)^\pi - (a_1+b_1)^{-1}b_3(a_2+b_2)^\sharp$$

$$= \left( \sum_{n=0}^{\infty} (a^{\mathrm{d}}b)^n a^{\mathrm{d}} \right)^2 \left( b - ba^\pi \sum_{n=0}^{\infty} a^{n+1}(b^{\mathrm{d}})^{n+1} \right)$$

$$+ \left( \left( \sum_{n=0}^{\infty} (a^{\mathrm{d}}b)^n a^{\mathrm{d}} \right)^2 ba^\pi b - \sum_{n=0}^{\infty} (a^{\mathrm{d}}b)^n a^{\mathrm{d}} ba^\pi \right) \sum_{n=0}^{\infty} a^n (b^{\mathrm{d}})^{n+1}. \quad (3.5.22)$$

由 (3.5.19)~(3.5.21), 得

$$(a+b)^\sharp = \begin{pmatrix} \displaystyle\sum_{n=0}^{\infty} a_1^{-1}(b_1 a_1^{-1})^n & x \\ 0 & \displaystyle\sum_{n=0}^{\infty} a_2^n (b_2^{\mathrm{d}})^{n+1} \end{pmatrix}_p$$

$$= \left( \sum_{n=0}^{\infty} (a^{\mathrm{d}}ba^{\mathrm{d}})^n \right)^2 \left( b - ba^\pi \sum_{n=0}^{\infty} a^{n+1}(b^{\mathrm{d}})^{n+1} \right)$$

$$+ \left( \left( \sum_{n=0}^{\infty} (a^{\mathrm{d}}b)^n a^{\mathrm{d}} \right)^2 ba^\pi b - \sum_{n=0}^{\infty} (a^{\mathrm{d}}b)^n a^{\mathrm{d}} ba^\pi \right) \sum_{n=0}^{\infty} a^n (b^{\mathrm{d}})^{n+1}$$

$$+ \sum_{n=0}^{\infty} (a^{\mathrm{d}}b)^n a^{\mathrm{d}} + a^\pi \sum_{n=0}^{\infty} a^n (b^{\mathrm{d}})^{n+1}. \quad (3.5.23)$$

由 (3.5.23), 得

$$(a+b)^\sharp - a^{\mathrm{d}} = \left( \sum_{n=0}^{\infty} (a^{\mathrm{d}}b)^n a^{\mathrm{d}} \right)^2 \left( b - ba^\pi \sum_{n=0}^{\infty} a^{n+1}(b^{\mathrm{d}})^{n+1} \right)$$

$$+ \left( \left( \sum_{n=0}^{\infty} (a^{\mathrm{d}}b)^n a^{\mathrm{d}} \right)^2 ba^\pi b - \sum_{n=0}^{\infty} (a^{\mathrm{d}}b)^n a^{\mathrm{d}} ba^\pi \right) \sum_{n=0}^{\infty} a^n (b^{\mathrm{d}})^{n+1}$$

$$+ a^\pi \sum_{n=0}^{\infty} a^n (b^{\mathrm{d}})^{n+1} + \sum_{n=1}^{\infty} (a^{\mathrm{d}}b)^n a^{\mathrm{d}}. \quad (3.5.24)$$

由 (3.5.24) 得

$$\|(a+b)^\sharp - a^{\mathrm{d}}\| \leqslant \left( \frac{\|a^{\mathrm{d}}\|}{1-\|a^{\mathrm{d}}b\|} \right)^2 \left( \|b\| + \|ba^\pi\| \sum_{n=0}^{\infty} \|a^{n+1}\| \|(b^{\mathrm{d}})^{n+1}\| \right)$$

$$+ \left( \left( \frac{\|a^{\mathrm{d}}\|}{1-\|a^{\mathrm{d}}b\|} \right)^2 \|ba^\pi b\| + \frac{\|a^{\mathrm{d}}\|\|ba^\pi\|}{1-\|a^{\mathrm{d}}b\|} \right) \sum_{n=0}^{\infty} \|a^n\| \|(b^{\mathrm{d}})^{n+1}\|$$

$$+ \|a^\pi\| \sum_{n=0}^{\infty} \|a^n\| \|(b^{\mathrm{d}})^{n+1}\| + \frac{\|a^{\mathrm{d}}\|\|a^{\mathrm{d}}b\|}{1-\|a^{\mathrm{d}}b\|}. \quad (3.5.25)$$

最后, 由 (3.5.25) 易证结论.

**推论 3.5.1** 设 $a \in A_g$ 和 $b \in A^d$. 如果 $a, b$ 满足条件

$$\|a^\sharp baa^\sharp\| < 1, \quad a^\pi ba = 0, \tag{3.5.26}$$

则 $(a+b)^\sharp$ 存在当且仅当 $a^\pi b$ 是群可逆的. 因此

$$\frac{\|(a+b)^\sharp - a^\sharp\|}{\|a^\sharp\|} \leqslant \|b\| \|(a^\pi b)^\pi\| \frac{\|a^\sharp\|}{(1 - \|a^\sharp b\|)^2}$$
$$+ \frac{\|ba^\pi b^\sharp\|}{1 - \|a^\sharp b\|} + \frac{\|a^\pi b^\sharp\|}{\|a^\sharp\|} + \frac{\|a^\sharp b\|}{1 - \|a^\sharp b\|}. \tag{3.5.27}$$

定理 3.5.2 的条件 $\|a^d baa^d\| < 1, a^\pi ba = 0$ 弱于条件 $(\mathcal{W})$, 见 [196, 定理 3.2]. 对于有限维的情况且 [97, 定理 5.3.2 和结论 5.3.3] 对于 Banach 代数. 由 $a^\pi ba = 0$, 得 (3.5.18) 成立. 然而, 由 $(\mathcal{W})$, 有

$$a + b = \begin{pmatrix} a_1 + b_1 & 0 \\ 0 & a_2 \end{pmatrix}_p.$$

因此, 由条件 $(\mathcal{W})$, 知道 $a$ 和 $a+b$ 有 Drazin 可逆性质, 见 [196, 定理 3.1]. 因此, 如果 $a$ 是群可逆的, 则 $(a+b)$ 是群可逆的. 易得 $\|a^d baa^d\| < 1, a^\pi ba = 0$ 弱于条件 $(\mathcal{W})$. 由 [97, 定理 5.3.2 和结论 5.3.3], 易得到下列标注.

**注记 3.5.3** 设 $a \in A_g$ 和 $b \in A^d$. 如果 $a, b$ 满足条件 $(\mathcal{W})$

$$\|a^\sharp baa^\sharp\| < 1, \quad b = aa^\sharp baa^\sharp,$$

则 $a + b$ 是群可逆的,

$$\frac{\|(a+b)^\sharp - a^\sharp\|}{\|a^\sharp\|} \leqslant \frac{\|a^\sharp b\|}{1 - \|a^\sharp b\|}.$$

**定理 3.5.3** 设 $a, b \in A$ 是广义 Drazin 可逆且满足条件

$$\max\{\|a^d baa^d\|, \|a^\pi a\| \|a^\pi b^d\|\} < 1, \quad a^\pi ba = 0. \tag{3.5.28}$$

则 $(a+b)^\sharp$ 存在当且仅当 $a^\pi(a+b)$ 是群可逆的. 因此

$$\frac{\|(a+b)^\sharp - a^d\|}{\|a^d\|} \leqslant \frac{\|a^d\|}{(1 - \|a^d b\|)^2} \left( \|b\| + \|ba^\pi\| \frac{\|a\| \|b^d\|}{1 - \|a\| \|b^d\|} \right)$$
$$+ \left( \frac{\|a^d\|}{(1 - \|a^d b\|)^2} \|ba^\pi b\| + \frac{\|ba^\pi\|}{1 - \|a^d b\|} \right) \frac{\|a\| \|b^d\|}{1 - \|a\| \|b^d\|}$$
$$+ \frac{\|a^d\|^{-1} \|a^\pi\| \|b^d\|}{1 - \|a\| \|b^d\|} + \frac{\|a^d b\|}{1 - \|a^d b\|}. \tag{3.5.29}$$

**证明**　标注可以当做定理 3.5.2 且剩下部分定理的证明类似于定理 3.5.2. 现在, 我们只需考虑 $a_2 + b_2$ 的扰动. 由 (3.5.20) 和 (3.5.28) 的第一个条件, 有 $\|a_2\|\|b_2^d\| < 1$ 和

$$\|(a_2 + b_2)^{\sharp}\| = \left\|\sum_{n=0}^{\infty} a_2^n (b_2^d)^{n+1}\right\| \leqslant \frac{\|a^{\pi}\|\|b^d\|}{1 - \|a\|\|b^d\|}. \tag{3.5.30}$$

因此, 由 (3.5.30) 得证结论.

**定理 3.5.4**　设 $a, b \in A$ 是广义 Drazin 可逆的且满足条件

$$\|a^d baa^d\| < 1, \quad a^{\pi}ba = aba^{\pi}. \tag{3.5.31}$$

则 $(a + b)^{\sharp}$ 存在当且仅当 $a^{\pi}(a + b)$ 是群可逆的. 因此

$$\frac{\|(a + b)^{\sharp} - a^d\|}{\|a^d\|} \leqslant \frac{\|a^d b\|}{1 - \|a^d b\|} + \|a^{\pi}\|\|a^d\|^{-1} \sum_{n=0}^{\infty} \|(b^d)^{n+1}\|\|a^n\|. \tag{3.5.32}$$

**证明**　设 $p = aa^d$ 且类似于定理 3.5.2, 我们得到 $a$, $a^d$ 和 $p$ 有如 (3.5.1) 的矩阵形式. 证明定理 3.5.2 中 $b$ 由 (3.5.15) 替代. 由条件 $a^{\pi}ba = aba^{\pi}$ 得

$$a^{\pi}ba = \begin{pmatrix} 0 & 0 \\ 0 & 1-p \end{pmatrix}_p \begin{pmatrix} b_1 & b_3 \\ b_4 & b_2 \end{pmatrix}_p \begin{pmatrix} a_1 & 0 \\ 0 & a_2 \end{pmatrix}_p = \begin{pmatrix} 0 & 0 \\ b_4 a_1 & b_2 a_2 \end{pmatrix}_p \tag{3.5.33}$$

和

$$aba^{\pi} = \begin{pmatrix} a_1 & 0 \\ 0 & a_2 \end{pmatrix}_p \begin{pmatrix} b_1 & b_3 \\ b_4 & b_2 \end{pmatrix}_p \begin{pmatrix} 0 & 0 \\ 0 & 1-p \end{pmatrix}_p = \begin{pmatrix} 0 & a_1 b_3 \\ 0 & a_2 b_2 \end{pmatrix}_p. \tag{3.5.34}$$

因此, 由 (3.5.33) 和 (3.5.34), 得到 $b_4 a_1 = 0$, $a_1 b_3 = 0$ 和 $a_2 b_2 = b_2 a_2$. 因为在子代数 $pAp$ 中 $a_1$ 是可逆的, 有 $b_3 = b_4 = 0$. 因此 $a$, $b$, $a + b$ 有如下矩阵形式:

$$b = \begin{pmatrix} b_1 & 0 \\ 0 & b_2 \end{pmatrix}_p, \quad a + b = \begin{pmatrix} a_1 + b_1 & 0 \\ 0 & a_2 + b_2 \end{pmatrix}_p. \tag{3.5.35}$$

由条件 $\|a^d baa^d\| < 1$ 得 $\|a_1^{-1} b_1\| < 1$. 因此, 由 $\|a_1^{-1} b_1\| < 1$ 得在子代数 $pAp$ 中 $a_1 + b_1$ 是可逆的. 因此, 易观察到 $a + b$ 是 Drazin 可逆的当且仅当 $a_2 + b_2 \in (1 - p)A(1 - p)$ 是 Drazin 可逆的. 即 $(a + b)^{\sharp}$ 存在当且仅当 $a^{\pi}(a + b)$ 是群可逆的.

下面, 我们考虑 $a_2$ 的扰动.

设 $a_2 + b_2$ 是群可逆的. 条件 $a^{\pi}ba = aba^{\pi}$ 得到 $a_2 b_2 = b_2 a_2$ 是成立的. 因为在子代数 $(1 - p)A(1 - p)$ 中 $a_2$ 是拟幂零的且由引理 3.5.1, 得

$$(a_2 + b_2)^{\sharp} = \sum_{n=0}^{\infty} (b_2^d)^{n+1} (-a_2)^n = a^{\pi} \sum_{n=0}^{\infty} (b^d)^{n+1} (-a)^n. \tag{3.5.36}$$

由 $\|a_1^{-1}b_1\| < 1$, 得

$$[aa^{\mathrm{d}}(a+b)]^{-1} = (a_1+b_1)^{-1} = \sum_{n=0}^{\infty}(a_1^{-1}b_1)^n a_1^{-1} = \sum_{n=0}^{\infty}(a^{\mathrm{d}}b)^n a^{\mathrm{d}}. \tag{3.5.37}$$

由 (3.5.36) 和 (3.5.37) 得到

$$\left\|[aa^{\mathrm{d}}(a+b)]^{-1} - [aa^{\mathrm{d}}a]_p^{-1}\right\| = \left\|\sum_{n=1}^{\infty}(a^{\mathrm{d}}b)^n a^{\mathrm{d}}\right\| \leqslant \frac{\|a^{\mathrm{d}}\|\|a^{\mathrm{d}}b\|}{1-\|a^{\mathrm{d}}b\|} \tag{3.5.38}$$

和

$$\left\|[a^{\pi}(a+b)]^{\mathrm{d}}\right\| = \|(a_2+b_2)^{\sharp}\| \leqslant \|a^{\pi}\|\sum_{n=0}^{\infty}\|(b^{\mathrm{d}})^{n+1}\|\|a^n\|. \tag{3.5.39}$$

下面, 根据 (3.5.38) 和 (3.5.39), 得到

$$\|(a+b)^{\sharp} - a^{\mathrm{d}}\| \leqslant \frac{\|a^{\mathrm{d}}\|\|a^{\mathrm{d}}b\|}{1-\|a^{\mathrm{d}}b\|} + \|a^{\pi}\|\sum_{n=1}^{\infty}\|(b^{\mathrm{d}})^{n+1}\|\|a^n\|. \tag{3.5.40}$$

最后, 利用 (3.5.40) 得证结论.

**推论 3.5.2** 设 $a \in \mathcal{A}_g$ 和 $b \in \mathcal{A}^{\mathrm{d}}$. 如果 $a,b$ 满足条件

$$\|a^{\sharp}baa^{\sharp}\| < 1, \quad a^{\pi}ba = aba^{\pi}, \tag{3.5.41}$$

则 $(a+b)^{\sharp}$ 存在当且仅当 $a^{\pi}b$ 是群可逆的. 因此

$$\frac{\|(a+b)^{\sharp} - a^{\sharp}\|}{\|a^{\sharp}\|} \leqslant \frac{\|a^{\sharp}b\|}{1-\|a^{\sharp}b\|} + \frac{\|a^{\pi}\|\|b^{\mathrm{d}}\|}{\|a^{\sharp}\|}. \tag{3.5.42}$$

设 $A, E \in \mathbb{C}^{n \times n}$, 其中 $B = A + E$, 且设

$$A = P^{-1}\begin{pmatrix} A_1 & 0 \\ 0 & A_2 \end{pmatrix}P, \quad E = P^{-1}\begin{pmatrix} E_1 & E_{12} \\ E_{21} & E_2 \end{pmatrix}P.$$

如果 $B^{\pi} = A^{\pi}$ (参考 [65, 定理 2.1]), 则

$$B = P^{-1}\begin{pmatrix} B_1 & 0 \\ 0 & B_2 \end{pmatrix}P, \quad A+E = P^{-1}\begin{pmatrix} A_1+E_1 & 0 \\ 0 & A_2+E_2 \end{pmatrix}P. \tag{3.5.43}$$

其中 $B_1$ 是可逆的且 $B_2 = A_2$ 是拟幂零的 (得 $E_2 = 0$). 由 (3.5.43) 得到 $A^{\pi} = B^{\pi}$ 则 $A^{\pi}BA = ABA^{\pi}$ (即 $A^{\pi}EA = AEA^{\pi}$). 如果 $A$ 是群可逆的, 则 $B$ 是群可逆的且

$$B^{\sharp} = P^{-1}\begin{pmatrix} B_1^{-1} & 0 \\ 0 & 0 \end{pmatrix}P,$$

其中 $B_1 = A_1 + E_1$.

由 $A^{\pi} = B^{\pi}$ 和 $\|A^D(B-A)\| < 1$ 见 [65], 我们给出下列标注.

**注记 3.5.4** [65,定理3.1]　设 $A, B \in \mathbb{C}^{n \times n}$ 其中 $A^\pi = B^\pi$. 则

$$\frac{\|A^D\|}{1 + \|A^D(B - A)\|} \leqslant \|B^D\|.$$

如果 $\|A^D(B - A)\| < 1$, 则

$$\|B^D\| \leqslant \frac{\|A^D\|}{1 - \|A^D(B - A)\|}$$

和

$$\frac{\|B^D - A^D\|}{\|A^D\|} \leqslant \frac{\|A^D(B - A)\|}{1 - \|A^D(B - A)\|}.$$

**定理 3.5.5**　设 $a, b \in \mathcal{A}$ 是广义 Drazin 可逆的且满足条件

$$\max\left\{\|a^\pi a b^d\|, \|a^d b a a^d\|\right\} < 1, \quad a^\pi b a = a b a^\pi. \tag{3.5.44}$$

则 $(a + b)^\sharp$ 存在当且仅当 $a^\pi(a + b)$ 是群可逆的. 因此

$$\frac{\|(a + b)^\sharp - a^d\|}{\|a^d\|} \leqslant \frac{\|a^d b\|}{1 - \|a^d b\|} + \frac{\|a^\pi\|\|b^d\|}{\|a^d\|(1 - \|b^d a\|)}. \tag{3.5.45}$$

**证明**　类似定理 3.5.4, 得到 (3.5.35) 成立. 忽略细节. 下面我们仅给出简单的证明.

由条件

$$\max\left\{\|a^\pi a b^d\|, \|a^d b a a^d\|\right\} < 1,$$

得 $\|a_1^{-1} b_1\| < 1$ 和 $\|a_2 b_2^d\| < 1$. 这样, 第一个结论得到 $a_1 + b_1 \in p\mathcal{A}p$ 是可逆的. 因此 $a + b$ 是 Drazin 可逆的当且仅当 $a_2 + b_2$ 也是. 即 $(a + b)^\sharp$ 存在当且仅当 $a^\pi(a + b)$ 是群可逆的.

下面, 我们考虑 $a_2$ 的扰动.

假设 $a^\pi b a = a b a^\pi$, 我们得到 $a_2 b_2 = b_2 a_2$. 由定理 3.5.4 和引理 3.5.1 得

$$(a_2 + b_2)^\sharp = \sum_{n=0}^\infty (b_2^d)^{n+1}(-a_2)^n = a^\pi \sum_{n=0}^\infty (-1)^n (b^d)^{n+1} a^n. \tag{3.5.46}$$

由条件 $\|a_2 b_2^d\| < 1$ 和

$$\sigma(a_2 b_2^d) \cup \{0\} = \sigma(b_2^d a_2) \cup \{0\},$$

得 $\|b_2^d a_2\| < 1$ 和

$$\|(a_2 + b_2)^\sharp\| \leqslant \frac{\|a^\pi\|\|b^d\|}{1 - \|b^d a\|}. \tag{3.5.47}$$

因此, 结合 (3.5.40) 和 (3.5.47), 有

$$\left\| (a+b)^{\sharp} - a^{\mathrm{d}} \right\| \leqslant \frac{\|a^{\mathrm{d}}\| \|a^{\mathrm{d}}b\|}{1 - \|a^{\mathrm{d}}b\|} + \frac{\|a^{\pi}\| \|b^{\mathrm{d}}\|}{1 - \|b^{\mathrm{d}}a\|}. \tag{3.5.48}$$

因此, 由 (3.5.48) 得证结论.

## 3.6 广义 Schur 补的扰动界

设 $a \in \mathcal{A}$ 且写为形如

$$a = a_{11} + a_{12} + a_{21} + a_{22},$$

则有下列矩阵形式:

$$\mathcal{M} = \begin{pmatrix} a_{11} & a_{12} \\ a_{21} & a_{22} \end{pmatrix}_s, \tag{3.6.1}$$

其中在 $\mathcal{A}$ 中 $s \in \mathcal{A}^{\bullet}$ 是幂等元, $a_{ij}$ 由 (1.2.18) 代替.

在 Banach 代数上 (1.2.14) 和 (1.2.15) 分别写为

$$s_1 = a_{22} - a_{21}a_{11}^{-1}a_{12} \tag{3.6.2}$$

和

$$\bar{\mathcal{M}} = \begin{pmatrix} a_{11}^- + a_{11}^- a_{12}s_1^- a_{21}a_{11}^- & -a_{11}^- a_{12}s_1^- \\ -s_1^- a_{21}a_{11}^- & s_1^- \end{pmatrix}_s. \tag{3.6.3}$$

同样, 在下面的 Banach 代数中 (1.2.16) 的广义 Schur 补和 (1.2.17) 分别定义如下:

$$s_1 = a_{22} - a_{21}a_{11}^{\sharp}a_{12} \tag{3.6.4}$$

和

$$s_1 = a_{22} - a_{21}a_{11}^{\mathrm{d}}a_{12}, \tag{3.6.5}$$

其中在 $\mathcal{M}$ 中 $s_1$ 定义为 $a_{11}$ 的广义 Schur 补.

**定理 3.6.1** 设 $\mathcal{M}$ 如 (3.6.1) 且

$$\bar{\mathcal{M}} = \begin{pmatrix} a_{11} + \Delta a_{11} & a_{12} + \Delta a_{12} \\ a_{21} + \Delta a_{21} & a_{22} + \Delta a_{22} \end{pmatrix}_s = \begin{pmatrix} \bar{a}_{11} & \bar{a}_{12} \\ \bar{a}_{21} & \bar{a}_{22} \end{pmatrix}_s \tag{3.6.6}$$

是 $\mathcal{M}$ 的扰动等价形式, 且下列条件满足:

$$\|\Delta a_{11}\| \leqslant \epsilon\|a_{11}\|, \ \|\Delta a_{12}\| \leqslant \epsilon\|a_{12}\|, \ \|\Delta a_{21}\| \leqslant \epsilon\|a_{21}\|, \ \|\Delta a_{22}\| \leqslant \epsilon\|a_{22}\|, \quad (3.6.7)$$

其中 $\epsilon > 0$. 如果 $a_{11}$, $\Delta a_{11}$ 和 $\bar{a}_{11}$ 满足定理 3.5.2 的条件, 则

$$\|\bar{s}_1 - s_1\| \leqslant \epsilon\|a_{22}\| + \|a_{21}\|\|a_{12}\| \left(\theta(2\epsilon + \epsilon^2) + \|a_{11}^\pi\|\eta_2 + \epsilon\|a_{11}^{\mathrm{d}}\|\|a_{11}\|\eta_1\right)$$
$$+ \epsilon\|a_{21}\|\|a_{11}\|\|a_{12}\| \left(\eta_1^2 + \|a_{11}^\pi\|\eta_1\eta_2 + (\epsilon + \epsilon^2)\|a_{11}^\pi\|\|a_{11}\|\eta_1^2\eta_2\right), \quad (3.6.8)$$

其中

$$\eta_1 = \frac{\|a_{11}^{\mathrm{d}}\|}{1 - \|a_{11}^{\mathrm{d}}\Delta a_{11}\|}, \quad \eta_2 = \sum_{n=0}^\infty \|a_{11}^{n+1}\|\|[(\Delta a_{11})^{\mathrm{d}}]^{n+1}\|,$$

$$\theta = \epsilon\|a_{11}\|\eta_1^2\left(1 + \|a_{11}^\pi\|\eta_2\right) + \left(\epsilon^2\eta_1^2\|a_{11}^\pi\|\|a_{11}\|^2 + \epsilon\|a_{11}\|\|a_{11}^\pi\|\eta_1\right)\eta_2$$
$$+ \|a_{11}^\pi\|\eta_2 + \epsilon\|a_{11}^{\mathrm{d}}\|\|a_{11}\|\eta_1$$

和 $\bar{s}_1$ 和 $s_1$ 分别是在 $\mathcal{M}$ 中 $a_{11}$ 的 Schur 补和在 $\bar{\mathcal{M}}$ 中 $\bar{a}_{11}$ 的 Schur 补.

　　**证明**　因为 $a_{11}$, $\Delta a_{11}$ 和 $\bar{a}_{11}$ 满足定理 3.5.2, 由 (3.5.23), 得到

$$\bar{a}_{11}^\sharp = \left(\sum_{n=0}^\infty (a_{11}^{\mathrm{d}}\Delta a_{11})^n a_{11}^{\mathrm{d}}\right)^2 \left(\Delta a_{11} - \Delta a_{11}a_{11}^\pi \sum_{n=0}^\infty a_{11}^{n+1}[(\Delta a_{11})^{\mathrm{d}}]^{n+1}\right)$$
$$+ \left(\left(\sum_{n=0}^\infty (a_{11}^{\mathrm{d}}\Delta a_{11})^n a_{11}^{\mathrm{d}}\right)^2 \Delta a_{11}a_{11}^\pi\Delta a_{11}\right.$$
$$\left. - \sum_{n=0}^\infty (a_{11}^{\mathrm{d}}\Delta a_{11})^n a_{11}^{\mathrm{d}}\Delta a_{11}a_{11}^\pi\right) \sum_{n=0}^\infty a_{11}^n[(\Delta a_{11})^{\mathrm{d}}]^{n+1}$$
$$+ \sum_{n=0}^\infty (a_{11}^{\mathrm{d}}\Delta a_{11})^n a_{11}^{\mathrm{d}} + a_{11}^\pi \sum_{n=0}^\infty a_{11}^n[(\Delta a_{11})^{\mathrm{d}}]^{n+1}. \quad (3.6.9)$$

因此, 易得到

$$\bar{s}_1 = a_{22} + \Delta a_{22} - (a_{21} + \Delta a_{21})\bar{a}_{11}^\sharp(a_{12} + \Delta a_{12})$$
$$= a_{22} + \Delta a_{22} - a_{21}\bar{a}_{11}^\sharp a_{12} - \Delta a_{21}\bar{a}_{11}^\sharp a_{12} - a_{21}\bar{a}_{11}^\sharp\Delta a_{12} - \Delta a_{21}\bar{a}_{11}^\sharp\Delta a_{12}$$
$$= s_1 + \Delta a_{22} - \Delta a_{21}\bar{a}_{11}^\sharp a_{12} - a_{21}\bar{a}_{11}^\sharp\Delta a_{12} - \Delta a_{21}\bar{a}_{11}^\sharp\Delta a_{12}$$
$$\quad - a_{21}a_{11}^\pi \sum_{n=0}^\infty a_{11}^n[(\Delta a_{11})^{\mathrm{d}}]^{n+1}a_{12} + a_{21}\sum_{n=1}^\infty (a_{11}^{\mathrm{d}}\Delta a_{11})^n a_{11}^{\mathrm{d}}a_{12}$$
$$\quad + a_{21}\left(\sum_{n=0}^\infty (a_{11}^{\mathrm{d}}\Delta a_{11})^n a_{11}^{\mathrm{d}}\right)^2 \Delta a_{11}\left(1 - a_{11}^\pi(a_{11} + \Delta a_{11})\sum_{n=0}^\infty a_{11}^n[(\Delta a_{11})^{\mathrm{d}}]^{n+1}\right)a_{12}$$

$$-a_{21} \sum_{n=0}^{\infty} (a_{11}^{\mathrm{d}} \Delta a_{11})^n a_{11}^{\mathrm{d}} \Delta a_{11} a_{11}^{\pi} \sum_{n=0}^{\infty} a_{11}^n [(\Delta a_{11})^{\mathrm{d}}]^{n+1} a_{12} \qquad (3.6.10)$$

和

$$
\begin{aligned}
\|\bar{a}_{11}^{\sharp}\| \leqslant &\, \epsilon \|a_{11}\| \left( \frac{\|a_{11}^{\mathrm{d}}\|}{1 - \|a_{11}^{\mathrm{d}} \Delta a_{11}\|} \right)^2 \left( 1 + \|a_{11}^{\pi}\| \sum_{n=0}^{\infty} \|a_{11}^{n+1}\| \| [(\Delta a_{11})^{\mathrm{d}}]^{n+1} \| \right) \\
&+ \left( \epsilon^2 \left( \frac{\|a_{11}^{\mathrm{d}}\|}{1 - \|a_{11}^{\mathrm{d}} \Delta a_{11}\|} \right)^2 \|a_{11}^{\pi}\| \|a_{11}\|^2 \right. \\
&\left. + \frac{\epsilon \|a_{11}^{\mathrm{d}}\| \|a_{11}\| \|a_{11}^{\pi}\|}{1 - \|a_{11}^{\mathrm{d}} \Delta a_{11}\|} \right) \sum_{n=0}^{\infty} \|a_{11}^n\| \| [(\Delta a_{11})^{\mathrm{d}}]^{n+1} \| \\
&+ \|a_{11}^{\pi}\| \sum_{n=0}^{\infty} \|a_{11}^n\| \| [(\Delta a_{11})^{\mathrm{d}}]^{n+1} \| + \frac{\epsilon \|a_{11}^{\mathrm{d}}\|^2 \|a_{11}\|}{1 - \|a_{11}^{\mathrm{d}} \Delta a_{11}\|} . \qquad (3.6.11)
\end{aligned}
$$

由 (3.6.10), (3.6.11) 和条件 (3.6.7), 于是

$$
\begin{aligned}
&\|\bar{s}_1 - s_1\| \\
\leqslant &\, \|\Delta a_{22}\| + \theta(2\epsilon + \epsilon^2) \|a_{21}\| \|a_{12}\| \\
&+ \|a_{21}\| \|a_{12}\| \left( \|a_{11}^{\pi}\| \sum_{n=0}^{\infty} \|a_{11}^n\| \| [(\Delta a_{11})^{\mathrm{d}}]^{n+1} \| + \frac{\epsilon \|a_{11}^{\mathrm{d}}\|^2 \|a_{11}\|}{1 - \|a_{11}^{\mathrm{d}} \Delta a_{11}\|} \right) \\
&+ \epsilon \|a_{21}\| \|a_{11}\| \|a_{12}\| \left( \frac{\|a_{11}^{\mathrm{d}}\|}{1 - \|a_{11}^{\mathrm{d}} \Delta a_{11}\|} \right)^2 \\
&+ (\epsilon + \epsilon^2) \|a_{11}^{\pi}\| \|a_{21}\| \|a_{11}\|^2 \|a_{12}\| \left( \frac{\|a_{11}^{\mathrm{d}}\|}{1 - \|a_{11}^{\mathrm{d}} \Delta a_{11}\|} \right)^2 \sum_{n=0}^{\infty} \|a_{11}^n\| \| [(\Delta a_{11})^{\mathrm{d}}]^{n+1} \| \\
&+ \epsilon \|a_{21}\| \|a_{12}\| \frac{\|a_{11}^{\mathrm{d}}\| \|a_{11}\| \|a_{11}^{\pi}\|}{1 - \|a_{11}^{\mathrm{d}} \Delta a_{11}\|} \sum_{n=0}^{\infty} \|a_{11}^n\| \| [(\Delta a_{11})^{\mathrm{d}}]^{n+1} \|, \qquad (3.6.12)
\end{aligned}
$$

其中

$$
\begin{aligned}
\theta = &\, \epsilon \|a_{11}\| \left( \frac{\|a_{11}^{\mathrm{d}}\|}{1 - \|a_{11}^{\mathrm{d}} \Delta a_{11}\|} \right)^2 \left( 1 + \|a_{11}^{\pi}\| \sum_{n=0}^{\infty} \|a_{11}^{n+1}\| \| [(\Delta a_{11})^{\mathrm{d}}]^{n+1} \| \right) \\
&+ \left( \epsilon^2 \left( \frac{\|a_{11}^{\mathrm{d}}\|}{1 - \|a_{11}^{\mathrm{d}} \Delta a_{11}\|} \right)^2 \|a_{11}^{\pi}\| \|a_{11}\|^2 \right. \\
&\left. + \frac{\epsilon \|a_{11}^{\mathrm{d}}\| \|a_{11}\| \|a_{11}^{\pi}\|}{1 - \|a_{11}^{\mathrm{d}} \Delta a_{11}\|} \right) \sum_{n=0}^{\infty} \|a_{11}^n\| \| [(\Delta a_{11})^{\mathrm{d}}]^{n+1} \| \\
&+ \|a_{11}^{\pi}\| \sum_{n=0}^{\infty} \|a_{11}^n\| \| (\Delta a_{11}^{\mathrm{d}})^{n+1} \| + \frac{\epsilon \|a_{11}^{\mathrm{d}}\|^2 \|a_{11}\|}{1 - \|a_{11}^{\mathrm{d}} \Delta a_{11}\|} .
\end{aligned}
$$

因此, 得证结论.

类似于定理 3.6.1. 由定理 3.5.3 的证明得到如下结果.

**定理 3.6.2**　设 $\mathcal{M}$ 和 $\bar{\mathcal{M}}$ 由定理3.6.1 替代, 在(3.6.7) 关系仍满足, 其中 $\epsilon > 0$. 如果 $a_{11}, \Delta a_{11}$ 和 $\bar{a}_{11}$ 满足定理3.5.3 的条件, 则

$$\|\bar{s}_1 - s\| \leqslant \epsilon\|a_{22}\| + \|a_{21}\|\|a_{12}\| \left(\theta(2\epsilon + \epsilon^2) + \|a_{11}^\pi\|\eta_2 + \epsilon\|a_{11}^d\|\|a_{11}\|\eta_1\right)$$
$$+ \epsilon\|a_{21}\|\|a_{11}\|\|a_{12}\| \left(\eta_1^2 + \|a_{11}^\pi\|\eta_1\eta_2 + (\epsilon + \epsilon^2)\|a_{11}^\pi\|\|a_{11}\|\eta_1^2\eta_2\right), \quad (3.6.13)$$

其中 $\eta_1, \theta, \bar{s}_1$ 和 $s_1$ 由定理3.6.1 代替.

**定理 3.6.3**　设 $\mathcal{M}$ 和 $\bar{\mathcal{M}}$ 由定理3.6.1 代替, 在(3.6.7) 的关系仍满足, 其中 $\epsilon > 0$. 如果 $a_{11}, \Delta a_{11}$ 和 $\bar{a}_{11}$ 满足定理3.5.4的条件, 则

$$\|\bar{s}_1 - s\| \leqslant \epsilon\|a_{22}\| + \left((1 + 2\epsilon + \epsilon^2)\delta_1 + \epsilon\|a_{11}^d\|^2\|a_{11}\|\right)\|a_{12}\|\|a_{21}\|, \quad (3.6.14)$$

其中

$$\delta_1 = \left\{\frac{\|a_{11}^d\|}{1 - \|a_{11}^d \Delta a_{11}\|} + \|a_{11}^\pi\| \sum_{n=0}^\infty \|[(\Delta a_{11})^d]^{n+1} a_{11}^n\|\right\}$$

和 $\bar{s}_1$ 以及 $s_1$ 由定理 3.6.1 代替.

**证明**　类似定理 3.6.1 的证明. 细节忽略. 如下进行简单的证明.

由 (3.5.35)~(3.5.37), 得到

$$\bar{a}_{11}^\sharp = \sum_{n=0}^\infty (a_{11}^d \Delta a_{11})^n a_{11}^d + a_{11}^\pi \sum_{n=0}^\infty [(\Delta a_{11})^d]^{n+1}(-a_{11})^n. \quad (3.6.15)$$

由 (3.6.15), 易得

$$\bar{s}_1 = a_{22} + \Delta a_{22} - (a_{21} + \Delta a_{21})\bar{a}_{11}^\sharp(a_{12} + \Delta a_{12})$$
$$= s_1 + \Delta a_{22} - a_{21}\sum_{n=0}^\infty (a_{11}^d \Delta a_{11})^n a_{11}^d a_{12} + a_{21}a_{11}^\pi \sum_{n=0}^\infty [(\Delta a_{11})^d]^{n+1}(-a_{11})^n a_{12}$$
$$- a_{21}a_{11}^d \Delta a_{11} a_{11}^d a_{12} - \Delta a_{21}\bar{a}_{11}^\sharp a_{12} - a_{21}\bar{a}_{11}^\sharp \Delta a_{12} - \Delta a_{21}\bar{a}_{11}^\sharp \Delta a_{12} \quad (3.6.16)$$

和

$$\|\bar{a}_{11}^\sharp\| \leqslant \left\|\sum_{n=0}^\infty (a_{11}^d \Delta a_{11})^n a_{11}^d\right\| + \left\|a_{11}^\pi \sum_{n=0}^\infty [(\Delta a_{11})^d]^{n+1}(-a_{11})^n\right\|$$
$$\leqslant \frac{\|a_{11}^d\|}{1 - \|a_{11}^d \Delta a_{11}\|} + \|a_{11}^\pi\| \sum_{n=0}^\infty \|[(\Delta a_{11})^d]^{n+1} a_{11}^n\|. \quad (3.6.17)$$

由 (3.6.16) 和 (3.6.17) 得

$$
\begin{aligned}
\|\bar{s}_1 - s_1\| \leqslant{} & \epsilon\|a_{22}\| + \frac{\|a_{11}^{\mathrm{d}}\|\|a_{21}\|\|a_{12}\|}{1 - \|a_{11}^{\mathrm{d}}\Delta a_{11}\|} + \|a_{21}\|\|a_{11}^{\pi}\| \sum_{n=0}^{\infty} \|[(\Delta a_{11})^{\mathrm{d}}]^{n+1} a_{11}^{n}\|\|a_{12}\| \\
& + (2\epsilon + \epsilon^2)\|a_{21}\|\|\bar{a}_{11}^{\sharp}\|\|a_{12}\| + \epsilon\|a_{11}^{\mathrm{d}}\|\|a_{11}\|\|a_{12}\|\|a_{21}\| \\
\leqslant{} & \epsilon\|a_{22}\| + \left\{ \epsilon\|a_{11}^{\mathrm{d}}\|\|a_{11}\| + \frac{\|a_{11}^{\mathrm{d}}\|}{1 - \|a_{11}^{\mathrm{d}}\Delta a_{11}\|} \right. \\
& \left. + \|a_{11}^{\pi}\| \sum_{n=0}^{\infty} \|[(\Delta a_{11})^{\mathrm{d}}]^{n+1} a_{11}^{n}\| \right\} \|a_{21}\| \\
& + (2\epsilon + \epsilon^2)\|a_{21}\|\|a_{12}\| \left\{ \|a_{11}^{\pi}\| \sum_{n=0}^{\infty} \|[(\Delta a_{11})^{\mathrm{d}}]^{n+1} a_{11}^{n}\| + \frac{\|a_{11}^{\mathrm{d}}\|}{1 - \|a_{11}^{\mathrm{d}}\Delta a_{11}\|} \right\} \\
={} & \epsilon\|a_{22}\| + (1 + 2\epsilon + \epsilon^2)\|a_{21}\|\|a_{12}\|\delta_1 + \epsilon\|a_{11}^{\mathrm{d}}\|\|a_{11}\|\|a_{21}\|\|a_{12}\|,
\end{aligned}
$$

$$(3.6.18)$$

其中

$$
\delta_1 = \left\{ \frac{\|a_{11}^{\mathrm{d}}\|}{1 - \|a_{11}^{\mathrm{d}}\Delta a_{11}\|} + \|a_{11}^{\pi}\| \sum_{n=0}^{\infty} \|[(\Delta a_{11})^{\mathrm{d}}]^{n+1} a_{11}^{n}\| \right\}.
$$

类似于定理 3.6.1 和定理 3.6.3. 下列定理的证明由定理 3.5.5 得.

**定理 3.6.4** 设 $\mathscr{M}$ 和 $\bar{\mathscr{M}}$ 由定理 3.6.1 代替, 在 (3.6.7) 的关系仍满足, 其中 $\epsilon > 0$. 如果 $a_{11}, \Delta a_{11}$ 和 $\bar{a}_{11}$ 满足定理 3.5.5 的条件, 则

$$
\|\bar{s}_1 - s\| \leqslant \epsilon\|a_{22}\| + (1 + 2\epsilon + \epsilon^2)\|a_{21}\|\|a_{12}\|\delta_1, \tag{3.6.19}
$$

其中

$$
\delta_1 = \left\{ \frac{\|a_{11}^{\mathrm{d}}\|}{1 - \|a_{11}^{\mathrm{d}}\Delta a_{11}\|} + \frac{\|a_{11}^{\pi}\|\|(\Delta a_{11})^{\mathrm{d}}\|}{1 - \|(\Delta a_{11})^{\mathrm{d}} a_{11}\|} \right\}
$$

且 $\bar{s}_1$ 和 $s_1$ 由定理 3.6.1 代替.

## 3.7 矩阵 Drazin 逆扰动的表示

在本节中, 首先研究矩阵的 Drazin 逆在条件 $E_{12}E_{21} = 0$, $E_{12}(A_2 + E_{22}) = 0$ 与 $\|A^D E\|_P < 1$ 下的具体表达式, 之后讨论在附加条件 $A_2 E_{22} = 0$ 或 $E_{22}A_2 = A_2 E_{22}$ 下的表达式. 同时, 给出这些情形中 $\dfrac{\|(A + E)^D - A^D\|_P}{\|A^D\|_P}$ 的上界. 最后, 通过举例, 并与 [50, 183, 199] 中的结论进行比较, 说明我们得到的上界不比这些文献中的差.

首先给出在条件 $E_{12}E_{21} = 0$, $E_{12}(A_2 + E_{22}) = 0$ (等价于 $A^D E A^{\pi} E A^D = 0$, $A^D E A^{\pi}(A + E) A^{\pi} = 0$) 下, Drazin 逆的扰动上界.

**定理 3.7.1**  设 $A, E \in \mathbb{C}^{n \times n}$ 且 $\mathrm{ind}(A) = k$. 若 $\|A^D E\|_P < 1$, 则

$$[AA^D(A+E)]^D AA^D = AA^D[(A+E)AA^D]^D$$
$$= (I + A^D E)^{-1} A^D = A^D (I + EA^D)^{-1}. \quad (3.7.1)$$

此外, 若 $A^D E A^\pi E A^D = 0$ 与 $A^D E A^\pi (A+E) A^\pi = 0$, 则

$$(A+E)^D = \sum_{n=0}^{s-1} [A^\pi(A+E)]^\pi [A^\pi(A+E)]^n [(I+A^D E)^{-1} A^D]^{n+1} [I - (I+A^D E)^{-1} A^\pi]$$
$$+ [A^\pi(A+E)]^D A^\pi, \quad (3.7.2)$$

其中 $s = \mathrm{ind}(A^\pi(A+E)A^\pi)$.

**证明**  因为 $\mathrm{ind}(A) = k$, $A$ 与 $E$ 分块形式分别为

$$A = P \begin{pmatrix} A_1 & 0 \\ 0 & A_2 \end{pmatrix} P^{-1}, \quad E = P \begin{pmatrix} E_{11} & E_{12} \\ E_{21} & E_{22} \end{pmatrix} P^{-1}, \quad (3.7.3)$$

则

$$A + E = P \begin{pmatrix} A_1 + E_{11} & E_{12} \\ E_{21} & A_2 + E_{22} \end{pmatrix} P^{-1},$$

其中 $A_1$ 可逆, $A_2$ 幂零且指标为 $k$.

由于 $\|A^D E\|_P < 1$, 所以 $I + A^D E$ 非奇异且

$$I + A^D E = P \begin{pmatrix} I + A_1^{-1} E_{11} & A_1^{-1} E_{12} \\ 0 & I \end{pmatrix} P^{-1},$$

由此可得 $I + A_1^{-1} E_{11}$ 非奇异并推出 $A_1 + E_{11}$ 也非奇异且

$$I + EA^D = P \begin{pmatrix} I + E_{11} A_1^{-1} & 0 \\ E_{21} A_1^{-1} & I \end{pmatrix} P^{-1},$$

因此

$$[AA^D(A+E)]^D AA^D = P \begin{pmatrix} (A_1+E_{11})^{-1} & * \\ 0 & 0 \end{pmatrix} \begin{pmatrix} I & 0 \\ 0 & 0 \end{pmatrix} P^{-1}$$
$$= P \begin{pmatrix} (I+A_1^{-1}E_{11})^{-1} A_1^{-1} & 0 \\ 0 & 0 \end{pmatrix} P^{-1}$$
$$= (I+A^D E)^{-1} A^D = A^D(I+EA^D)^{-1}.$$

类似地, 我们可证明 $AA^D[(A+E)AA^D]^D = A^D(I+EA^D)^{-1}$ 和

$$[A^\pi(A+E)]^D A^\pi = [A^\pi(A+E)A^\pi]^D = A^\pi[(A+E)A^\pi]^D. \quad (3.7.4)$$

所以 $A^D E A^\pi E A^D = 0$ 蕴含 $E_{12}E_{21} = 0$, 以及 $A^D E A^\pi(A+E)A^\pi = 0$ 蕴含 $E_{12}(A_2 + E_{22}) = 0$.

这样, 令

$$R := P\begin{pmatrix} 0 & E_{12} \\ 0 & 0 \end{pmatrix}P^{-1} \quad 且 \quad Q := P\begin{pmatrix} A_1+E_{11} & 0 \\ E_{21} & A_2+E_{22} \end{pmatrix}P^{-1}.$$

由以上可知 $RQ = 0$ 且 $R^2 = 0$. 即

$$(A+E)^D = (R+Q)^D = Q^D + Q^{2D}R, \quad (3.7.5)$$

以及

$$Q^D = P\begin{pmatrix} (A_1+E_{11})^{-1} & 0 \\ X & (A_2+E_{22})^D \end{pmatrix}P^{-1}$$

$$= (I+A^DE)^{-1}A^D + [A^\pi(A+E)]^D A^\pi + P\begin{pmatrix} 0 & 0 \\ X & 0 \end{pmatrix}P^{-1}, \quad (3.7.6)$$

其中

$$X = \sum_{n=0}^{s-1}(A_2+E_{22})^\pi(A_2+E_{22})^n E_{21}(A_1+E_{11})^{-(n+2)} - (A_2+E_{22})^D E_{21}(A_1+E_{11})^{-1},$$

且 $s = \text{ind}(A_2+E_{22}) = \text{ind}[A^\pi(A+E)A^\pi]$. 所以对任意的 $k \geqslant s$, 由 (3.7.4), 有

$$[A^\pi(A+E)]^\pi[A^\pi(A+E)]^k A^\pi = 0.$$

那么

$$P\begin{pmatrix} 0 & 0 \\ X & 0 \end{pmatrix}P^{-1} = \sum_{n=0}^{s-1}P\begin{pmatrix} 0 & 0 \\ 0 & A_2+E_{22} \end{pmatrix}^\pi\begin{pmatrix} 0 & 0 \\ 0 & A_2+E_{22} \end{pmatrix}^n\begin{pmatrix} 0 & 0 \\ E_{21} & 0 \end{pmatrix}$$

$$\times\begin{pmatrix} (A_1+E_{11})^{-(n+2)} & 0 \\ 0 & 0 \end{pmatrix}P^{-1}$$

$$-P\begin{pmatrix} 0 & 0 \\ 0 & (A_2+E_{22})^D \end{pmatrix}\begin{pmatrix} 0 & 0 \\ E_{21} & 0 \end{pmatrix}\begin{pmatrix} (A_1+E_{11})^{-1} & 0 \\ 0 & 0 \end{pmatrix}P^{-1}$$

$$= \sum_{n=0}^{s-1}[A^\pi(A+E)]^\pi[A^\pi(A+E)]^n A^\pi E[(I+A^DE)^{-1}A^D]^{n+2}$$

$$-[A^\pi(A+E)]^D A^\pi E(I+A^D E)^{-1} A^D, \tag{3.7.7}$$

将 (3.7.7) 代入 (3.7.6) 中并利用等式

$$A^\pi E A^D = A^\pi(A+E)A^D \tag{3.7.8}$$

和 (3.7.1), 则有

$$
\begin{aligned}
Q^D =& (I+A^D E)^{-1} A^D + [A^\pi(A+E)]^D A^\pi \\
&+ \sum_{n=0}^{s-1} [A^\pi(A+E)]^\pi [A^\pi(A+E)]^n A^\pi(A+E)[(I+A^D E)^{-1} A^D]^{n+2} \\
&- [A^\pi(A+E)]^D A^\pi(A+E)(I+A^D E)^{-1} A^D \\
=& [A^\pi(A+E)]^D A^\pi + \sum_{n=0}^{s-1}[A^\pi(A+E)]^\pi [A^\pi(A+E)]^n [(I+A^D E)^{-1} A^D]^{n+1}.
\end{aligned}
$$

由此可得

$$Q^D A A^D E A^\pi = \sum_{n=0}^{s-1}[A^\pi(A+E)]^\pi [A^\pi(A+E)]^n [(I+A^D E)^{-1} A^D]^{n+1} E A^\pi,$$

$$Q^{2D} A A^D E A^\pi = \sum_{n=0}^{s-1}[A^\pi(A+E)]^\pi [A^\pi(A+E)]^n [(I+A^D E)^{-1} A^D]^{n+2} E A^\pi.$$

因此, 由 (3.7.5), (1.2.18) 与等式 $(I+A^D E)^{-1} A^D E = I-(I+A^D E)^{-1}$ 可得

$$
\begin{aligned}
(A+E)^D =& [A^\pi(A+E)]^D A^\pi + \sum_{n=0}^{s-1}[A^\pi(A+E)]^\pi [A^\pi(A+E)]^n [(I+A^D E)^{-1} A^D]^{n+1} \\
&+ \sum_{n=0}^{s-1}[A^\pi(A+E)]^\pi [A^\pi(A+E)]^n [(I+A^D E)^{-1} A^D]^{n+2} E A^\pi \\
=& \sum_{n=0}^{s-1}[A^\pi(A+E)]^\pi [A^\pi(A+E)]^n [(I+A^D E)^{-1} A^D]^{n+1}[I-(I+A^D E)^{-1} A^\pi] \\
&+ [A^\pi(A+E)]^D A^\pi.
\end{aligned}
$$

接下来, 利用上面的结论, 我们来推出 $\dfrac{\|(A+E)^D - A^D\|_P}{\|A^D\|_P}$ 的上界.

**定理 3.7.2**　设 $A, E$ 满足定理 3.7.1 的条件. 则

$$
\begin{aligned}
&\frac{\|(A+E)^D - A^D\|_P}{\|A^D\|_P} \\
&\leqslant \alpha_1^2 - 1 + \|[A^\pi(A+E)]^D A^\pi\|_P \|A\|_P + \alpha_1(2\alpha_1-1)\|[A^\pi(A+E)]^D A^\pi\|_P \|E\|_P
\end{aligned}
$$

$$+(1+\kappa_1)(2\alpha_1-1)\alpha_1^2\|E\|_P\|A^D\|_P\frac{1-\alpha_1^{s-1}\|A^\pi(A+E)A^\pi\|_P^{s-1}\|A^D\|_P^{s-1}}{1-\alpha_1\|A^\pi(A+E)A^\pi\|_P\|A^D\|_P}, \quad (3.7.9)$$

其中 $\alpha_1=\dfrac{1}{1-\|A^DE\|_P}$, $\kappa_1=\|A^\pi(A+E)A^\pi\|_P\|[A^\pi(A+E)]^DA^\pi\|_P$.

**证明**  因为 $(I+A^DE)^{-1}=I-A^DE(I+A^DE)^{-1}$, 由 (3.7.2) 有

$$(A+E)^D-A^D$$
$$=[A^\pi(A+E)]^DA^\pi-A^DE(I+A^DE)^{-1}A^D+(I+A^DE)^{-1}A^DA^DE(I+A^DE)^{-1}A^\pi$$
$$-[A^\pi(A+E)]^DA^\pi(A+E)[(I+A^DE)^{-1}A^D][I-(I+A^DE)^{-1}A^\pi]$$
$$+\sum_{n=1}^{s-1}[A^\pi(A+E)]^\pi[A^\pi(A+E)]^n[(I+A^DE)^{-1}A^D]^{n+1}[I-(I+A^DE)^{-1}A^\pi].$$

$$(3.7.10)$$

又因 $\|A^DE\|_P<1$, 所以

$$\|(I+A^DE)^{-1}\|_P\ \leqslant\ \frac{1}{1-\|A^DE\|_P}=\alpha_1, \quad (3.7.11)$$

那么

$$\|A^DE(I+A^DE)^{-1}A^D\|_P\leqslant\|A^DE\|_P\|(I+A^DE)^{-1}\|_P\|A^D\|_P$$
$$=(\alpha_1-1)\|A^D\|_P, \quad (3.7.12)$$

$$\|(I+A^DE)^{-1}A^DA^DE(I+A^DE)^{-1}A^\pi\|_P\leqslant\alpha_1(\alpha_1-1)\|A^D\|_P, \quad (3.7.13)$$

且

$$\|I-(I+A^DE)^{-1}A^\pi\|_P\leqslant\|I-(I+A^DE)^{-1}\|_P+\|(I+A^DE)^{-1}AA^D\|_P$$
$$\leqslant\alpha_1-1+\alpha_1=2\alpha_1-1. \quad (3.7.14)$$

由 (3.7.8) 与 (3.7.1), 有

$$\|[A^\pi(A+E)]^DA^\pi(A+E)(I+A^DE)^{-1}A^D\|_P$$
$$=\|[A^\pi(A+E)]^DA^\pi E(I+A^DE)^{-1}A^D\|_P$$
$$\leqslant\alpha_1\|E\|_P\|[A^\pi(A+E)]^DA^\pi\|_P\|A^D\|_P. \quad (3.7.15)$$

又有

$$\|[A^\pi(A+E)]^\pi A^\pi\|_P=\|A^\pi-[A^\pi(A+E)A^\pi][A^\pi(A+E)]^DA^\pi\|_P\leqslant1+\kappa_1.$$

因此

$$\sum_{n=1}^{s-1} \|[A^\pi(A+E)]^\pi [A^\pi(A+E)]^n [(I+A^D E)^{-1} A^D]^{n+1}\|_P$$

$$= \sum_{n=1}^{s-1} \|[A^\pi(A+E)]^\pi A^\pi [A^\pi(A+E)]^{n-1} A^\pi E A^D (I+E A^D)^{-1} [(I+A^D E)^{-1} A^D]^n\|_P$$

$$\leqslant \sum_{n=1}^{s-1} (1+\kappa_1)\|E\|_P \alpha_1 \|A^D\|_P \alpha_1^n \|[A^\pi(A+E)]^{n-1} A^\pi\|_P \|A^D\|_P^n \tag{3.7.16}$$

$$\leqslant (1+\kappa_1)\alpha_1^2 \|E\|_P \|A^D\|_P^2 \frac{1-\alpha_1^{s-1}\|A^\pi(A+E)A^\pi\|_P^{s-1}\|A^D\|_P^{s-1}}{1-\alpha_1\|A^\pi(A+E)A^\pi\|_P\|A^D\|_P}. \tag{3.7.17}$$

所以, 由 (3.7.10), (3.7.12)~ (3.7.15) 与 (3.7.17), 得到

$$\|(A+E)^D - A^D\|_P$$

$$\leqslant \|[A^\pi(A+E)]^D A^\pi\|_P + (\alpha_1^2-1)\|A^D\|_P$$

$$+\alpha_1(2\alpha_1-1)\|E\|_P\|[A^\pi(A+E)]^D A^\pi\|_P\|A^D\|_P$$

$$+(1+\kappa_1)(2\alpha_1-1)\alpha_1^2\|E\|_P\|A^D\|_P^2 \frac{1-\alpha_1^{s-1}\|A^\pi(A+E)A^\pi\|_P^{s-1}\|A^D\|_P^{s-1}}{1-\alpha_1\|A^\pi(A+E)A^\pi\|_P\|A^D\|_P}.$$

因为 $1 = \|A A^D\|_P \leqslant \|A\|_P\|A^D\|_P$, 所以由以上式子可得到 (3.7.9).

在定理 3.7.1 中增加条件 $A_2 E_{22} = 0$ (即 $A A^\pi E A^\pi = 0$), 我们可以得到简洁的扰动表达式及相关的扰动误差上界.

**定理 3.7.3**　设 $A, E \in \mathbb{C}^{n \times n}$ 且 $\mathrm{ind}(A)=k$. 假设 $A^D E A^\pi E A^D = 0$, $A^D E A^\pi (A+E) A^\pi = 0$ 且 $A A^\pi E A^\pi = 0$. 若 $\|A^D E\|_P < 1$, 则

$$(A+E)^D = \sum_{n=1}^{s-1} (A^\pi E)^\pi \nu(0,0,n) E[(I+A^D E)^{-1} A^D]^{n+1} [I-(I+A^D E)^{-1} A^\pi]$$

$$-\sum_{n=0}^{s-1} \nu(1,n,n) E[(I+A^D E)^{-1} A^D]^{n+1} [I-(I+A^D E)^{-1} A^\pi]$$

$$+\nu(1,0,0) + (I+A^D E)^{-1} A^D [I-(I+A^D E)^{-1} A^\pi], \tag{3.7.18}$$

其中 $s = \mathrm{ind}(A^\pi(A+E)A^\pi)$. 若 $n > m$, 定义符号

$$\nu(x_1, x_2, x_3) = \sum_{j=x_2}^{(k-x_3)x_1+x_3-1} (A^\pi E)^{(j+1-x_3)(x_1 D+x_1-1)} A^\pi A^j.$$

**证明**　由条件 $A A^\pi E A^\pi = 0$ 蕴含着 $A_2 E_{22} = 0$, 那么 $A_2 E_{22}^D = 0$. 所以, 由 $A_2^k = 0$, 有

$$(A_2+E_{22})^n = \sum_{i=0}^{n} E_{22}^i A_2^{n-i}, \tag{3.7.19}$$

$$(A_2 + E_{22})^D = \sum_{i=0}^{k-1} E_{22}^{(i+1)D} A_2^i, \tag{3.7.20}$$

这样, 由 (3.7.19), (3.7.20) 分别可得

$$\begin{aligned}
[A^\pi(A+E)]^n A^\pi &= P\begin{pmatrix} 0 & 0 \\ 0 & (A_2+E_{22})^n \end{pmatrix} P^{-1} \\
&= \sum_{i=0}^n P\begin{pmatrix} 0 & 0 \\ 0 & E_{22} \end{pmatrix}^{n-i} \begin{pmatrix} A_1 & 0 \\ 0 & A_2 \end{pmatrix}^i P^{-1} \\
&= \sum_{i=0}^n (A^\pi E)^{n-i} A^\pi A^i = \nu(0,0,n+1),
\end{aligned} \tag{3.7.21}$$

$$\begin{aligned}
[A^\pi(A+E)]^D A^\pi &= P\begin{pmatrix} 0 & 0 \\ 0 & (A_2+E_{22})^D \end{pmatrix} P^{-1} \\
&= \sum_{i=0}^{k-1} P\begin{pmatrix} 0 & 0 \\ 0 & E_{22}^D \end{pmatrix}^{i+1} \begin{pmatrix} A_1 & 0 \\ 0 & A_2 \end{pmatrix}^i P^{-1} \\
&= \sum_{i=0}^{k-1} (A^\pi E)^{(i+1)D} A^\pi A^i = \nu(1,0,0).
\end{aligned} \tag{3.7.22}$$

所以, 对于 $n \geqslant 0$,

$$\begin{aligned}
&[A^\pi(A+E)]^D [A^\pi(A+E)]^{n+1} \\
&= \sum_{j=0}^{k-1} (A^\pi E)^{(j+1)D} A^\pi A^j \sum_{i=0}^n (A^\pi E)^{n-i} A^\pi A^i (A+E) \\
&= \sum_{j=1}^{k-1} (A^\pi E)^{(j+1)D} A^\pi A^j \sum_{i=0}^{n-1} (A^\pi E)^{n-i} A^\pi A^i (A+E) + (A^\pi E)^D A^\pi A^n (A+E) \\
&\quad + (A^\pi E)^D A^\pi \sum_{i=0}^{n-1} (A^\pi E)^{n-i} A^\pi A^i (A+E) + \sum_{j=1}^{k-1} (A^\pi E)^{(j+1)D} A^\pi A^{n+j}(A+E) \\
&= \sum_{j=0}^{k-1} (A^\pi E)^{(j+1)D} A^\pi A^{n+j}(A+E) + (A^\pi E)^D A^\pi E\nu(0,0,n)(A+E),
\end{aligned}$$

那么对于 $n \geqslant 1$, 由 (3.7.8), 有

$$\begin{aligned}
&[A^\pi(A+E)]^\pi [A^\pi(A+E)]^n A^D \\
&= \left[ \nu(0,0,n) - \sum_{j=0}^{k-1} (A^\pi E)^{(j+1)D} A^\pi A^{n+j} - (A^\pi E)^D A^\pi E\nu(0,0,n) \right] E A^D
\end{aligned}$$

$$= (A^\pi E)^\pi \nu(0,0,n) E A^D - \sum_{j=n}^{k-1} (A^\pi E)^{(j-n+1)D} A^\pi A^j E A^D$$

$$= (A^\pi E)^\pi \nu(0,0,n) E A^D - \nu(1,n,n) E A^D.$$

因此, 由 (3.7.1), (3.7.2), 有

$$(A+E)^D$$

$$= \sum_{n=1}^{s-1} [A^\pi(A+E)]^\pi [A^\pi(A+E)]^n [(I+A^D E)^{-1} A^D]^{n+1} [I - (I+A^D E)^{-1} A^\pi]$$

$$+ [A^\pi(A+E)]^\pi [(I+A^D E)^{-1} A^D][I - (I+A^D E)^{-1} A^\pi] + [A^\pi(A+E)]^D A^\pi$$

$$= \sum_{n=1}^{s-1} [(A^\pi E)^\pi \nu(0,0,n) - \nu(1,n,n)] E[(I+A^D E)^{-1} A^D]^{n+1} [I - (I+A^D E)^{-1} A^\pi]$$

$$+ [I - \nu(1,0,0)] E[(I+A^D E)^{-1} A^D][I - (I+A^D E)^{-1} A^\pi] + \nu(1,0,0)$$

$$= \sum_{n=1}^{s-1} (A^\pi E)^\pi \nu(0,0,n) E[(I+A^D E)^{-1} A^D]^{n+1} [I - (I+A^D E)^{-1} A^\pi]$$

$$- \sum_{n=0}^{s-1} \nu(1,n,n) E[(I+A^D E)^{-1} A^D]^{n+1} [I - (I+A^D E)^{-1} A^\pi]$$

$$+ \nu(1,0,0) + (I+A^D E)^{-1} A^D [I - (I+A^D E)^{-1} A^\pi].$$

**定理 3.7.4**　设 $A, E$ 满足定理 3.7.3 的条件. 若 $\|A^D\|_P \|E\|_P < 1$, 则

$$\frac{\|(A+E)^D - A^D\|_P}{\|A^D\|_P}$$

$$\leqslant \alpha^2 - 1 + \frac{\alpha(\alpha-1)(2\alpha-1)}{(1-\alpha\kappa)(2-\alpha)} + \frac{\alpha(\alpha-1)(2\alpha-1)}{\alpha\kappa-\alpha+1} \left[ \frac{(\alpha-1)^s}{2-\alpha} - \frac{\alpha^s \kappa^s}{1-\alpha\kappa} \right]$$

$$+ \left[ (2\alpha^2 - 3\alpha + 2) + \frac{(1-\alpha)(2\alpha-1)}{\kappa(2-\alpha)} + \frac{\alpha(\alpha-1)(2\alpha-1)}{\kappa(1-\alpha\kappa)(2-\alpha)} \right] [1 - (1-\beta^{-1})^k](\beta-1)$$

$$+ \frac{(\alpha-1)(2\alpha-1)(\alpha\kappa+\alpha-1)}{\kappa(\alpha\kappa-\alpha+1)} \left[ \frac{(\alpha-1)^s}{2-\alpha} - \frac{\alpha^s \kappa^s}{1-\alpha\kappa} \right] [1 - (1-\beta^{-1})^k](\beta-1),$$

其中 $\alpha = \dfrac{1}{1 - \|A^D\|_P \|E\|_P}$, $\beta = \dfrac{1}{1 - \|(A^\pi E)^D\|_P \|A\|_P}$, $\kappa = \|A\|_P \|A^D\|_P$.

**证明**　因为 $\|A^D E\|_P \leqslant \|A^D\|_P \|E\|_P < 1$, 所以 $\alpha_1 \leqslant \alpha$, 那么我们可以利用定理 3.7.3 的结论. 由 (3.7.21), (3.7.22) 分别可得

$$\|[A^\pi(A+E)]^n A^\pi\|_P \leqslant \sum_{i=0}^{n} \|E\|_P^i \|A\|_P^{n-i} = \|A\|_P^n \frac{1 - \|E\|_P^{n+1} \|A\|_P^{-n-1}}{1 - \|E\|_P \|A\|_P^{-1}}$$

$$= \frac{1 - (1-\alpha^{-1})^{n+1} \kappa^{-n-1}}{1 - (1-\alpha^{-1})\kappa^{-1}} \|A\|_P^n,$$

$$\|[A^\pi(A+E)]^D A^\pi\|_P \leqslant \sum_{i=0}^{k-1} \|(A^\pi E)^D\|_P^{i+1} \|A\|_P^i = \sum_{i=0}^{k-1} (1-\beta^{-1})^i \|(A^\pi E)^D\|_P$$

$$= \beta[1-(1-\beta^{-1})^k]\|(A^\pi E)^D\|_P.$$

所以

$$\sum_{n=1}^{s-1} \alpha^n \|[A^\pi(A+E)]^{n-1} A^\pi\|_P \|A^D\|_P^n$$

$$\leqslant \sum_{n=1}^{s-1} \frac{\alpha^n \kappa^n - (\alpha-1)^n}{\alpha\kappa - \alpha + 1} \alpha\|A^D\|_P = \frac{\alpha\|A^D\|_P}{\alpha\kappa - \alpha + 1}\left[\frac{1-\alpha^s\kappa^s}{1-\alpha\kappa} - \frac{1-(\alpha-1)^s}{2-\alpha}\right]$$

$$= \frac{\alpha\|A^D\|_P}{(1-\alpha\kappa)(2-\alpha)} + \frac{\alpha\|A^D\|_P}{\alpha\kappa - \alpha + 1}\left[\frac{(\alpha-1)^s}{2-\alpha} - \frac{\alpha^s\kappa^s}{1-\alpha\kappa}\right],$$

且

$$\kappa_1 = \|A^\pi(A+E)A^\pi\|_P \|[A^\pi(A+E)]^D A^\pi\|_P$$

$$\leqslant [1+(1-\alpha^{-1})\kappa^{-1}]\|A\|_P \beta[1-(1-\beta^{-1})^k]\|(A^\pi E)^D\|_P$$

$$= \frac{\alpha\kappa + \alpha - 1}{\alpha\kappa}[1-(1-\beta^{-1})^k](\beta-1).$$

因此, 由 (3.7.10), (3.7.12) $\sim$ (3.7.16) 有

$$\frac{\|(A+E)^D - A^D\|_P}{\|A^D\|_P}$$

$$\leqslant \alpha^2 - 1 + (2\alpha^2 - 3\alpha + 2)[1-(1-\beta^{-1})^k](\beta-1)$$

$$+ (\alpha-1)(2\alpha-1)\left\{\alpha + \frac{\alpha\kappa + \alpha - 1}{\kappa}[1-(1-\beta^{-1})^k](\beta-1)\right\}$$

$$\times \left\{\frac{1}{(1-\alpha\kappa)(2-\alpha)} + \frac{1}{\alpha\kappa - \alpha + 1}\left[\frac{(\alpha-1)^s}{2-\alpha} - \frac{\alpha^s\kappa^s}{1-\alpha\kappa}\right]\right\}$$

$$= \alpha^2 - 1 + \frac{\alpha(\alpha-1)(2\alpha-1)}{(1-\alpha\kappa)(2-\alpha)} + \frac{\alpha(\alpha-1)(2\alpha-1)}{\alpha\kappa - \alpha + 1}\left[\frac{(\alpha-1)^s}{2-\alpha} - \frac{\alpha^s\kappa^s}{1-\alpha\kappa}\right]$$

$$+ \left[(2\alpha^2 - 3\alpha + 2) + \frac{(1-\alpha)(2\alpha-1)}{\kappa(2-\alpha)} + \frac{\alpha(\alpha-1)(2\alpha-1)}{\kappa(1-\alpha\kappa)(2-\alpha)}\right][1-(1-\beta^{-1})^k](\beta-1)$$

$$+ \frac{(\alpha-1)(2\alpha-1)(\alpha\kappa + \alpha - 1)}{\kappa(\alpha\kappa - \alpha + 1)}\left[\frac{(\alpha-1)^s}{2-\alpha} - \frac{\alpha^s\kappa^s}{1-\alpha\kappa}\right][1-(1-\beta^{-1})^k](\beta-1).$$

同样地, 在定理 3.7.4 中增加条件 $A_2 E_{22} = E_{22} A_2$ (即 $AA^\pi E A^\pi = 0$), 我们可以得到另一个简洁的扰动表达式与相关的扰动误差上界.

**定理 3.7.5** 设 $A, E \in \mathbb{C}^{n\times n}$ 且 $\mathrm{ind}(A) = k$. 假设 $A^D E A^\pi E A^D = 0$, $A^D E A^\pi (A + E)A^\pi = 0$, 与 $A^\pi A E A^\pi = A^\pi E A A^\pi$. 若 $\|A^D E\|_P < 1$, 则

$$(A+E)^D$$

$$= \sum_{n=1}^{s-1} (A^\pi E)^\pi \mu(0,n,n) E[(I + A^D E)^{-1} A^D]^{n+1} [I - (I + A^D E)^{-1} A^\pi]$$

$$+ \mu(1,0,0) \left[ (I + E A^D)^{-1} + (I + A^D E)^{-1} A^\pi - (I + E A^D)^{-1} (I + A^D E)^{-1} A^\pi \right]$$

$$+ (I + A^D E)^{-1} A^D [I - (I + A^D E)^{-1} A^\pi], \tag{3.7.23}$$

其中 $s = \mathrm{ind}(A^\pi(A + E)A^\pi)$, 并定义符号

$$\mu(x_1, x_2, x_3) = \sum_{j=0}^{(k-x_3)x_1 + x_3 - 1} [(-1)^j x_1 + (1 - x_1) C_{x_3 - 1}^j] (A^\pi E)^{(j+1-x_2)(x_1 D + x_1 - 1)} A^\pi A^j,$$

其中二次项系数 $C_j^i = \dfrac{j!}{i!(j-i)!}, j \geqslant i$ 且 $C_0^0 = 1$.

**证明**　$A^\pi A E A^\pi = A^\pi E A A^\pi$ 蕴含着 $A_2 E_{22} = E_{22} A_2$, 那么, $A_2 E_{22}^D = E_{22}^D A_2$. 所以

$$(A_2 + E_{22})^n = \sum_{i=0}^n C_n^i E_{22}^i A_2^{n-i}. \tag{3.7.24}$$

由 $A_2^k = 0$ 可得

$$(A_2 + E_{22})^D = \sum_{i=0}^{k-1} E_{22}^{(i+1)D} (-A_2)^i. \tag{3.7.25}$$

所以, 由 (3.7.24), (3.7.25) 分别得到

$$[A^\pi(A+E)]^D A^\pi = P \begin{pmatrix} 0 & 0 \\ 0 & (A_2 + E_{22})^D \end{pmatrix} P^{-1}$$

$$= \sum_{i=0}^{k-1} (A^\pi E)^{(i+1)D} A^\pi (-A)^i = \mu(1,0,0), \tag{3.7.26}$$

$$[A^\pi(A+E)]^n A^\pi = P \begin{pmatrix} 0 & 0 \\ 0 & (A_2 + E_{22})^n \end{pmatrix} P^{-1}$$

$$= \sum_{i=0}^n C_n^i P \begin{pmatrix} 0 & 0 \\ 0 & E_{22} \end{pmatrix}^{n-i} \begin{pmatrix} A_1 & 0 \\ 0 & A_2 \end{pmatrix}^i P^{-1}$$

$$= \sum_{i=0}^n C_n^i (A^\pi E)^{n-i} A^\pi A^i = \mu(0, n+1, n+1). \tag{3.7.27}$$

因此

$$[A^\pi(A+E)]^D A^\pi(A+E)A^\pi$$

$$= \sum_{j=0}^{k-1} (A^\pi E)^{(j+1)D} A^\pi (-A)^j A + \sum_{j=0}^{k-1} (A^\pi E)^{(j+1)D} A^\pi (-A)^j E A^\pi$$

$$= -\sum_{j=0}^{k-2} (A^\pi E)^{(j+1)D} A^\pi (-A)^{j+1} + (A^\pi E)^D (A^\pi E) A^\pi + \sum_{j=1}^{k-1} (A^\pi E)^{(j+1)D} A^\pi E (-A)^j A^\pi$$

$$= -\sum_{j=1}^{k-1} (A^\pi E)^{jD} A^\pi (-A)^j + (A^\pi E)^D (A^\pi E) A^\pi + \sum_{j=1}^{k-1} (A^\pi E)^{jD} A^\pi (-A)^j$$

$$= (A^\pi E)^D (A^\pi E) A^\pi,$$

那么 $[A^\pi(A+E)]^\pi A^\pi = (A^\pi E)^\pi A^\pi$.

由 (3.7.1), (3.7.2) 与 (3.7.8) 得

$$(A+E)^D$$

$$= \sum_{n=1}^{s-1} [A^\pi(A+E)]^\pi [A^\pi(A+E)]^n [(I+A^D E)^{-1} A^D]^{n+1} [I - (I+A^D E)^{-1} A^\pi]$$

$$+ [A^\pi(A+E)]^\pi (I+A^D E)^{-1} A^D [I - (I+A^D E)^{-1} A^\pi] + [A^\pi(A+E)]^D A^\pi$$

$$= \sum_{n=1}^{s-1} (A^\pi E)^\pi \mu(0,n,n) E[(I+A^D E)^{-1} A^D]^{n+1} [I - (I+A^D E)^{-1} A^\pi]$$

$$+ (I+A^D E)^{-1} A^D [I - (I+A^D E)^{-1} A^\pi]$$

$$- \mu(1,0,0)[I - (I+EA^D)^{-1}][I - (I+A^D E)^{-1} A^\pi] + \mu(1,0,0)$$

$$= \sum_{n=1}^{s-1} (A^\pi E)^\pi \mu(0,n,n) E[(I+A^D E)^{-1} A^D]^{n+1} [I - (I+A^D E)^{-1} A^\pi]$$

$$+ \mu(1,0,0) \left[ (I+EA^D)^{-1} + (I+A^D E)^{-1} A^\pi - (I+EA^D)^{-1} (I+A^D E)^{-1} A^\pi \right]$$

$$+ (I+A^D E)^{-1} A^D [I - (I+A^D E)^{-1} A^\pi].$$

**定理 3.7.6** 设 $A, E$ 满足定理 3.7.5 的假设. 若 $\|A^D\|_P \|E\|_P < 1$, 则

$$\frac{\|(A+E)^D - A^D\|_P}{\|A^D\|_P}$$

$$\leqslant (\alpha-1)(2\alpha-1)\left\{\alpha + (2\alpha-1)(\beta-1)[1-(1-\beta^{-1})^k]\right\} \frac{1-(\alpha\kappa+\alpha-1)^{s-1}}{2-\alpha\kappa-\alpha}$$

$$+ \alpha^2 - 1 + (2\alpha^2 - 3\alpha + 2)(\beta-1)[1-(1-\beta^{-1})^k], \tag{3.7.28}$$

其中 $\alpha = \dfrac{1}{1-\|A^D\|_P\|E\|_P}$, $\beta = \dfrac{1}{1-\|(A^\pi E)^D\|_P\|A\|_P}$, $\kappa = \|A\|_P\|A^D\|_P$.

**证明** 因为 $\|A^D E\|_P \leqslant \|A^D\|_P\|E\|_P < 1$, 所以 $\alpha_1 \leqslant \alpha$, 那么我们可以利用定

理 3.7.5. 由 (3.7.26), (3.7.27), 可以分别得到

$$\|[A^\pi(A+E)]^D A^\pi\|_P \leqslant \sum_{i=0}^{k-1} \|(A^\pi E)^D\|_P^{i+1} \|A\|_P^i = \beta[1-(1-\beta^{-1})^k]\|(A^\pi E)^D\|_P,$$

$$\|[A^\pi(A+E)]^n A^\pi\|_P \leqslant \sum_{i=0}^{n} C_n^i \|E\|_P^i \|A\|_P^{n-i} = (\|A\|_P + \|E\|_P)^n,$$

那么

$$\|[A^\pi(A+E)]^D A^\pi\|_P \|A\|_P \leqslant (\beta-1)[1-(1-\beta^{-1})^k],$$

$$\|[A^\pi(A+E)]^n A^\pi\|_P \|A^D\|_P^n \leqslant (\kappa+1-\alpha^{-1})^n.$$

因为 $1 = \|AA^D\|_P \leqslant \|A\|_P \|A^D\|_P$,

$$\begin{aligned}
\kappa_1 &= \|A^\pi(A+E)A^\pi\|_P \|[A^\pi(A+E)]^D A^\pi\|_P \\
&\leqslant (\|A\|_P + \|E\|_P)\beta[1-(1-\beta^{-1})^k]\|(A^\pi E)^D\|_P \\
&= ((\beta-1+\beta(1-\alpha^{-1})(1-\beta^{-1})[1-(1-\beta^{-1})^k] \\
&= (\beta-1)(2-\alpha^{-1})[1-(1-\beta^{-1})^k].
\end{aligned}$$

由于函数 $\dfrac{1-x^n}{1-x}, x \leqslant 0$ 是单调递增的, 由 (3.7.9) 有 (3.7.28).

**推论 3.7.1**　设 $A, E \in \mathbb{C}^{n \times n}$ 且 $\mathrm{ind}(A) = k$. 假设 $A^D E A^\pi E A^D = 0$, $A^D E A^\pi (A+E)A^\pi = 0$ 与 $A^\pi E A^\pi = 0$.

(i) 若 $\|A^D E\|_P < 1$, 则

$$\begin{aligned}
(A+E)^D = \sum_{j=0}^{k-2} A^\pi A^j E[(I+A^D E)^{-1}A^D]^{j+2}[I-(I+A^D E)^{-1}A^\pi] \\
+ (I+A^D E)^{-1}A^D[I-(I+A^D E)^{-1}A^\pi].
\end{aligned} \tag{3.7.29}$$

(ii) 若 $\|A^D\|_P \|E\|_P < 1$, 则

$$\frac{\|(A+E)^D - A^D\|_P}{\|A^D\|_P} \leqslant \alpha(\alpha-1)(2\alpha-1)\frac{1-\alpha^{k-1}\kappa^{k-1}}{1-\alpha\kappa} + \alpha^2 - 1, \tag{3.7.30}$$

其中 $\alpha = \dfrac{1}{1-\|A^D\|_P \|E\|_P}$, $\kappa = \|A\|_P \|A^D\|_P$.

**证明**　(i) 因为 $A^\pi E A^\pi = 0$, 我们有 $A^\pi A E A^\pi = A^\pi E A A^\pi$, 即 $E_{22} = 0$, 因此可以利用定理 3.7.5. 所以, 由 (3.7.23), 可知 (3.7.29) 成立.

(ii) 因为 $E_{22} = 0$, 所以 $A^\pi(A+E) = \begin{pmatrix} 0 & 0 \\ E_{21} & A_2 \end{pmatrix}$ 是幂零的且 $[A^\pi(A+E)]^D =$
0, $\|[A^\pi(A+E)]^D A^\pi\|_P = 0$. 同样, 可得 $\|[A^\pi(A+E)]^n A^\pi\|_P \leqslant \|A\|_P^n$, $\alpha_1 \leqslant \alpha$. 由
(3.7.9) 和函数 $\dfrac{1-x^n}{1-x}$, $x \leqslant 0$ 的单调性, 可得 (3.7.30) 成立.

若 $E = AA^D E AA^D$, 即 $EA^\pi = A^\pi E = 0$ 成立, 其满足定理 3.7.1 中的条件, 我们可以得到以下推论.

**推论 3.7.2** [196]   设 $A, E \in \mathbb{C}^{n \times n}$. 假设 $E = AA^D E AA^D$, $\|A^D\|_P \|E\|_P < 1$ 成立. 则

$$\frac{\|(A+E)^D - A^D\|_P}{\|A^D\|_P} \leqslant \frac{\kappa \|E\|_P / \|A\|_P}{1 - \kappa \|E\|_P / \|A\|_P},$$

其中 $\kappa = \|A\|_P \|A^D\|_P$.

**推论 3.7.3** [196]   设 $A, E \in \mathbb{C}^{n \times n}$. 假设 $E = AA^D E AA^D$, $\|A^D E\|_P < 1$ 成立. 则

$$(A+E)^D - A^D = -(A+E)^D E A^D = -A^D E (A+E)^D,$$
$$(A+E)^D = (I + A^D E)^{-1} A^D = A^D (I + EA^D)^{-1},$$
$$\frac{\|(A+E)^D - A^D\|_P}{\|A^D\|_P} \leqslant \frac{\|A^D E\|_P}{1 - \|A^D E\|_P}.$$

下面给出一个例子, 并与 [50, 183, 199] 中的结论进行比较, 来说明上节中得到的扰动上界并不比参考文献的差.

**例3.7.1**   设

$$A = \begin{pmatrix} a & 0 & 0 & 0 \\ a & 1 & -1 & 0 \\ a & 1 & -1 & 0 \\ 0 & -(a-10) & a-10 & a-10 \end{pmatrix},$$

$$E = \varepsilon \begin{pmatrix} 0 & 0 & 0 & 0 \\ 0 & -1 & 1 & 1 \\ 0 & -1 & 1 & 1 \\ 0 & 0 & 0 & 0 \end{pmatrix}, \quad P = \begin{pmatrix} 1 & 0 & 0 & 0 \\ 1 & 0 & 1 & 1 \\ 1 & 0 & 1 & 0 \\ 0 & 1 & 0 & 1 \end{pmatrix},$$

其中 $\varepsilon = 10^{-4}$. 那么

$$A^D = \begin{pmatrix} 1/a & 0 & 0 & 0 \\ 1/a & 0 & 0 & 0 \\ 1/a & 0 & 0 & 0 \\ 0 & -1/(a-10) & 1/(a-10) & 1/(a-10) \end{pmatrix}$$

且 $[A^{\pi}(A+E)]^D A^{\pi} = 0$. 通过计算可得 $k = \mathrm{ind}(A) = 2$, $s = \mathrm{ind}(A+E) = 2$. $A$ 与 $E$ 满足定理 3.7.1 的假设且满足 [50, 183, 199] 的条件.

表 3.1 比较了 (3.7.9) 中的上界与参考文献中的上界. 由此表格可以看出 (3.7.9) 的结论接近准确上界且并不比 [50, 183, 199] 中的差.

本节的结果可以推广到 Banach 空间上元素的广义 Drazin 逆扰动.

表 3.1　$\|(A+E)^D - A^D\|_P / \|A^D\|_P$ 上界的比较

|  | $a = 50$ | $a = 150$ | $a = 500$ |
| --- | --- | --- | --- |
| 精确值 | $0.2500000000 \times 10^{-5}$ | $0.7142857143 \times 10^{-6}$ | $0.2040816327 \times 10^{-6}$ |
| (3.7.9) | $0.2500000000 \times 10^{-5}$ | $0.7142857143 \times 10^{-6}$ | $0.2040816327 \times 10^{-6}$ |
| [50, Theorem 5.1] | $0.2500006250 \times 10^{-5}$ | $0.7142862245 \times 10^{-6}$ | $0.2040816743 \times 10^{-6}$ |
| [183, Theorem 3.1] | $0.2500000000 \times 10^{-5}$ | $0.7142857143 \times 10^{-6}$ | $0.2040816327 \times 10^{-6}$ |
| [199, Theorem 4.1] | $0.2500003124 \times 10^{-5}$ | $0.7142859689 \times 10^{-6}$ | $0.2040816534 \times 10^{-6}$ |

# 参 考 文 献

[1] Aiena P, Carpintero M T, Carpintero C. On Drazin invertibility. Pro. Amer. Math. Soc., 2008, 136: 2839-2848.

[2] Ando T. Generalized Schur complements. Linear Algebra Appl., 1979, 27: 173-186.

[3] Baksalary J K, Baksalary O M. Idempotency of linear combinations of two idempotent matrices. Linear Algebra Appl., 2000, 321: 3-7.

[4] Baksalary J K, Baksalary O M. On linear combinations of generalized projectors. Linear Algebra Appl., 2004, 388: 17-24.

[5] Baksalary J K, Baksalary O M. Nonsingularity of linear combinations of idempotents matrices. Linear Algebra Appl., 2004, 388: 25-29.

[6] Baksalary J K, Baksalary O M. When is a linear combination of two idempotent matrices the group involutory matrix? Linear and Multilinear Algebra, 2006, 54: 429-435.

[7] Baksalary J K, Baksalary O M, Groß J. On some linear combinations of hypergeneralized projectors. Linear Algebra Appl., 2006, 413: 264-273.

[8] Baksalary J K, Baksalary O M, Liu X. Further properties of generalized and hypergeneralized projectors. Linear Algebra Appl., 2004, 389: 295-303.

[9] Baksalary J K, Baksalary O M, Liu X, et al. Further results on generalized and hypergeneralized projectors. Linear Algebra Appl., 2008, 429(5): 1038-1050.

[10] Baksalary J K, Baksalary O M, Özdemir H. A note on linear combinations of commuting tripotent matrices. Linear Algebra Appl., 2004, 388: 45-51.

[11] Baksalary J K, Baksalary O M, Styan G P H. Idempotency of linear combinations of an idempotent and a tripotent matrix. Linear Algebra Appl., 2002, 354: 21-34.

[12] Baksalary J K, Liu X. An alternative characterization of generalized projectors. Linear Algebra Appl., 2004, 388: 61-65.

[13] Baksalary J K, Styan G P H. Generalized inverses of partitioned matrices in Banachiewicz-Schur form. Linear Algebra Appl., 2002, 354: 41-47.

[14] Baksalary O M. Idempotency of linear combinations of three idempotent matrices, two of which are disjoint. Linear Algebra Appl., 2004, 388: 67-78.

[15] Baksalary O M, Benítez J. Idempotency of linear combinations of three idempotent matrices, two of which are commuting. Linear Algebra Appl., 2007, 424: 320-337.

[16] Benítez J, Liu X, Qin Y. Representations for the generalized Drazin inverse in a Banach algebra. Bull. Math. Anal. Appl., 2013, 5(1): 53-64.

[17] Benítez J, Liu X, Rakočević V. Invertibility in rings of the commutator $ab-ba$, where $aba = a$ and $bab = b$. Linear and Multilinear Algebra, 2012, 60(4): 449-463.

[18]  Benítez J, Liu X, Zhong J. Some results on matrix partial orderings and reverse order law. Electronic Journal of Linear Algebra, 2010, 20: 254-273.

[19]  Benítez J, Liu X, Zhu T. Nonsingularity and group invertibility of linear combinations of two $k$-potent matrices. Linear and Multilinear Algebra, 2010, 58(8): 1023-1035.

[20]  Benítez J, Liu X, Zhu T. Additive results for the group inverse in an algebra with applications to block operators. Linear and Multilinear Algebra, 2011, 59: 279-289.

[21]  Benítez J, Thome N. Characterizations and linear combinations of $k$-generalized projectors. Linear Algebra Appl., 2005, 410: 150-159.

[22]  Benítez J, Thome N. The generalized Schur complement in group inverses and $(k+1)$-potent matrices. Linear and Multilinear Algebra, 2006, 54: 405-413.

[23]  Ben-Israel A, Greville T N E. Generalized Inverses: Theory and Applications. Second ed. New York: Springer, 2003.

[24]  Bhaskara Rao K P S. The Theory of Generalized Inverses Over Commutative Rings. London: Taylor & Francis, 2002.

[25]  Boasso E. On the Moore-Penrose inverse in $C^*$-algebras. Extracta Math., 2006, 21: 93-106.

[26]  Bonsall F F, Duncan J. Complete Normed Algebras. New York: Springer-Verlag, 1973.

[27]  Böttcher A, Spitkovsky I M. Drazin in the von Neumann algebra generated by two orthogonal projections. J. Math. Anal. Appl., 2009, 358: 403-409.

[28]  Bouldin R H. The pseudo-inverse of a product. SIAM J. Appl. Math., 1973, 25: 489-495.

[29]  Bouldin R H. Generalized inverses and factorizations. Recent Applications of Generalized Inverses, 1982, 66: 233-248.

[30]  Bru R, Thome N. Group inverse and group involutory matrices. Linear and Multilinear Algebra, 1998, 45: 207-218.

[31]  Bu C. Linear maps preserving Drazin inverses of matrices over fields. Linear Algebra Appl., 2005, 396: 159-173.

[32]  Bu C, Zhang K, Zhao J. Some results on the group inverse of the block matrix with a sub-block of linear combination or product combination of matrices over skew fields. Linear and Multilinear Algebra, 2010, 58: 957-966.

[33]  Burns F, Carlson D, Haynsworth E, Markham T. Generalized inverse formulas using the Schur-complement. SIAM J. Appl. Math., 1974, 26: 254-259.

[34]  Buckholtz D. Inverting the difference of Hilbert space projections. Amer. Math. Monthly, 1997, 104: 60-61.

[35]  Buckholtz D. Hilbert space idempotents and involutions. Proc. Amer. Math. Soc., 2000, 128: 1415-1418.

[36]  Campbell S L. Singular Systems of Differential Equations I-II. San Francisco, CA:

Pitman, 1980.

[37] Campbell S L. The Drazin inverse and systems of second order linear differential equations. Linear and Multilinear Algebra, 1983, 14: 195-198.

[38] Campbell S L, Meyer C D. Continuality properties of the Drazin inverse. Linear Algebra Appl., 1975, 10: 77-83.

[39] Campbell S L, Meyer C D. Generalized Inverses of Linear Transformations. Boston, MA: Pitman (Advanced Publishing Program), 1979 (Reprinted by Dover, 1991).

[40] Campbell S L, Meyer C D. Generalized Inverses of Linear Transformations. Philadelphia: SIAM, 2009.

[41] Campbell S L, Meyer C D, Rose N J. Application of the Drazin inverse to linear systems of differential equations with singular constant coefficients. SIAM J. Appl. Math., 1976, 31: 411-425.

[42] Cao C, Li J M. A note on the group inverse of some $2 \times 2$ block matrices over skew fields. Appl. Math. Comput., 2011, 217: 10271-10277.

[43] Cao C, Li J Y. Group inverses for matrices over a Bezout domain. Electron. J. Linear Algebra, 2009, 18: 600-612.

[44] Cao C, Tang X. Representations of the group inverse of some $2 \times 2$ block matrices. Int. Math. Forum., 2006, 31: 1511-1517.

[45] Carlson D, Haynsworth E, Arkham T M. A generalization of the Schur complement by means of the Moore-Penrose inverse. SIAM J. Appl. Math., 1974, 26: 169-176.

[46] Carlson D. What are Schur complements, anyway? Linear Algebra Appl., 1986, 74: 257-275.

[47] Castro-González N. Additive perturbation results for the Drazin inverse. Linear Algebra Appl., 2005, 397: 279-297.

[48] Castro-González N, Dopazo E. Representations of the Drazin inverse for a class of block matrices. Linear Algebra Appl., 2005, 400: 253-269.

[49] Castro-González N, Dopazo E, Martínez-Serrano M F. On the Drazin inverse of the sum of two operators and its application to operator matrices. J. Math. Anal. Appl., 2008, 350: 207-215.

[50] Castro-González N, Robles J, Vélez-Cerrada J Y. Characterizations of a class of matrices and perturbation of the Drazin inverse. SIAM J. Matrix Anal. Appl., 2008, 30: 882-897.

[51] Castro-González N, Dopazo E, Robles J. Formulas for the Drazin inverse of special block matrices. Appl. Math. Comput., 2006, 174: 252-270.

[52] Castro-González N, Koliha J J. Perturbation of the Drazin inverse for closed linear operators. Integral Equations Operator Theory, 2000, 36: 92-106.

[53] Castro-González N. New additive results for the $g$-Drazin inverse//Proceedings of the Royal Society of Edinburgh. Section A, 2004, 134: 1085-1097.

[54]  Cvetković-Ilić D S. The generalized Drazin inverse with commutativity up to a factor in a Banach algebra. Linear Algebra Appl., 2009, 431: 783-791.

[55]  Castro-González N, Koliha J J. Additive perturbation results for the Drazin inverse. Linear Algebra Appl., 2005, 397: 279-297.

[56]  Castro-González N, Koliha J J, Rakočević V. Continuity and general perturbation of the Drazin inverse for closed linear operators. Abstract and Applied Analysis, 2002, 7: 335-347.

[57]  Castro-González N, Koliha J J, Wei Y. Error bounds for perturbation of the Drazin inverse of closed operators with equal spectral projections. Appl. Anal., 2002, 81: 915-928.

[58]  Castro-González N, Martínez-Serrano M F. Expressions for the $g$-Drazin inverse of additive perturbed elements in a Banach algebra. Linear Algebra Appl., 2010, 432: 1885-1895.

[59]  Catral M, Olesky D D, van den Driessche P. Group inverses of matrices with path graphs. Electron. J. Linear Algebra, 2008, 17: 219-233.

[60]  Catral M, Olesky D D, van den Driessche P. Block representations of the Drazin inverse of a bipartite matrix. Electron. J. Linear Algebra, 2009, 18: 98-107.

[61]  Chen J, Xu Z, Wei Y. Representations for the Drazin inverse of the sum $P+Q+R+S$ and its applications. Linear Algebra Appl., 2009, 430: 438-454.

[62]  Chen J L, Zhuang G F, Wei Y. The Drazin inverse of a sum of morphisms. Acta. Math. Scientia., 2009, 29 A (3): 538-552.

[63]  Cline R E. Inverses of rank invariant powers of a matrix. SIAM J. Numer. Anal., 1968, 5: 182-197.

[64]  Cline R E, Greville Y N E. A Drazin inverse for rectangular matrices. Linear Algebra Appl., 1980, 29: 53-62.

[65]  González N C, Koliha J J, Wei Y. Perturbation of the Drazin inverse for matrices with equal eigenprojections at zero. Linear Algebra Appl., 2000, 312: 181-189.

[66]  González N C, Vélez-Cerrada J Y, On the perturbation of the group generalized inverse for a class of bounded operators in Banach spaces. Journal of Mathematical Analysis and Applications, 2008, 341: 1213-1223.

[67]  Cottle R W. Manifestations of the Schur complement. Linear Algebra Appl., 1974, 8: 189-211.

[68]  Crabtree D, Haynsworth E. An identity for the Schur complement of a matrix. Proc. Am. Math. Soc., 1969, 22: 364-366.

[69]  Cvetković-Ilić D S. A note on the representation for the Drazin inverse of $2 \times 2$ block matrices. Linear Algebra Appl., 2008, 429: 242-248.

[70]  Cvetković-Ilić D S. The generalized Drazin inverse with commutativity up to a factor in a Banach algebra. Linear Algebra Appl., 2009, 431(5-7): 783-791.

[71] Cvetković-Ilić D S. Expression of the Drazin inverse and MP-inverse of partitioned matrix and quotient identity of generalized Schur complement. Appl. Math. Comput., 2009, 213: 18-24.

[72] Cvetković-Ilić D S, Chen J, Xu Z. Explicit representations of the Drazin inverse of block matrix and modified matrix. Linear and Multilinear Algebra, 2009, 57(4): 355-364.

[73] Cvetković-Ilić D S, Deng C. Drazin invertibility of the difference and the sum of two idempotent operators. J. Comput. Math. Appl., 2010, 233: 1717-1722.

[74] Cvetković-Ilić D S, Deng C. Some results on the Drazin invertibility and idempotents. J. Math. Appl., 2009, 359: 731-738.

[75] Cvetković-Ilić D S, Djordjević D S, Rakočević V. Schur complements in $C^*$-algebra. Math. Nachrichten, 2005, 278 (7-8): 808-814.

[76] Cvetković-Ilić D S, Djordjević D S, Wei Y. Additive results for the generalized Drazin inverse in a Banach algebra. Linear Algebra Appl., 2006, 418: 53-61.

[77] Dauxois J, Nkiet G M. Canonical analysis of two Euclidien subspaces and its applications. Linear Algebra Appl., 1997, 264: 355-388.

[78] Cvetković-Ilić D S, Wei Y. Representation for the Drazin inverse of bounded operators on Banach space. Electronic Journal of Linear Algebra, 2009, 18: 613-627.

[79] Cvetković-Ilić D S, Milovanović G V. On Drazin inverse of operator matrices. J. Math. Anal. Appl., 2011, 1: 331-335.

[80] Deng C. The Drazin inverse of bounded operators with commutativity up to a factor. Appl. Math. Comput., 2008, 206: 695-703.

[81] Deng C. The Drazin inverses of sum and difference of idempotents. Linear Algebra Appl., 2009, 430 : 1282-1291.

[82] Deng C. A note on the Drazin inverses with Banachiewicz-Schur forms. Appl. Math. Comput., 2009, 213: 230-234.

[83] Deng C. On the invertibility of the operator $A - XB$. Numer Linear Algebra Appl., 2009, 16: 817-831.

[84] Deng C. Generalized Drazin inverse of anti-triangular block matrices. J. Math. Anal. Appl., 2010, 368: 1-8.

[85] Deng C. Characterizations and representations of the group inverse involving two idempotents. Linear Algebra Appl., 2011, 434: 1067-1079.

[86] Deng C, Cvetkovic-Ilic D S, Wei Y. Some results on the generalized Drazin inverse of operator matrices. Linear and Multilinear Algebra, 2010, 58: 503-521.

[87] Deng C, Cvetković-Ilić D, Wei Y. On invertibility of combinations of $k$-potent operators. Linear Algebra Appl., 2012, 437: 376-387.

[88] Deng C, Du H. The reduced minimum modulus of Drazin inverses of linear operators on Hilbert spaces. Proc. Amer. Math. Soc., 2006, 134: 3309-3317.

[89]   Deng C, Wei Y. A note on the Drazin inverse of an anti-triangular matrix. Linear
       Algebra Appl., 2009, 431: 1910-1922.

[90]   Deng C, Wei Y. Characterizations and representations of the Drazin inverse of idem-
       potents. Linear Algebra Appl., 2009, 431: 1526-1538.

[91]   Deng C, Wei Y. Perturbation of the generalized Drazin inverse. Electronic Journal
       of Linear Algebra, 2010, 21:85-97.

[92]   Deng C, Wei Y. New additive results for the generalized Drazin inverse. J. Math.
       Anal. Appl., 2010, 370: 313-321.

[93]   Deng C. Wei Y. Representations for the Drazin inverse of 2×2 block-operator matrix
       with singular Schur complement. Linear Algebra Appl., 2011, 435: 2766-2783.

[94]   Djordjević D S. Iterative methods for computing generalized inverses. Appl. Math.
       Comput., 2007, 189(1): 101-104.

[95]   Djordjević D S, Dinčić N Č. Reverse order law for the Moore-Penrose inverse. J.
       Math. Anal. Appl., 2010, 361: 252-261.

[96]   Djordjević D S, Liu X, Wei Y. Some additive results for the generalized Drazin inverse
       in a Banach algebra. Electron. J. Linear Algebra, 2011, 22: 1049-1058.

[97]   Djordjević D, Rakočević V. Lectures on Generalized Inverses. University of Niš, 2008.

[98]   Djordjević D S, Stanimirović P S. On the generalized Drazin inverse and generalized
       resolvent. Czechoslovak Math. J., 2001, 51(126): 617-634.

[99]   Djordjević D S, Wei Y. Additive results for the generalized Drazin inverse. J. Aust.
       Math. Soc., 2002, 73: 115-125.

[100]  Djordjević-Ilić D S, Wei Y. Representations for the Drazin inverse of bounded oper-
       ators on Banach space. Electron. J. Linear Algebra., 2009, 18: 613-627.

[101]  Dopazo E, Martínez-Serrano M F. Further results on the representation of the Drazin
       inverse of a 2 × 2 block matrices. Linear Algebra Appl., 2010, 432: 1896-1904.

[102]  Drazin M P. Pseudo-inverses in associative rings and semiproup. Amer. Math.
       Monthly., 1958, 65: 506-514.

[103]  Drazin M P. Natural structures on semigroups with involution. Bulletin of the Amer-
       ican Mathematical Society, 1978, 84: 139-141.

[104]  Du H, Li Y. The spectral characterization of generalized projections. Linear Algebra
       Appl., 2005, 400: 313-318.

[105]  Galántai A. Subspaces, angles and pairs of orthogonal projections. Linear and Mul-
       tilinear Algebra, 2008, 56: 227-260.

[106]  Golub G H, van Loan C F. Matrix Computations. 3 ed. Johns Hopkins Studies in
       the Mathematical Sciences. Baltimore, MD: Johns Hopkins University Press, 1996.

[107]  Greville T N E. The pseudo-inverse of a rectangular matrix and its application to
       the solution of systems of linear equations. SIAM Review, 1959, 1: 38-43.

[108]  Greville T N E. Note on the generalized inverse of a matrix product. SIAM Rev.,

1966, 8: 518-521.

[109] Groß J, Trenkler G. Nonsingularity of the difference of two oblique projectors. SIAM J. Matrix Anal. Appl., 1999, 21: 390-395.

[110] Groß J, Trenkler G. Generalized and hypergeneralized projectors. Linear Algebra Appl., 1997, 264: 463-474.

[111] Guo L, Du X, Wang S. The generalized Drazin inverse of operator matrices. Appl. Math., 2013, 2013: 1-17.

[112] Huang D. Group inverses and Drazin inverses over Banach algebras. Integral Equations Operator Theory, 1993, 17(1): 54-67.

[113] Harte R E. Invertibility and Singularity for Bounded Linear Operators. New York: Marcel Dekker, 1988.

[114] Harte R E. On quasinilpotents in rings. Panamer. Math. J., 1991, 1: 10-16.

[115] Hartwig R E. The reverse order law revisited. Linear Algebra Appl., 1986, 76: 241-246.

[116] Hartwig R, Li X, Wei Y. Representations for the Drazin inverse of $2 \times 2$ block matrix. SIAM J. Matrix Anal. Appl., 2005, 27: 757-771.

[117] Hartwig R E, Shoaf J M. Gruop inverse and Drazin inverse of bidiagonal and triangular toeplitz matrices. Austral. J. Math., 1977, 24(A): 10-34.

[118] Harting R E, Spindelbock K. Matrices for which $A$ and $A^*$ commute. Linear and Multilinear Algebra, 1984, 14: 241-256.

[119] Hartwig R E, Wang G R, Wei Y. Some additive results on Drazin inverse. Linear Algebra Appl., 2001, 322: 207-217.

[120] Horn R A, Johnson C R. Matrix Analysis. Cambridge, UK: Cambridge University Press. 1985.

[121] Hung C H, Markham T L. The Moore-Penrose inverse of a sum of matrices. J. Austral. Math. Soc. Ser. A, 1977, 24: 385-392.

[122] Hunter J J. Generalized inverses and their application to applied probability problems. Linear Algebra Appl., 1982, 45: 157-198.

[123] Koliha J J. A generalized Drazin inverse. Glasgow Math. J., 1996, 38: 367-381.

[124] Koliha J J, Rakočević V. Invertibility of the difference of idempotents. Linear and Multilinear Algebra, 2003, 51: 97-110.

[125] Koliha J J, Rakočević V. On the norm of idempotents in $C^*$-algebras. Rocky Mountain J. Math., 2004, 34 : 685-697.

[126] Koliha J J, Rakočević V. Holomorphic and meromorphic properties of the g-Drazin inverse. Demonstratio Mathematica, 2005, 38: 657-666.

[127] Koliha J J, Rakočević V. Differentiability of the g-Drazin inverse. Stud. Math., 2005, 168: 193-201.

[128] Koliha J J, Rakočević V. The nullity and rank of linear combinations of idempotent

matrices. Linear Algebra Appl., 2006, 418: 11-14.

[129]  Koliha J J, Rakočević V. Range projections and the Moore-Penrose inverse in rings with involution. Linear and Multilinear Algebra, 2007, 55: 103-112.

[130]  Koliha J J, Straskraba I. Power bounded and exponentially bounded matrices. Applications of Mathematics, 1999, 44: 289-308.

[131]  Li X. A representation for the Drazin inverse of block matrices with a singular generalized Schur complement. Appl. Math. Comput., 2011, 217: 7531-7536.

[132]  Liu X, Xu L, Yu Y M. The representations of the Drazin inverse of differences of two matrices. Appl. Math. Comput., 2010, 216: 3652-3661.

[133]  Liu Y, Cao C G. Drazin inverse for some partitioned matrices over skew fields. Journal of Natural Science of Hei Long Jiang University, 2004, 24: 112-114.

[134]  Liu Y, Wei M. On the block independence in g-Inverse and reflexive inner inverse of a partitioned matrix. Acta Mathematica Sinica, 2007, 4: 723-730.

[135]  Liu X, Benítez J, Zhang M. Involutiveness of linear combinations of a quadratic or tripotent matrix and an arbitrary matrix. Bull. Iranian Math. Soc., 2016, 42 (3): 595-610.

[136]  Liu X, Benítez J. The spectrum of matrices depending on two idempotents. Appl. Math. Lett., 2011, 24 (10): 1640-1646.

[137]  Liu X, Jin H, Djordjević D S. Representations of generalized inverses of partitioned matrix involving Schur complement. Appl. Math. Comput., 2013, 219(18): 9615-9629.

[138]  Liu X, Jin H, Višnjić J. Representations of generalized inverses and Drazin inverse of partitioned matrix with Banachiewicz-Schur forms. Math. Probl. Eng., 2016, Art. ID 9236281, 14.

[139]  Liu X, Qin X. Formulae for the generalized Drazin inverse of a block matrix in Banach algebras. J. Funct. Spaces 2015, Art. ID 767568, 8.

[140]  Liu X, Qin X, Benítez J. Some additive results on Drazin inverse. Appl. Math. J. Chinese Univ. Ser. B, 2015, 30(4): 479-490.

[141]  Liu X, Qin X, Benítez J. New additive results for the generalized Drazin inverse in a Banach algebra. Filomat, 2016, 8(30): 2289-2294.

[142]  Liu X, Wu L, Benítez J. On linear combinations of generalized involutive matrices. Linear and Multilinear Algebra, 2011, 59 (11): 1221-1236.

[143]  Liu X, Wu L, Benítez J. On the group inverse of linear combinations of two group invertible matrices. Electron. J. Linear Algebra, 2011, 22: 490-503.

[144]  Liu X, Wu L, Yu Y. The group inverse of the combinations of two idempotent matrices. Linear and Multilinear Algebra, 2011, 59 (1): 101-115.

[145]  Liu X, Wu S, Djordjević D S. New results on reverse order law for {1,2,3}-and {1,2,4}-inverses of bounded operators. Math. Comp., 2013, 82 (283): 1597-1607.

[146] Liu X, Xu L, Yu Y. The explicit expression of the Drazin inverse of sums of two matrices and its application. Ital. J. Pure Appl. Math., 2014, 33: 45-62.

[147] Ljubisavljević J, Cvetković-Ilić D S. Additive results for the Drazin inverse of block matrices and applications. J. Comput. Appl. Math., 2011, 235: 3683-3690.

[148] Marsaglia G, Styan G P H. Rank conditions for generalized inverses of partitioned matrices. Sankhya Ser. A, 1974, 36: 437-442.

[149] Martínez-Serrano M F, Castro-González N. On the Drazin inverse of block matrices and generalized Schur complement. Appl. Math. Comput., 2009, 215: 2733-2740.

[150] Meyer C D. Matrix Analysis and Applied Linear Algebra. Philadelphia: Society for Industrial and Applied Mathematics (SIAM), 2000.

[151] Meyer C D, Jr, Rose N J. The index and the Drazin inverse of block triangular matrices. SIAM J. Appl. Math., 1977, 33(1): 1-7.

[152] Miao J. Results of the Drazin inverse of block matrices. J. Shanghai Normal University, 1989, 18: 25-31.

[153] Miao J. General expressions for the Moore-Penrose inverse of a $2 \times 2$ block matrix. Linear Algebra Appl., 1991, 151: 1-15.

[154] Mitra S K. Properties of the fundamental bordered matrix used in linear estimation. Statistics and Probability, 1982: 505-509.

[155] Mosić D. Group inverse and generalized Drazin inverse of block matrices in Banach algebra. Bull. Korean Math. Soc., 2014, 51: 765-771.

[156] Müller V. Spectral Theory of Linear Operators and Spectral Systems in Banach Algebras. 2nd ed. Basel, Boston, Berlin: Birkhäuser, 2007.

[157] Moore E H. General Analysis, Part 1. Mem. Amer. Philos. Soc., 1935.

[158] Özdemir H, Özban A Y. On idempotency of linear combinations of idempotent matrices. Appl. Math. Comput., 2004, 159: 439-448.

[159] Özdemir H, Sarduvan M, Özban A Y, Güler N. On idempotency and tripotency of linear combinations of two commuting tripotent matrices. Appl. Math. Comput., 2009, 207: 197-201.

[160] Patrício P, Hartwig R. Some additive results on Drazin inverses. Appl. Math. Comput., 2009, 215: 530-538.

[161] Paige C C, Wei M. History and generality of the CS decomposition. Linear Algebra Appl., 1994, 209: 303-326.

[162] Patrício P, Hartwig R E. Some additive results on Drazin inverse. Appl. Math. Comput., 2009, 215: 530-538.

[163] Patrício P, Hartwig R. The (2, 2, 0) group inverse problem. Appl. Math. Comput, 2010, 217: 516-520.

[164] Petyshyn W V. On generalized inverses and on the uniform convergence of $(I - \beta K)^n$ with application to iterative methods. Journal of Mathematical Anlysis and

Applications, 1967, 18: 417-439.

[165]   Piziak R, Odell P L. Matrix Theory: From Generalized Inverses to Jordan Form. New York: Chapman & Hall CRC, 2007.

[166]   Piziak R, Odell P L, Hahn R. Constructing projections on sums and intersections. Comput. Math. Appl., 1999, 37: 67-74.

[167]   Puri A L, Russell C T. Convergence of generalized inverses with applications to asymptotic hypothesis testing. The Indian Journal of Statistics, 1984, 46(2): 277-286.

[168]   Quellette D V. Schur complements and statistics. Linear Algebra Appl., 1981, 36: 187-195.

[169]   Radosavljević S, Djordjević D S. On the Moore-Penrose and the Drazin inverse of two projections on Hilbert space. Linökping: Linökping University Electronic Press, 2012.

[170]   Rakŏcević V, Wei Y. A weighted Drazin inverse and applications. Linear Algebra Appl., 2002, 350: 25-39.

[171]   Rakŏcević V, Wei Y . The representation and approximation of the $W$-weighted Drazin inverse of linear operators in Hilbert space. Appl. Math. Comput., 2003, 141: 455-470.

[172]   Sarduvan M, Özdemir H. On linear combinations of two tripotent, idempotent, and involutive matrices. Appl. Math. Comput., 2008, 200: 401-406.

[173]   Sarduvan M, Özdemir H. On nonsingularity of linear combinations of tripotent matrices. Acta Universitatis Apulensis, 2011, 25: 159-164.

[174]   Schur J. Über potenzreihen, die im innern des Einheitskreises beschränkt sind. J. Reine. Angew. Math., 1917, 147: 205-234.

[175]   Sheng X, Chen G. Some generalized inverses of partition matrix and quotient identity of generalized Schur complement. Appl. Math. Comp., 2008, 196: 174-184.

[176]   Soares A S, Latouche G. The group inverse of finite homogeneous QBD processes. Stoch. Models, 2002, 18: 159-171.

[177]   Spindler K. Abstract Algebra With Applications: V. 1: Vector Spaces and Groups. Abingdon: Taylor & Francis Ltd., 1993.

[178]   Stewart G W. A note on generalized and hypergeneralized projectors. Linear Algebra Appl., 2006, 412: 408-411.

[179]   Styan G P H. Schur complements and linear statistical models//Puntanen S, Pukkila T. Proceedings of the First International Tampere Seminar on Linear Statistical Models and their Applications: Tampere, Finland, August-September 1983, Department of Mathematical Sciences, University of Tampere, 1985: 37-75.

[180]   Sun W, Yuan Y. Optimization Theory and Methods. Beijing: Science Press, 1996.

[181]   Tošić M, Cvetković-Ilić D, Deng C. The Moore-Penrose inverse of a linear combina-

tion of commuting generalized and Hypergeneralized projectors. Electron J. Linear Algebra, 2011, 22: 1129-1137.

[182] Tran T D. Spectral sets and the Drazin inverse with applications to second order differential equations. Applications of Mathematics, 2002, 47: 1-8.

[183] Vélez-Cerrada J Y, Robles J, Castro-González N. Error bounds for the perturbation of the Drazin inverse under some geometrical conditions. Appl. Math. Comput., 2009, 215(6): 2154-2161.

[184] Wang B Y, Zhang X, Zhang F. Some inequalities on generalized Schur complements. Linear Algebra Appl., 1999, 302-303: 163-172.

[185] Wang G, Wei Y, Qiao S. Generalized Inverses: Theory and Computations. Beijing: Science Press, 2004.

[186] Wang H, Liu X. The associated Schur complements of $M = [(AB; CD)]$. Filomat, 2011, 25 (1): 155-161.

[187] Wang L, Zhu H H, Zhu X, Chen J L. Additive property of Drazin invertibility of elements. Linear and Multilinear Algebra, 2012, 60(8): 903-910.

[188] Wei Y. A characterization and representation of the generalized inverse $A_{T,S}^{(2)}$ and its applications. Linear and Algebra Appl., 1998, 280(2): 87-96.

[189] Wei Y. Expressions for the Drazin inverse of a $2 \times 2$ block matrix. Linear and Multilinear Algebra, 1998, 45: 131-146.

[190] Wei Y. On the perturbation of the group inverse and oblique projection. Appl. Math. Comput., 1999, 98: 29-42.

[191] Wei Y. Perturbation bound of the Drazin inverse. Appl. Math. Comput., 2002, 125: 231-244.

[192] Wei Y. The Drazin inverse of a modified matrix. Appl. Math. Comput., 2002, 125: 295-301.

[193] Wei Y, Deng C. The Drazin inverses of products and differences of orthogonal projections. J. Math. Anal. Appl., 2007, 335: 64-71.

[194] Wei Y, Deng C. A note on additive results for the Drazin inverse. Linear and Multilinear Algebra, 2011, 59(12): 1319-1329.

[195] Wei Y, Diao H. On group inverse of singular Toeplitz matrices. Linear Algebra Appl., 2005, 399: 109-123.

[196] Wei Y, Wang G. The perturbation theory for the Drazin inverse and its application. Linear Algebra Appl., 1997, 258: 179-186.

[197] Xu L, Liu X. The representations of the Drazin inverse of sums of two matrices. J. Comput. Anal. Appl., 2012, 14 (3): 433-445.

[198] Xue Y. Stable perturbation in Banach algebras. J. Aust. Math. Soc., 2007, 83: 271-284.

[199] Xu Q, Song C C, Wei Y. The stable perturbation of the Drazin inverse of the square

matrices. SIAM J. Matrix Anal. Appl., 2009, 31(3): 1507-1520.

[200] Yang H, Liu X. The Drazin inverse of the sum of two matrices and its applications. J. Comput. Appl. Math., 2011, 235: 1412-1417.

[201] Zhao J, Bu C. Group inverse for the block matrix with two identical subblocks over skew fields. Electronic Journal of Linear Algebra, 2010, 21: 63-75.

[202] Zhang J, Wu J. The Drazin inverse of the linear combinations of two idempotents in the Banach algebra. Linear Algebra & Its Applications, 2012, 436(9): 3132-3138.

[203] 龚毅. 分块矩阵 Drazin 逆的表示及广义逆在矩阵方程中的应用. 华东师范大学硕士学位论文, 2006.

[204] 郭丽. 算子矩阵广义 Drazin 逆的表示. 吉林大学博士学位论文, 2010.

[205] 郭文彬, 魏木生. 奇异值分解及其在广义逆理论中的应用. 北京: 科学出版社, 2008.

[206] 梁丽杰, 朱同平, 刘晓翼. 含交换因子的有界线性算子差的 Moore-Penrose 逆. 数学的实践与认识, 2011, 41(5): 210-213.

[207] 刘晓翼, 覃永辉. Banach 代数上广义 Drazin 逆的扰动. 数学学报, 2014, 57(1): 35-46.

[208] 刘晓翼, 王宏兴. 交换环上矩阵的 Drazin 逆. 计算数学, 2009, 31(4): 425-434.

[209] 刘晓翼, 张苗苗, Benítez J. $k$-次幂等矩阵线性组合群逆和超广义幂等矩阵线性组合 Moore-Penrose 广义逆的表示. 数学年刊, 2014, 35(4): 463-478.

[210] 王宏兴, 刘晓翼. 分块态射的广义逆. 曲阜师范大学学报, 2007, 33(2): 44-46.

[211] 张道畅. 修正矩阵的 Drazin 逆以及算子矩阵的广义 Drazin 逆的表示. 吉林大学博士学位论文, 2015.

[212] 张苗, 刘晓翼. Banach 代数上两个元素差的 Drazin 逆的表达. 山东大学学报 (理学版), 2012, 47(4): 89-93.